des Paysages Sciences

des Paysages Sciences

Sous la direction de Michel Serres et Nayla Farouki

Préface de Michel Serres

LIRE L'IMAGE

Éditions
Le Pommier

Illustration : Fernando da Cunha
Conception graphique
et mise en pages : Daniel Leprince
Corrections :
Sidonie van den Dries et Maria-Pia Verguin

ISBN : 2-746-50050-7

Préface

Un Tissu de mensonges : voici un chef-d'œuvre de Max Ernst, peint en 1959. A gauche, en haut, brille une tache à couleurs chaudes qui s'assombrit à mesure qu'elle s'étend et se perd vers la droite et le bas, où règnent des teintes froides. A partir de ce foyer brûlant semblent émaner des boules jaunes et rouges, des oranges peut-être, de petite taille, peu définies dans la zone claire, plus grosses et mieux dessinées à mesure qu'elles s'expansent à la surface de la toile, vers la droite plus noire, dans le sens de la lecture de nos langues. Loin de se distribuer de façon uniforme sur la surface du tableau, ces globes jaillissent de la source chaude, comme en un jet dont la puissance envahit les zones de la nuit.

Une mosaïque de triangles, carrés, rectangles et autres pièces polygonales, à teintes vives et obscures, miel, safran, tilleul, amande, émeraude... tisse le fond de la toile, à l'origine de la diffusion comme dans les régions où sa densité s'affaiblit. Visiblement, les pommes d'or se dispersent devant ce pavage, carroyage ou tissage de l'espace. Ainsi bâti, triangulé, carrelé, le volume coloré se peuple, encore plus en surface, semble-t-il, de schémas, de fantômes, d'apparitions esquissées comme à la hâte, informes encore en haut et à gauche, pour gagner en précision dans les autres régions, empilements ou mélanges, bêtes à tête humaine, membres épars, têtes sans corps... poissons, oiseaux, quadrupèdes archaïques, visages vus en face ou de profil, silhouettes de personnages dont les masques ou les apparences mentent, s'il faut croire, par l'intitulé de l'œuvre, l'intention de l'auteur.

S'il eut quelque volonté de faire des figures, que représente donc cette image ? Le jardin des Hespérides, parsemé d'oranges, comme l'Éden connut le pommier, premier porteur des espèces de la connaissance, tous deux environnés de tentations, d'heur et de malheur, de savoir et de tromperies ? Une mascarade galante où dansent maints déguisements fantasques, par le parc où se donnent en nombre des fruits défendus ? Quelque vision où flottent des

simulacres décevants, pellicules volantes qui peuplent la perception, où, donc, les déguisements déçoivent ? Peut-être, mais derrière la fête où s'agitent les voiles de cette séduction dite mensongère, derrière ces enveloppes qui volent et transportent la sensation souvent fausse des choses du monde, évidemment ce tableau *sait.* Mais quoi ? Je crois qu'il sait *tout.*

Abstraction ou représentation ?

Sans doute ont-ils économisé beaucoup de temps et d'inutiles rêveries ceux qui ne comprirent jamais la différence établie, pour la peinture de ce siècle, entre celle qui représente et l'abstraite. Passant devant les tableaux évoqués par ce mot, ils se demandaient : mais qu'ont-ils donc de tel, puisque l'abstraction, partout ailleurs, se paie en évitant la subjectivité, alors que ces images se vantent de la magnifier ; ils la disent même parfois plus riche et plus féconde que le monde, la pauvre ! Non, la vivace et la grande abstraction ne connaît de créativité, dans les sciences et les arts, qu'en proportion de son objet : rien de Thalès ne subsiste dans ses triangles ni quoi que ce soit de Poincaré dans le chaos ; la plus sublime des Vénus vient de Milo, certes, mais de quel ciseau ? Qu'importe.

Et qui ne sait, d'autre part, que, vues de près ou de loin, les choses telles quelles présentent souvent des allures d'une surprenante géométrie, comme si le réel paraissait plus formel que l'abstrait ? Du haut de la cime du Cervin, les glaciers des vallées environnantes se barrent des chevrons de Forbes avec un schématisme adamantin ; au microscope électronique, certains virus deviennent de quasi-solides platoniciens... Nous allons voir bientôt galaxies et poussières se chevaucher dans des tableaux dont, parfois, l'allure abstraite se réduit à des vues grandioses ou à des menus détails du concret. Quant au *Tissu de mensonges* doit-on le dire abstrait ou représentatif ? S'il ment, il cache quelque chose et s'il cache, le fait-il sous un voile de phénomène ou d'abstraction ?

On peut trancher de cette question.

Choses vues

En effet. Montre-t-il des mathématiques ? Oui. Par le carroyage de la toile en réseaux de polygones, tel que Platon le dessine dans le *Timée,* tel que Descartes le schématise en sa *Géométrie* ou tel que, voici déjà deux siècles,

les mesureurs des méridiens triangulaient la Terre, apparaissent les formes élémentaires de l'espace : une mosaïque de cercles et de triangles ; une sorte de topologie naîtrait-elle là ? Une arithmétique émergerait-elle, aussi bien : nombres discrets de formes stables, comme celles des oranges… ? Ce tableau fait-il, de plus, observer l'astrophysique ? Oui encore, car nous croyons, aussi, voir quelque région du ciel, ensemencée de zones chaudes et froides, claires et obscures : lieux nucléaires d'où fusent des jets brûlants générateurs de grumeaux promis ou non à l'accrétion, occupés de galaxies, d'étoiles assemblées en constellations, de bolides et planètes refroidies… un univers d'étranges objets divers… Une physique, une chimie ? Voici des atomes et des molécules, leurs schémas et leurs formules, des cristaux, solides et liquides, leurs réseaux symétriques et asymétriques… Une biologie ? Assurément : voici une flore et une faune, des fruits, des poissons, oiseaux, quadrupèdes – en bas et à gauche, est-ce tapir ou rhinocéros ? – comme sur une céramique de Bernard Palissy ou une planche d'histoire naturelle… Une anthropologie ? Sans doute, puisque voici des visages et des corps, des masques, des fétiches monstrueux à corps disparate, toute une foule de vivants, avec, au centre et à l'avant, un homme ou une femme qui danse… Voilà l'échelle des êtres, voilà l'encyclopédie de leurs racines.

Un Tissu de mensonges n'entre certes ni dans l'intégralité ni dans le détail de ces savoirs, mais il déploie la multiplicité de leurs rudiments et de leurs relations premières : nombres et formes, astres et taches, atomes et schémas, espèces et groupements ; il présente, en le cachant sous des apparences simples, un trésor d'éléments, une sorte de tableau de Mendeleïev généralisé. Max Ernst le peignit à une date où l'on soupçonnait depuis longtemps la prédominance des grandes populations et où l'on commençait de soupçonner le rôle des images dans les sciences, puisque certaine technique, appelée au succès, venait de se répandre…

Mosaïque

Sur le poste de télévision, en effet, répandu depuis les années 1955, passe un bombardement d'éléments qui font apparaître des formes : visages, corps, silhouettes d'animaux… comme un flux d'oranges sur lequel se forment des masques… Techniquement, l'écran se décompose en lignes et en unités, les pixels, *él*-éments *pic*-tographiques, petites surfaces homogènes constitutives de l'image enregistrée, transmise et reproduite par un système informatique, image ainsi tissée d'un maillage ; une électrode créant un puits de potentiel accumule les photons sur chaque maille. De même, Max Ernst fait jaillir son tableau des couleurs et des nuances issues de la division du fond en pièces, de la triangulation ou du carroyage, comme d'un marbre cassé menu. Des pixels ensemencent sa toile. Comme l'image de télévision, *Un Tissu de mensonges* analyse la sensation visuelle en petits atomes – en bits ? Voilà donc deux mosaïques contemporaines, celle de la technique et celle de l'art. Voilà aussi comment les yeux voient.

Abstraite ou concrète, cette numérisation ? Tout est nombre, certes, pour la mosaïque, vieil art digital, analytique, atomistique, pythagoricien, discontinu... mais, continue et concrète, la sensation visuelle se construit comme elle. Ainsi voit-on, par exemple, les compositions romaines au musée de Tunis, où des formes, déesses, poissons, quadrupèdes et hommes, chevauchent les divisions du carreau en éléments brisés mais rapprochés : les lignes d'assemblage du pavage correspondent rarement aux profils des silhouettes. A revenir encore sur la question de l'illusion, qui ment donc, des formes continues, devant, trompeuses apparences, ou du maillage discontinu, derrière elles, décor de cellules visuelles tapissant le fond de l'œil et produisant la perception ?

Continu, discontinu ? La sagesse de ma langue et de ses parentes chante ensemble la fraternité de la musique et de la mosaïque, même mot, différemment prononcé. Rien de plus atomique ou digital, en effet, que la note jetée sur la partition et reproduite sur l'instrument, rien, cependant, de plus continu, pathétiquement, que la voix filée ou le son tenu. Qui trompe, qui dit vrai : le carroyage ou la forme, les carreaux cassés menu ou le trident de Neptune, dont la fourche et la barbe se propagent sur une grande surface, ici, la combinaison du contrepoint compté ou l'amour éconduit chantant sa complainte amère ? Qui ment ? La mélodie ou les notes ? Le carroyage ou la silhouette ? Les triangles ou les masques ? Dérivé du français *poser*, l'anglais *puzzle*, équivalent ludique de la mosaïque, signifie d'abord l'embarras du sujet devant l'énigme de l'objet. Or, en cette perplexité, qui ne se guide, tantôt à la suite continue des lignes du dessin et au nuage diffus des nuances, ou, tout au contraire, aux cassures stéréospécifiques des pièces dont les pointes et les creux se refusent ou s'emboîtent ? Si la peinture, art des mélanges, se diffuse dans et par le continu, la mosaïque et la musique l'allient au discontinu, avec bonheur... et, peut-être, aussi, la sensation.

On dirait que la construction des choses elles-mêmes requiert, en effet, la division en éléments, mais, en quelque façon, la refuse ; oui, nous descendons aux molécules et aux atomes, aux cellules et aux protéines, mais, comme les petites pièces de la mosaïque, ces éléments, parfois, jouent des rôles multivalents ou s'associent, parfois, diversement de manière à chevaucher les limites de l'analyse. Deux labyrinthes, alors, se dessinent : en partant des formes elles-mêmes, on n'arrive pas aux éléments ; mais, en partant des éléments, on arrive aussi peu aux formes elles-mêmes. Cet embarras énigmatique, si aisément résolu par la mosaïque et la musique, se pose sans cesse dans les disciplines scientifiques, où, quand il se résout, le fait comme dans les arts précités.

Vitrail

Tableau, chef-d'œuvre des beaux-arts, table globale et genèse mouvante, image proche des techniques de son temps, mosaïque et musique, *Un Tissu de mensonges* m'apparaît enfin, par ses teintes et sa texture, comme un vitrail. Opaque, la mosaïque ne laisse voir que ses propres scènes ; translucide, le vitrail accueille la lumière extérieure du monde. Certes, en lui opposant ses dessins et joyaux, il demande au soleil de les faire flamber ; mais il peut aussi, comme un prisme, décomposer les rayons du jour dans le spectre chromatique entièrement déployé. Ainsi, à Bourges, à Chartres et ailleurs, j'ai cru souvent qu'à travers le génie ouvragé des châssis, verrières et rosaces, l'Univers produisait de soi-même le récit d'histoire sainte et, plus miraculeux encore, le corps d'une visiteuse qui, de l'intérieur du chœur, les contemplait, naissant elle-même, vitrifiée, du four nucléaire aux couleurs comme, un jour, Aphrodite naquit des ondes.

A travers *Un Tissu de mensonges*, le monde tel quel et la science qui l'explore projettent des formes et des paysages vrais : je l'ai choisi, pour commencer, parce qu'il résume étrangement les images de ce livre, dont nous ne savons encore comment les appeler : figures, illustrations, cartes, représentations... Mais je sais aussi peu nommer ce tableau : image, figure, table, mosaïque, vitrail... ? Sans doute tout à la fois. Parfois, le génie artistique anticipe, sans le savoir, sur le savoir. Max Ernst a peint une fenêtre où passent le monde réel et les sciences à venir. Nous en connaissons désormais le détail et l'évolution. Que voici.

Animation ou simulation : une genèse des êtres

Table de nombres et d'atomes, de formes et de vivants... vous percevez, maintenant, l'ensemble de ces choses stables comme un espace-temps ou un volume en mouvement. Vient vers vous, par la lumière ou section rectangulaire de la toile, comme à la source ou au passage resserré d'un torrent, un flux, un bombardement de formes diverses et de boules rouges. Ou, plutôt, à l'inverse, vous vous déplacez, comme des saumons remontent un cours d'eau et, au risque de collisions avec ces bolides, dans et vers cette gerbe en geyser qui paraît s'écouler sur vous et autour de vous, à partir de la source jaune et chaude, en haut et à gauche. En ce mouvement dont vous persuadent les tailles et les couleurs différentes des oranges ou des bombes, encore petites et lointaines ou déjà larges et proches, se forgent les transformations d'un monde où les éléments se font et se défont, par réseaux et cristallisations, assemblages de schémas et de molécules, fournaises célestes, soupe prébiotique, seuils de percolation, mouvements de formes, de bêtes et de foules, révolutions, métamorphoses inertes, vivantes et humaines... ensemble, enfin, d'émergences. Peut-être peut-on interpréter comme mensonges – voici une formule ou un schéma, voilà maintenant un visage ou un masque – ces changements métamorphiques de formes ; mais la chaîne des êtres réels reste la vérité de ces apparences au tissu porteur et producteur de fluctuations, de sorte qu'enfin le tableau simule, par le cours des temps, la création du monde et de la vie, derrière, partout, et de l'homme, devant, au centre, à la fin. Voilà comment l'Univers advient, voilà comment émergent les choses, voilà comment les humains paraissent, voilà comment se déploie la connaissance, voilà comment se peint un tableau. Mensonge, peut-être, simulation, sûrement.

Max Ernst montre un modèle fondamental de notre savoir – abstrait ? – ou du réel – concret ? –, soit une encyclopédie qui se construit, un ciel fournaise qui forge des atomes et des mondes, un univers et une terre qui évoluent et produisent des vivants, une foule qui, en se jouant à elle-même la comédie de son histoire, accouche d'un être humain. Mieux qu'une image, on dirait la somme des paysages que nous allons voir, et qui valent, souvent, une expérience, parce qu'ils simulent artificiellement – mensongèrement ? – une évolution à travers des temps inaccessibles à la perception, à la vie entière, aux connaissances précédentes. Alors *Tissu de mensonges* devrait se traduire *Carroyage pour une simulation* et donc résumer en un titre ce livre.

Figures, schémas, images, cartes, simulations paysages...

Or le titre même de ce livre fait question. Pourquoi, en effet, appeler *Paysages* ses images ? Lorsque le mathématicien dessine droites, courbes ou variétés, il les nomme figures ou schémas ; le physicien, l'astronome et le biologiste font admirer des photographies, voire des spectres ; le chimiste construit plutôt des modèles ; mais le géophysicien propose des cartes, des vues, donc des reproductions... Ces différences, limpides, reflétaient la diversité des sciences, plus ou moins abstraites, plus ou moins en prise avec le concret. Mais advinrent techniques et machines, de plus en plus sophistiquées, permettant de recueillir ou de bâtir ces représentations : en évoluant vite, elles produisirent peu à peu des images qui n'ont plus rien de commun avec ce que nous appelions, jadis et naguère, de ce nom. Et comme, désormais, à peu près toutes les sciences mobilisent ces moyens, généralement informatisés, elles se distinguent donc moins entre elles par un type spécial d'imagerie, comme je viens de le dire, qu'elles ne se ressemblent par cette utilisation. Elles font presque toutes appel à une discipline originale en voie de formation, qui traite de la représentation, de la manière de déchiffrer l'information dans toutes les longueurs d'onde possibles, au delà et en deçà du visible, d'analyser les signaux, mais qui domine, aussi, le filtrage desdites images, leur stockage, leur transport, leur lisibilité, leurs transformations, finalement leur production... Cette discipline prend l'allure d'une science cognitive, car elle se pose des questions à la fois scientifiques et philosophiques, comme : que reproduire et comment ? Qu'est-ce qu'une copie ? Comment la fabriquer ? Que représente-t-elle ? Qu'est-ce que la représentation ? Qu'est-ce qu'une carte ? Que conserve-t-elle, qu'élimine-t-elle ?... En fin de compte qu'appelle-t-on réel et virtuel, naturel et artificiel, concret ou abstrait ? Nous venons de nous poser la dernière de ces questions à propos du *Tissu de mensonges*. Et la réponse, difficile, finissait par nommer ce tableau : figure, schéma, ciel, bestiaire, foule, table, écran, mosaïque, vitrail... comme s'il remplissait toutes ces fonctions et faisait voir toutes choses à la fois.

Pourquoi donc nommer *Paysages* ces images ? Cette préface analysera, de la même manière, les figures abstraites et leur rapport aux simulations, plus concrètes et même expérimentales, les schémas formels et leur relation aux cartes représentatives... les variations de notre langage sur le thème de l'image... pour parvenir, enfin et en somme, à celui que j'ai choisi, parce que, chargé à la fois des lignes globales et de la prolifération du détail local, des multiples espaces et des temps divers, il évoque la richesse du réel que vous percevez lorsque vous vous promenez dans un paysage familier. Oui, ces images font voir, aussi, toutes choses à la fois. La lecture de ce livre hautement scientifique vous donnera ainsi la sensation exquise de traverser le monde, je veux dire votre pays propre.

Ensembles

Le maillage de fond

Le tableau de Max Ernst évoque des éléments, jet de sphères oranges, et installe un *maillage* de fond, triangles ou quadrilatères ; puis présente des *formes singulières*, masques et monstres ; simule enfin un *mouvement* d'évolution, ordonné ou désordonné, laminaire et turbulent, d'où émergent toutes choses. Or les images scientifiques dont ce livre déploie le luxe somptueux en même temps que l'exacte austérité se classent aisément dans une rubrique de ce type. Chaque discipline, en effet, y expose d'abord ses éléments : nœuds de la topologie, bits ou pixels informatiques, particules de la physique, atomes et molécules de chimie, poussières et grumeaux épars dans l'espace, prêts, par accrétion, à se heurter les uns les autres pour s'additionner en objets stellaires ; protéines de biochimie, solfège du code génétique... Il n'y a pas de réalité visible sans ces signes, sans ces unités préalables et leurs multiples combinaisons. Apprendre consiste même à en réciter les alphabets. Or cela, nous le savons depuis l'école maternelle, l'aube hominienne du langage, la doctrine des quatre éléments, l'atomisme des Anciens, le premier livre d'Euclide...

Donc la première surprise vient de ce que chacune de ces disciplines tisse, comme Pénélope, une ou plusieurs tapisseries : le géomètre y dessine le luxe éblouissant des pavages à la Penrose ; le logicien y habille ses objets d'un grillage analytique élégant ; l'informaticien ensemence et règle son espace de pixels colorés ; l'astronome s'étonne de la forme d'éponge qu'adopte la distribution des galaxies ; le physicien aligne la périodisation du tissu cristallin jusqu'à l'apparente exception des quasi-cristaux, mais, de plus, à une échelle minuscule, il découvre la théorie des groupes et les symétries unitaires, alors que son collègue géophysicien exhibe des réticulites... Or, en dessinant un réseau d'association cellulaire, le biologiste enfin ne manque pas de retrouver, dans le petit site d'une vie métazoaire primitive, la forme que l'astronome avait découverte dans l'immensité du ciel... Peut-on deviner, dans cette éponge, une toute première association cellulaire ? De même, à l'intérieur d'une cellule, règne un entrelacs de microtubules, son échafaudage primordial. Or ces réseaux dont la forme orne les choses du monde – les constituent-ils ou permettent-ils seulement de les connaître ? – associent, aussi, depuis une décennie, les hommes et leurs signaux. Question : que signifie donc la généralité de ce filet entrelacé, à peu près invariant du local au global, de l'immense Univers aux sites les plus réduits de la matière et de la vie, du réel à nos manières de connaître, de l'échange de signes à nos pratiques collectives ? Peut-on l'appeler le squelette de tout système, comme Leibniz l'avait vu ? La condition du visible et de l'intelligible, leur référence universelle ? Le fond de tout paysage ?

Les figures

Or sur ce fond apparaissent des figures. La question posée à propos du tableau de Max Ernst – abstraction ou représentation ? – hantera sans cesse la lecture de ce livre, même si l'on ne fait que le feuilleter. Pour commencer par l'abstrait, le géomètre dessine, en effet, des *figures* et les appelle ainsi parce qu'elles ne montrent que des *fictions :* toutes fausses, en effet, parce que leurs défauts divers, dus à la maladresse de la main qui tremble, à l'épaisseur de la craie, aux planches grossières du tableau... suggèrent misérablement le seul vrai schéma, rigoureux et abstrait, où les points perdent tout volume, les droites et les plans toute épaisseur et les mesures l'inexactitude. Le cube de carton colorié que manipule l'enfant et l'hexaèdre régulier de la mathématique ont si peu de rapport que l'éducateur devra rire du premier en évoquant le second. Mais la figure, cependant, contient une vérité que les théologiens, déjà, définissaient lorsqu'ils disaient que tel récit de l'Ancien Testament figurait celui qui lui correspondait dans le Nouveau, en remplissait le cadre ou en accomplissait la prophétie, comme on tient une promesse. Ainsi la figure géométrique dessinée sur le papier promet, aussi bien, évoque ou indique le vrai *schéma* que nul ne vit jamais de ses yeux, mais que chacun comprend lorsqu'il apprend à le « construire ». Déjà, voilà que « voir » ne consiste plus tout à fait dans l'acte simple de vision ! Avant donc d'entreprendre le long voyage des sciences, de ces figures aux cartes, de l'abstraction des schémas aux copies réglées du réel, et des simulations aux paysages, où chacun de ces mots cache des obstacles et autant de techniques pour les contourner, à quoi sert ce schéma premier au statut mystérieux qui ne représente rien des objets devant nos yeux ?

Les mathématiques conditionnent l'imagerie

Ce livre montre justement à l'évidence, je veux dire par images, l'une des fonctions majeures de la géométrie, de la topologie, de la combinatoire... toutes sciences abstraites et rigoureuses par rapport aux sciences exactes ou expérimentales, et la distance qui sépare ces deux types de disciplines. Si les secondes aiment à représenter un objet pour mieux le comprendre, les premières analysent la manière même de représenter.

Les mathématiques posent les questions : qu'est-ce qu'une figure ? Un moyen mnémonique, une économie de pensée... ? Qu'est-ce que la représentation elle-même, par exemple celle d'une équation par une courbe ? Y a-t-il diverses manières de représenter, alors que l'essentiel de ces sciences abstraites demeure la démonstration ? Et quelle est la nature de l'espace dans lequel on représente ? Et comment représenter, à son tour, un espace à plus de trois dimensions ? Quelles sont les diverses propriétés de ces espaces ? Par exemple, le théorème de Desargues équivaut au carroyage du plan cartésien. Qu'est-ce qu'un graphe ? Comment le lire, quelles sont les conditions de sa lisibilité ? Comment classer certaines images ou, plutôt, certaines formes ? Par leur taille, leurs déformations ? Y a-t-il plusieurs sortes de déformations ? Les continues, celles qui obligent au déchirement ? Qu'est-ce donc qu'une forme et, parmi ces formes, leurs singularités ? Il ne peut y avoir d'imagerie experte sans réponse fine à ces questions, sans cet ensemble d'études préalables qui fonctionne comme la grammaire, morphologie et syntaxe, de toutes les sciences qui représentent.

Simulations

Mais si les mathématiques conditionnent l'imagerie, l'informatique la construit. Parmi les icônes de ce livre, beaucoup, en effet, ne correspondent plus à ce que nous attendons d'une reproduction. Certaines, bien sûr, représentent mieux qu'avant des objets déjà connus, d'autres en font voir de nouveaux, dans le gigantesque ou le nain, l'invisible et le caché... Dans la tradition, une icône rend, en effet, une copie plus ou moins fidèle, prise, comme on dit, sur le vif, de l'objet tel quel, représenté alors par ce portrait. Ici, la technique de reproduction en reste à l'imitation. Mais d'autres « images », et de plus en plus fréquemment, ne « représentent » plus du tout. Car nous avons changé tout cela. Les images, ici, reproduisent moins souvent qu'elles ne reconstruisent. Non plus mimes, mais simulations. Ce dernier terme, naguère, impliquait du faux et de la triche. Nous les assumons. Car ces nouvelles images ne recopient point du tout l'original tel quel. En elles, tout émane des nombres et des ordinateurs. Quand nous ne savons pas résoudre une équation difficile, par exemple celle de Navier-Stokes pour les turbulences, nous approximons ses solutions par des suites numériques et ces tentatives permettent de reconstruire le phénomène tourbillonnaire : ainsi allons-nous admirer des vortex et remous reconstruits. De même, quand nous ne pouvons pas voir le vol d'un oiseau parce qu'il va trop vite ou la croissance d'une branche parce qu'elle pousse trop lentement, une technique semblable permet de les simuler ; alors, la chronophotographie reconstitue ces mouvements : leur forme, parfois, change, les couleurs deviennent arbitraires, les dispositions ne ressemblent plus à ce que l'on pouvait espérer, le profil global, inattendu, exige un nouvel exercice de lecture… cependant ce faux devient, d'une certaine manière, plus vrai que la vérité, cet artificiel plus réel que le réel.

Cela vous intéressera-t-il, par exemple, de lire, sous la plume de l'un des meilleurs spécialistes de la lumière et de la vue, que « notre vision du monde est fortement biaisée – c'est-à-dire faussée – par les propriétés de notre œil » ? Loin de faire voir, le regard « naturel » aveugle la vue, puisque l'œil ne capte qu'une plage étroite du spectre des fréquences ; en quelle teinte donc colorer un message reçu en longueurs d'onde extérieures à celles de la lumière visible ? Ce livre va donc très peu montrer de ce que vous pourriez, mais beaucoup de ce que vous ne pouvez pas observer. Pourquoi ? Parce que telle image d'un pas de danse, vue dans la grâce de son accomplissement global, ou les couleurs de la comète dont les fragments vont entrer en collision avec Jupiter et celles de ce paysage découpé sur une vallée de la planète Mars ne correspondent point à ce que verrait l'œil humain ; le montage de l'image en appelle à un nouveau regard, intermédiaire entre le sensible et l'intelligible. Qui voit ? Un autre organe que l'œil ? Mieux encore, gravés dans le silicium, des labyrinthes extraordinaires simulent nos facultés opératoires. Qui calcule ? Un autre organe que le cerveau ? Et qui expérimente, dès lors ?

L'expérience possible

L'ancienne image ne permettait que d'observer, elle montrait des données, tandis que la nouvelle se substitue parfois ou au phénomène ou à l'expérience même. La simulation manipule : nouveau verbe de tricherie, le construit remplace le donné. Cependant, lorsque l'ordinateur simule la formation d'un panache issu du centre de la Terre pour grandir et se développer sur des dizaines de millions d'années, celle de galaxies à partir de poussières élémentaires éparses dans l'Univers au cours d'une échelle temporelle plus longue, ou encore la formation d'un disque autour d'une étoile et celle d'une planète au sein de ce disque, ou, aussi, la conduite chaotique des orbites planétaires depuis leur commencement… nous sortons évidemment de l'expérience possible, comme dirait Kant. Car, aurait souri Fontenelle, de mémoire d'astronome, nul n'a jamais vu branler l'axe du monde… et qui aurait pensé expérimenter sur un fait qui ne dépend pas de nous, mais de forces sans aucun rapport d'échelle avec celles que nous pourrions produire ?

Ici la science franchit un pas décisif et brise l'une des frontières qui marquent les étapes de son histoire. Prêchant le faux pour savoir le vrai, ou l'artifice pour parvenir à un réel inaccessible, elle franchit, justement, l'un des interdits de Kant, la possibilité même de l'expérience. Un nouveau type de rapport au réel vient d'apparaître, où la science manipule des variables qui dépassent notre finitude. Elle quitte l'ancienne définition du réel, déterminée par les horizons spatiaux et temporels de notre vie sensible, pour entrer dans le virtuel. Une fois de plus, ce qui ne dépendait pas de nous en dépend. Mais, ici, potentiellement. Que je sache, le terme « expérience » indique le franchissement d'un risque, d'une épreuve, d'un péril : elle ne cesse donc de se dépasser elle-même au cours de son histoire.

Les instruments d'observation et les techniques d'expérience qui précèdent l'âge des ordinateurs définissent donc un paradigme toujours vivant, certes, mais périmé : on le continuera, mais comme l'on perpétue certaines techniques anciennes, utiles mais finies. Les ordinateurs ont inauguré voici déjà au moins deux ou trois décennies, un nouvel âge, post-kantien, qui bouleverse trois partenaires essentiels du jeu scientifique : le monde tel quel, le cerveau qui le pense, ainsi que les conditions, pratiques et théoriques, de l'expérience qui les met en rapport. Voici trente ans, rien n'indiquait que l'on aurait un jour quelque témoignage quasi expérimental de la manière dont les galaxies se disposent dans le fond du monde au cours d'une évolution portant sur des milliards d'années. Nous entrons dans un nouveau domaine, celui de l'expérience possible. En effet, lorsque Kant délimitait lesdites conditions de l'expérience, il entendait celles du sujet sensible plongé dans l'espace et dans le temps, sans pouvoir préciser lesquelles puisqu'il en ignorait la multiplicité. Quand le nouveau collectif savant n'a plus devant lui le même monde objectif, que son appareillage change ses opérations cognitives, comme si le sujet ne jouissait plus des mêmes facultés… les relations entre lui et les choses mêmes – l'expérimentation – se transforment de fond en comble.

Les trois âges de l'expérience

Nous passons du regard sur les choses elles-mêmes à la déformation lente d'une tache sur l'écran. Mais je me trompe, l'âge précédent avait aussi depuis longtemps laissé la manipulation en prise directe avec le monde sensible, puisque l'expérience physique, depuis au moins Galilée, avait remplacé la nature telle quelle par des outils de laboratoire dont la matière même et la forme réalisaient des théories préalables. L'expérimentation baignait déjà un peu dans le virtuel. Lorsque, dans ses *Méditations*, Descartes décrit son fameux morceau de cire, sa main en modèle la pâte, comme en prise directe, en effet, sur ce que l'on appelait jadis la matière ; mais il ne fait pas œuvre de science. Celle des physiciens manipule, ensuite, des appareils plus ou moins sophistiqués, construits donc d'après des théories, pour interroger des variables épurées. Passant, aujourd'hui enfin, des forces entropiques aux informationnelles, la nôtre ne quitte plus la souris. Ces trois gestes de la main distinguent trois âges de l'expérience : dans le premier, elle reste empirique, donc pré-scientifique. La main à la pâte de cire, Descartes découvrira aussi peu de physique ou de science naturelle que la manipulation de cubes coloriés débouche sur une géométrie. Pourquoi ? Parce que la science classique s'oppose à la vue immédiate ; pour Galilée, en effet, la Terre tourne ; pour Josué, le Soleil se lève et se couche, puisque, de la main, il arrêta, dit la Bible, l'astre du jour dans sa course. Bachelard doublera cette réaction du savoir contre le voir d'une philosophie du non : non aux sens, à la perception sensible, au toucher ou à la vue… Non à la main cartésienne modelant la pâte de cire. Mieux encore, Karl Popper en tirera une logique de la falsification : loin de confirmer une théorie, l'expérimentation ne vaut que si elle en infirme une autre... Donc le deuxième état de l'expérience, le seul réellement savant, consiste à s'opposer en bloc au premier. Pourquoi, de nouveau ? Parce que l'immédiat, bavard et trop évident, amène à l'erreur ; parce qu'une vérité dit le plus souvent « non » à l'expérience des sens : à un monde plat, au soleil variable, au ballon qui s'élève au lieu de tomber, aux goûts acides formés d'atomes pointus... elle dit « non » à l'expérience ; au contraire, l'expérimentation construit l'expérience, sans la répéter. Du coup, les deux premiers âges de ce rapport au « réel » s'opposent, si j'ose dire, par le sommet, aussi bien dans l'histoire des sciences que pour l'éducation des enfants. L'expérimentation *n'est pas* l'expérience. Le monde dit « réel » parce que sensible s'absente totalement de l'accélérateur du CERN où se terrent les centaines de physiciens occupés à une « expérience » sur les particules dont vous allez voir les traces ; mais cette même absence régnait déjà autour de la machine quasi préhistorique d'Atwood qui mimait la chute des corps, au siècle dernier, ou même des billards sur lesquels le XVIIe siècle jouait aux lois du choc. Les sciences expérimentales ont mis deux millénaires à émerger après la géométrie parce que, justement, l'évidence des sens, trop prégnante, en bloquait l'avènement.

La même résistance qui empêcha ce passage des sens à l'expérimentation moderne joue de même aujourd'hui contre le passage, tout aussi étonnant, de l'expérimentation classique à la simulation, ou de ce que les savants appellent encore le « réel », sans voir à quel point le leur, déjà, échappe aux sens, vers le virtuel. D'où l'inquiétude manifestée par certains devant un danger de quitter le «réel», les choses elles-mêmes, leur densité, leur résistance, leur apparence même... mais comment ne voient-ils pas qu'ils l'ont abandonné depuis la fondation même de leur science, pour en assurer les bases ? De plus, l'expérimentation classique, déjà toute théorique, déjà toute virtuelle, simulait déjà, en quelque façon ! Si, en troisième lieu, la science actuelle quitte la négation galiléenne, poppérienne ou bachelardienne... pour prendre les choses autrement, les physiciens d'aujourd'hui devraient voir à quel point tout, dans leur histoire, les préparaient à ce passage, aussi obligé que celui qui leur fit quitter l'expérience directe des sens.

Voici comment : après Auguste Comte, tout le monde, positiviste ou non, répète que les sciences expérimentales ne répondent point à la question causale « pourquoi ? » mais à la question « comment ? » Au début du XXe siècle, Poincaré développa cette intuition en parlant de commodalisme.

Or il s'agit du même mot : comment et commode, quo-*modo*. Les sciences « ne disent point les choses ni les causes, mais les modes ». Cette devise, nous, contemporains, la prenons infiniment plus au sérieux que ceux-là mêmes qui l'inventèrent ; car, tout justement, l'expérience telle que nous la pratiquons va vers les modalités, dont la logique fondamentale oppose, en carré, le possible, l'impossibilité, la contingence et le nécessaire ; cette disposition permet de les définir l'un par l'autre, le contingent, par exemple, étant, à la fois, le contradictoire du nécessaire et ce dont le contraire est possible, alors que le contraire du nécessaire est impossible. Nous avons enfin compris que, si le monde est contingent, et il l'est à l'évidence, puisqu'il faut non le déduire mais expérimenter sur lui, d'autres mondes eussent été possibles ; que donc l'expérimentation simule ces possibles jusqu'à leur limite d'impossibilité. La science invente des choses et des mondes possibles. Elle entre donc dans un réel plus concret que celui de l'expérimentation classique, à la condition de donner au substantif concret son sens profond d'origine : les choses nombreuses qui croissent ensemble. Répétant le mot de concret dans cette signification profonde et tissant le monde d'objets réels au moyen de chocs possibles, la théorie de l'accrétion donne un parfait exemple de ce troisième état de la science : vous allez contempler des chocs de comètes sur une planète et des rencontres de galaxies. Ainsi les simulations par images synthétiques ou virtuelles analysent mieux et plus concrètement le « réel » que toutes les précédentes, qui, modales sans en comprendre les enjeux, disaient cette prose sans la dire, et donc simulaient sans le savoir.

L'expérience du premier acte met, de fait, la main de Descartes à la pâte du morceau de cire : de là n'est jamais sorti ni ne sortira jamais un savoir expérimental. Dans le second, *l'expérimentation* dit non à cette expérience première en retirant la main et repoussant la cire, en falsifiant ses résultats et calculant des lois. Aujourd'hui, *la simulation* accède à une réalité plus complète au moyen du virtuel, comme si elle faisait surgir le nécessaire d'un immense bouquet de possibilités. La chimie construit d'abord des molécules possibles, comme la chirurgie opère d'abord sur des images virtuelles avant de déchirer la chair vive. Tissée de possibles, d'impossibles, de contingence et de nécessité, la réalité surgit du carré des modes comme la vérité de son puits ou Aphrodite de la mer. Ainsi un monde concret, mais tel que vous ne l'avez jamais vu, tel qu'aucun œil humain ne pourrait le voir avec ses seules forces, va surgir, devant vous, de ces pages. Le temps, parfois d'une durée immense, vient de s'intégrer à la manipulation et à l'immédiateté ; il laisse sa trace sur l'image ; il s'imprime dans l'espace de la représentation.

Feuilletez donc ce livre, vous y verrez, pour la première fois, des ensembles énormes de réalité. Non point des images ni des reproductions, mais, en effet, le réel tel quel, puisque ce réel-là n'a lieu que sur cette page, non ailleurs. Oui, certaines planches quittent le fait brut, mieux encore abandonnent même le donné raffiné par la théorie, pour prendre un véritable statut expérimental. La formation progressive du panache au-dessus du point chaud sous les îles d'Hawaii ou de la Réunion n'est, en effet, ni une image, au sens usuel, ni la représentation d'une chose évidente ou cachée, ici ou là, mais une véritable expérience ; elle suit, en effet, un processus, comme n'importe quelle autre expérimentation sur la chute des corps ou un réseau électrique, mais non reproductible en laboratoire, puisque son évolution dépasse de loin l'horizon spatio-temporel de nos conditions de perception et de manipulation ; je peux dire même cette image plus réelle que ce que l'on verrait, si on le pouvait, ici et maintenant, sous le manteau terrestre, où ledit panache existe seulement sous une seule forme, celle d'aujourd'hui.

Plus généralement, les pages de ce livre donnent à voir, d'abord et dans leur ensemble, des images nouvelles et, en effet, virtuelles : figures et schémas, d'abord, qui conduisent à questionner les conditions spatiales de la représentation ; simulations, ensuite, qui, en maîtrisant le temps, se substituent souvent à l'expérience. Alors, en passant par le virtuel, la science parvient à plus réel que le réel. Comment ?

Singularités

« On ne fait pas plus de la pensée avec de la logique qu'on ne fait du paysage avec de la géométrie. »

Victor Hugo,
Post-scriptum de ma vie, Tas de pierres, 1.

Images d'ensemble et images de détail

Mais à quoi reconnaître le « réel » ? A la prolifération singulière de ses détails. Un paysage en fourmille. Toute randonnée découvre, en effet, que, dans leurs trois dimensions, le rivage de Bretagne ou les cimes des montagnes se découpent et s'érodent, comme adviennent les vents, les pluies et les tornades, au hasard, que nulle feuille d'arbre ne ressemble à aucune autre, donc que les mondes, inerte et vivant, présentent partout d'irrégulières singularités. Mais la même promenade plonge, tout autant, dans le cycle annuel des saisons, le rythme du jour et de la nuit, la ronde des étoiles autour de la polaire, la similitude des espèces, la reprise du sommeil, de la soif et du mal d'amour, comme si, au contraire, des lois régulières régissaient les mondes, vivant et inerte. Ainsi, le visiteur ne réussira pas mal s'il calcule et programme d'où il part et par où il passera, sans pouvoir, pourtant, tout prévoir, de sa randonnée : plus ou moins que de prévision, il fait preuve de prévoyance.

Qui l'emporte et que choisir, de la règle rationnelle, celle qui règne dans les figures spatiales et les simulations temporelles, ou des singularités diverses ? Existe-t-il des causes aux plus petites différences, comme des atomes sous les choses et des règles stables sous les irrégularités variables ? L'aléa pénètre-t-il au sein des lois ? Les réponses à ces questions, dont les deux dernières croisent les termes de la première, demandèrent à la philosophie et aux sciences au moins trois millénaires de débats, pour se stabiliser, un peu, récemment, et donner une autre idée de la raison. Fiers de réussir, souvent, à découvrir des lois sous le foisonnement apparent des différences, nous nous étonnons, depuis quelques décennies, de voir surabonder cet irrégulier sous les règles, admirable en ces images que vous allez contempler.

Leibniz proposa même de rationaliser le portrait d'un individu : « ... il n'y a, par exemple, point de visage dont le contour ne fasse partie d'une ligne géométrique et ne puisse être tracé tout d'un trait par un certain mouvement réglé. Mais quand une règle est fort composée, ce qui lui est conforme passe pour irrégulier » (*Discours de Métaphysique*, VI). Face à cet optimisme concernant la raison géométrique, pouvons-nous, vraiment, prévoir, dans le cas du portrait singulier, les « changements qui doivent arriver », « le mouvement réglé », aussi bien que la règle du « fort composé » ? Comment construire tel visage ou tel paysage ? Quelle géométrie peut descendre au dernier détail des singularités, comme dans l'image page XXXIX ? A ces questions, deux types de réponses, qui définissent deux visions du monde, deux types de représentation, encore, et, peut-être, deux genres de science. Nous allons les définir et les voir bifurquer, par une divergence récente dont ce livre d'images témoigne.

Premier trait : les deux mondes

Dans cette représentation qui eût enchanté Leibniz, les nuages, dont les masses courbes paraissent courir sous la brise, ces montagnes aux arêtes en dentelle, ces arbres exubérants de bifurcations et de feuilles... ou, à feuilleter d'autres images de fractales, ces treilles dont les rinceaux et les grappes pendantes décoreraient une terrasse, ces volatiles au plumage inattendu et bariolé, les rides pattues du visage voisin et les lignes de sa main... fourmillent, justement de ce détail abondant, dont les maîtres de physique ou de philosophie, grecque ou allemande, ordonnent de se détourner, au titre de phénomènes. Ce dernier terme, minoré, amène à la méfiance envers les circonstances, parce que la vérité se voile sous leurs apparences. Étudiez la loi de Newton, disent-ils, la physique ou la physiologie pour accéder à une règle qui sauve ces apparences, en ce qu'elle les explique et s'y cache : ce qui se voit s'en déduit. Ne vous embarrassez donc ni de descriptions locales ni d'identités particulières, multiplicités singulières où trop de choses, trop de bêtes, trop de gens, trop de temps, trop d'inattendus vous éloignent du vrai, en l'assombrissant. Les sens trompent. Rabotez l'extrinsèque. Méprisez les qualités secondes, pour parler comme Descartes devant son morceau de cire. De la phénoménologie, *logos* de l'apparaître, et des sciences, aussi, s'effacent, alors, les nuées confuses, la brise diffuse, les forêts touffues, les troupeaux, les essaims, les bancs et les foules nombreuses, où les arbres, les bisons, les abeilles et les feuilles ne se ressemblent jamais. La loi et la raison coupent en deux notre monde, en laissant derrière elles les résidus de la différence, dans les poubelles multiples et innombrables du détail de ce qui change. Sur les plans ou dans les espaces de la géométrie, dans les lexiques comme dans les laboratoires, disparaît la richesse exubérante du monde. Comment discourir sur les apparences sans regretter un aussi grand nombre de disparitions ? Le monde intelligible des idées ou de la loi se sépare du sensible, où pullule et paraît ce détail dont disparaît la multiplicité dans l'abstraction, aussi vide et transparente que les volumes vus par la géométrie.

La carte et le paysage

Or, la géométrie ne s'arroge pas l'exclusivité de la représentation, car nous utilisons, aussi bien, les cartes de géographie que les schémas purs des sciences dites dures. Les atlas, photographies et portraits – ceux-ci tracés trait pour trait – conservent-ils les détails éliminés par l'abstraction géométrique ? Combien suppriment-ils de fractures locales sur les rives et les cimes, ou, dans les planches d'anatomie, de plis et singularités individuels ? Dans les cartes, cela dépend de l'échelle, mais comme nulle représentation ne peut s'en passer, faute de quoi elle deviendrait identique à l'objet, une poubelle existe toujours, débordante ou à demi pleine de résidus rejetés. Géométrie et géographie, voilà les deux genres de sciences annoncées tantôt : la première invente un nouvel univers, vide, sis ailleurs qu'en celui-ci, dense, quant à lui, de singularités ; la deuxième, pour laquelle il n'existe qu'un seul monde, empile mille représentations, dont chacune, selon l'échelle, comporte plus ou moins de détails, mais en conserve toujours. Ce détail différencie-t-il les deux sciences ?

Or une image de fractales ne peut se classer dans aucune des deux : non géométrique, certes, puisqu'elle reproduit feuilles d'arbres et crêtes de monts, jusqu'au dernier détail ; aussi peu géographique cependant, puisqu'elle ne peut passer pour tableau, portrait, carte ni estampe et qu'elle ne représente aucun lieu de la Terre : nul n'a jamais vu, en effet, en aucun temps ni nulle part, ces nuages, ces montagnes ni ces arbres... Sortie tout armée d'un ordinateur et d'un algorithme, une vraie mathématique l'a produite.

Le monde grec et pur de la géométrie abstraite construirait-il, soudain, montagnes et frondaisons, tout un paysage, alors qu'il n'avait jamais su produire que des courbes lisses et rares ? Faut-il changer la question de l'ordre et du désordre, des particularités multiples et concrètes face aux pures unités ? Le détail remonte-t-il de la corbeille où il fut délaissé ? Une nouvelle manière d'abstraire s'accorde-t-elle avec les singularités ? Leibniz, Aristote, bref, les philosophes des substances individuelles reviendraient-ils dans l'autre monde abstrait inventé par Platon ? Faut-il récrire la phénoménologie ? De quel côté ranger ce paysage de la science d'aujourd'hui ?

Second trait : bénéfice et défaut

Lisses et vides, l'espace et le temps des points et des lignes, les théories de la géométrie et, plus tard, les lois de la mécanique, plus les concepts abstraits de la métaphysique, toutes notions de l'autre monde où se développe la pensée exacte et rigoureuse, *expliquent* le détail ; inversement, les apparences détaillées *appliquent* lesdites lois, comme si deux mondes, celui de l'abstraction et celui de la physique, par exemple, se projetaient l'un sur l'autre, de part et d'autre du pli commun à l'application et à l'explication. En comparaison, une photographie, un dessin, une carte, un portrait fournissent des copies du réel, plus ou moins fidèles, selon les échelles, et parallèles entre elles comme des feuilles empilées.

D'où la question fondamentale de la carte : de quelles choses lève-t-on des plans ou prend-on des vues ? Comment et pourquoi peindre des visages et des paysages ? Que recopie-t-on ou représente-t-on, en général ? Réponse ancienne, à la Leibniz : de ces détails, justement, que la raison ne domine pas encore, mais qu'à coup sûr elle atteindra ; réponse plus récente, à la mode algorithmique ou à la Kolmogorov : de ces singularités que la raison classique ne peut dominer ou ne dominera jamais. De quels détails, d'une part, de quelle raison, de l'autre, s'agit-il ?

Défaut et bénéfice de raison : prévoyance et prévision

Ni ces turbulences de nuages, ni les côtes des archipels ou des continents, ni les signes particuliers des visages, des corps, des empreintes digitales, ni les tissus organiques, petits paysages, n'obéissent à des lois simples de géométrie, de mécanique ou autre science exacte, ni, au moins à notre connaissance temporaire, la distribution des étoiles, les amas de galaxies, ni les grumeaux divers dispersés par l'Univers, le plus grand des paysages. A partir d'un point quelconque du rivage, du banc de brume, d'une cellule ou d'un objet de l'espace, grain de poussière ou étoile, nous ne pouvons ni prévoir ce qui se passera, non loin de son voisinage, ni prolonger ce chemin à quelque distance et dans quelque direction. Incapables de prévoir et de construire, nous nous contentons donc de relever des cartes de notre voisinage régional, du climat, du ciel, des organes, nous prenons des photographies aériennes ou dessinons des images de synthèse des objets célestes, nous dessinons des lieux et peignons des portraits de femmes, d'hommes et de vivants, perroquets d'Audubon ou Vierge aux Rochers. Toutes ces copies définissent et font surabonder, en détail, le fonds de mémoire de l'humanité en manque de raison prévisionnelle.

Ainsi, grâce aux atlas, titre général des ouvrages de recopie, nous pouvons, perdus, nous repérer le long des côtes ou des crêtes en montagne, nous tentons de prévoir les orages et nous pouvions voir se lever Aldébaran, à l'aube d'un jour d'été, sous de moyennes latitudes, quand nous voulions faire le point au sextant ; de même, nous reconnaissons les personnes, les corps chimiques et les règnes vivants. Pour de semblables raisons de défaut de raison, il existe des cartes de choses qui ont une histoire : le plan de la ville permet de la visiter, celui d'un labyrinthe de ne pas s'y perdre et les cartes d'identité permettent de lire un prénom près d'un nom et d'un portrait. Retour au départ : faute de prévision, il reste la prévoyance.

N'y aurait-il, au fond, que deux types de sciences, celles du schéma et celles de la copie, celles de la figure et celles de la reproduction, de la mémoire et du projet, de la prévision et de la prévoyance, du général et du détail, la géométrie ou la mécanique, d'un côté, la chimie, nous le verrons, et la géographie, de l'autre, de sorte que ces deux dernières deviennent, ensemble, en tant qu'écritures des choses qui existent dans le monde et le temps, l'un des deux savoirs fondamentaux ? Si les premières prennent toute la raison pour elles seules, imaginez la déception des autres, et leur défaut ! La raison défaille-t-elle en raison du détail ?

En effet, quel besoin d'image, de relevé ou de copie pour la circulation des planètes autour du Soleil, par exemple ? Et pourtant leur nom évoque leurs orbites erratiques. Mais passant par là, Kepler et Newton mirent de l'ordre en ces aberrations. Comme toute trajectoire ou position se déduit d'une loi simple, pourquoi perdre son temps à les reproduire ? L'image se trouve donc disqualifiée. Il suffit de raisonner. Nous levons des cartes du ciel étoilé, mais non du système solaire : voilà Hélios, Mars, Vénus, Saturne, Neptune, Gaia et les autres, délivrés d'Atlas, par le tracé de l'ellipse et le travail d'une force. La raison classique explique en se libérant des cartes, en oubliant toute représentation. Il lui suffit de figures et de mouvements, de forces rares dans un espace lisse, pour prévoir l'ensemble de tous les détails apparents, dans l'espace et dans le temps. L'existence des cartes signe, donc, un déficit de simplicité, de rigueur et d'ordre : comparez, en effet, la géographie ou la météorologie, déficitaires, à la mécanique céleste, bénéficiaire. Quel monde, sans détail, la raison gouverne-t-elle ?

Troisième trait : sottise et miracle

Oui, pourquoi, depuis Galilée, Newton et Laplace, cette raison venue d'ailleurs règne-t-elle sur ce monde ? Par l'advenue d'un miracle, c'est-à-dire d'un événement dont la probabilité mathématique d'apparition demeure faible ou voisine de zéro. Le voici : de la loi de l'attraction, énonçable en une séquence très courte de signes, se tirent les mondes passé, présent et à venir, la configuration des choses en ce moment, plus toutes les prévisions d'éclipses, de comètes et de conjonctions... alors que, face à un tel bonheur, décrire le chemin qu'un atlas reproduit nécessite une suite de signes si nombreux que cette série se développe à l'infini. Dans le premier cas, l'ordre simple « déduis ! » s'oppose, dans le second, à la requête « recopie ! » Ou vous tirez du pli d'une minuscule corne une abondance énorme, fortune qui, en ce bas monde, n'arrive presque jamais, ou la chose et sa représentation, comme parallèles, s'équivalent. Ou la raison accomplit un miracle, au sens le plus rationnel du mot, ou la représentation ne répète que le déjà là. Pour transcrire ou dessiner, il suffit de n'importe quel imbécile têtu, mais quel rare génie faut-il pour sortir, comme Newton, Laplace et un nombre infime d'autres, de ce petit protocole l'universel tel quel ? Voilà le miracle de vivre sans livre d'images et de se suffire d'un sésame, la loi, pour mémoire ; de l'autre côté du miracle, parmi les atlas et les livres, pleure la sottise.

Défense et illustration de la sottise

Dès le commencement, la comparaison entre les deux sciences devient écrasante. Comment la tradition de la copie résisterait à la puissance de cette raison qui occupe l'espace d'un coup et dont la prévision envahit le temps ? Nous vivons, encore aujourd'hui, sous une telle prégnance de cette victoire que nous confions, sans hésiter, notre bonheur et nos destinées à tout ce qui lui ressemblerait. Le manque de raison montrée par la tradition copieuse intéresse, pourtant, l'histoire des sciences, parce que celles-ci tissent, souvent, leur avenir dans les défauts et défaites. Rangé du côté du faible, le philosophe paria même, naguère, pour les multiplicités imprévisibles et inexpliquées. Pourquoi ?

Par nos promenades et nos randonnées, pouvons-nous estimer le poids ou l'importance des deux performances, en comptant le nombre de choses prévisibles, par rapport à celui des objets que la prévoyance seule doit représenter ? Une telle évaluation ne conclurait-elle pas au contraire du rationalisme classique, puisque la déduction se présente rarement dans un monde où il nous faut, le plus souvent, copier, par défaut de raison déductrice ? Mieux encore, dans quels paysages, quels détails, quelles singularités vivons-nous, construisons-nous nos fragiles bonheurs et nos dures désespérances ?

Voilà déjà plusieurs décennies que m'enchante ce monde-ci, luxuriant de surabondance opulente, mieux encore, ce paysage-ci, local, avec arbres, bêtes, visages et montagnes, et qu'entêté j'écris qu'ils correspondent, précisément, à l'abstrait le plus exact et le plus pur. Jugez de mon émoi quand les sciences les plus rigoureuses enseignèrent, naguère, à reconstruire des paysages de ce genre, dans un luxe de détails ! Comment ?

Quatrième trait : le temps

En général, les cartes cherchent à résoudre les problèmes liés au déplacement. En représentant, d'un coup, un ensemble de lieux, les cartes connectent plusieurs sites, de sorte que, de n'importe où, on peut aller n'importe où, et que, par réciproque, tout lieu d'arrivée, de départ ou de passage se repère par les autres. Elles localisent en délocalisant et délocalisent en localisant. De plus, la vue n'a besoin que d'un temps minime pour parcourir l'espace : cette domination vaut toutes les autres et les comprend comme cas particuliers. Laissons là donc les intentions de pouvoir qui présidèrent, dit-on, à la confection des cartes ; la jouissance de mettre les hommes à la raison caractérise ceux qui manquent de jouir à la raison des choses.

Ainsi, les cartes se substituent à la raison qui, pourtant, s'en délivra. En effet, au moyen d'un atlas, je voyage dans mon lit, sans bouger, à la vitesse de la pensée. Les déplacements virtuels qu'obtiennent les moyens d'information et de communication actuels, je les réalisais déjà, depuis longtemps, à loisir, sur l'image de la carte, où, subtile jouissance, je vais, en un clin d'œil, du désert d'Atacama au cap Horn en passant par Chiloé... mais où, surtout, à supposer que, d'aventure, je m'égare sur le terrain lui-même, je puis me retrouver, grâce à mille déplacements virtuels erronés, parcourus à la vitesse du regard, sans conséquence sur la fatigue ni sur le retard. Notre monde virtuel de représentations descend, en ligne droite, de la carte plutôt que de la raison newtonienne. Les Atlas peuvent passer, déjà, pour des écrans, au sens informatique ou cathodique, quoiqu'à rémanence longue ; comme eux, nos réseaux de communication cartographient le monde. Vous qui critiquez, de manière acerbe, la disparition des faits au profit des images, voyagiez-vous sans carte dès votre âge tendre, preniez-vous le bus sans plan ?

Espace lisse global, paysages locaux

Parmi le désordre nombreux du détail qui force à la recopie, l'ordre acquis se conquiert donc sur le temps. Cette conquête vaut toutes les autres et les comprend comme cas particuliers. Mais, justement, que pouvaient la marche lente et la navigation risquée des premiers explorateurs pour lever une carte devant l'éclair foudroyant de la lumière intelligente ?

La prévision rationnelle ôte tout obstacle, partout et toujours, devant tout déplacement, dans l'espace et le temps : de la Terre à la Lune et de celle-ci au Soleil, rien de nouveau, sauf l'attraction, cette force qui, en se prolongeant dans le monde, le fait ou le défera. Ici ou là, chaque lieu ressemble à chaque autre et au tout, ce que dit savamment l'adjectif « holomorphe ». Or, quand certains domaines résistent à cette homogénéité, que des obstacles se dressent devant le déplacement, nous devons travailler autrement, et tisser, lieu par lieu, les relations les unes après les autres, en ne faisant aucune hypothèse sur le tout. Ainsi, globale, la raison tisse, partout et toujours, le même espace lisse ; la géographie, quant à elle, s'épuise à multiplier les paysages locaux différents. Toute la question revient bien aux détails.

Or depuis que le chevalier d'Arcy, au XVIIIe siècle, posa le problème des trois corps, et que Poincaré, plus tard, en tira les conséquences, l'espace du monde lui-même, devenu réfractaire à des solutions simples aux systèmes d'équations différentielles, se remplit de détails et d'obstacles… L'imprévisible envahit le terrain privilégié de la mécanique céleste où régnait le prévisible… Le tableau que je viens d'esquisser commence à se transformer.

Virage : deux mathématiques

Ce jeu de la raison et du hasard accède, aujourd'hui, à une partie où qui perdit gagnera, sans que l'ancien champion perde en quoi que ce soit. La victoire appartenait, donc, depuis plus de deux millénaires, à la géométrie et à la mécanique. Irrésistiblement, nous pensons qu'il n'existe qu'une mathématique, qui déclare, dans l'abstrait, les règles et les lois sans encombrer ses théorèmes de détails circonstanciels. Dès lors que la mathématique dominante change, s'amorce un virage dans la vision du monde et, par conséquent, dans ses images. La vénérable vision grecque accepte, depuis quelques décennies, de partager son règne avec les algorithmes, régnant dans le monde des machines ; la première domine les espaces et les temps lisses et homogènes qui faisaient dire à maître Arlequin que tout était, toujours et partout, la même chose, à l'intensité près, alors que le détail rend le paysage, partout et toujours, divers et singulier ; or, les diverses procédures de cette mathématique algorithmique peuvent reproduire la multiplicité de ce détail. Du coup, le domaine qui manquait de raison s'en trouve pourvu, et la comparaison entre géométrie et géographie s'équilibre. Abstraite et générale, mais, de plus, pragmatique et descendant vers le détail, cette mathématique opératoire, si différente de la grecque, peut se définir comme pratique et pure, abstraite et machinale, en même temps. Décrivant les paysages, elle produit des cartes. L'image et le schéma ne se contredisent plus.

Autant les sciences les plus dures versaient, jusqu'à récemment, du côté des géomètres, autant, maintenant, jouissant du détail, les voici cartographes, au bénéfice des algorithmes. Quel savant, de quelle spécialité, ne produit ni n'étudie, en effet, aujourd'hui, de ces paysages saturés à la fois de raison et de détails ? Des théoriciens des nombres jusqu'aux sciences de la Terre, en passant par les astronomes, les chimistes et les biologistes, tous, à l'envi et par toutes les échelles, se plongent dans les délices de singularités reconstruites et, comme dans ce livre, dans l'enchantement d'images, abstraites et concrètes à la fois. Non que la raison change de camp, mais elle se partage et, en passant des deux côtés, en deux mathématiques, elle change d'allure et de définition. Nous ne pensons ni n'habitons plus le même monde. Ce livre donc revisite l'ancien et découvre le nouveau. Nous commençons à comprendre la raison du titre : *Paysage*. Car, jouissant de grandes lignes et de détails innombrables, celui-ci peut passer pour donné en même temps que construit, aussi rationnel qu'expérimental, et pour stable autant qu'évolutif…

Le cas de la chimie

Les deux ou trois choses que je sais de cette science confirment l'analyse que je viens de proposer. Elle invente tous les ans autour de deux cent mille molécules. J'en ai admiré beaucoup, modelées sur les écrans d'ordinateurs où chacune se présente comme un paysage, en effet, avec son relief, ses monts et ses plis, ses vallées, ses propres singularités, mieux encore, comme des vagues en mer, quand l'on tient compte du temps et des mouvements de ses plis et de ses composants… à telle enseigne que les laboratoires médicaux où s'inventent les remèdes travaillent souvent à trouver une autre molécule dont tel site précis s'adapte exactement à celui de la molécule responsable d'une maladie, pour en inhiber les effets. Le repérage de cette stéréospécificité locale ressemble au travail d'un architecte de travaux publics qui construit des bâtiments et les réseaux divers afférents selon les contraintes du terrain paysager dont il dispose.

Si, vraiment, les sciences récentes convergent vers le détail et les individus, alors nous pouvons annoncer la victoire de la chimie sur le terrain même de ses anciennes défaites et des bénéfices du côté de ses déficits. Jadis, je veux dire à l'âge de l'abstrait déclaratif, la chimie, en effet, souffrait de la comparaison avec la physique, et passait pour science des substances singulières ou pour savoir pratique de l'individuel ; on disait même qu'il fallait l'apprendre plus que la comprendre ! Elle jouait donc le rôle de contre-modèle, au grand désespoir des praticiens eux-mêmes. Voici qu'au contraire elle passe au rôle de modèle, quand règnent la pensée algorithmique et le savoir des singularités. Le retournement de l'encyclopédie fait une éclaireuse de cette traînarde et de cette exception un paradigme d'avenir.

Nos deux corps et nos deux intelligences

Chaotique et régulier, notre corps rencontre, à ses risques et périls, un monde chaotique et régulier, il y survit et lui résiste, tout justement par sa nature, sa constitution et son fonctionnement déterministe et aléatoire. Il puise dans ses hasards de quoi répondre aux aléas de son monde et dans ses régularités de quoi répondre aux lois qui ne dépendent pas de lui. Je dirais donc, volontiers, géométrique l'expérimentation, puisqu'elle se réfère au monde et au temps lisses, et géographique l'expérience, parce qu'elle se plonge dans les paysages. Autrement dit, le corps invente et simule ; quand il ne peut plus simuler, il invente ; quand il peut ne pas inventer, il simule. Il expérimente, donc, dans les deux sens, mais de façons presque opposées, quoique reliées entre elles.

La vraie intelligence dit et pense imprévisiblement. Le peuple a raison d'appeler bête l'homme qui en manque : ses schémas se répètent, en effet, raides comme ceux de l'instinct. L'ancienne raison imiterait-elle l'instinct, alors que l'inventivité plonge, à corps perdu, dans l'imprédictible monde ? Le génie court à l'expérience et les répétiteurs aux expérimentations. Voyez, alors, pivoter le monde et la victoire de tantôt, étonnez-vous donc de voir la raison de l'autre côté. Plongée dans le chaos de l'imprédictible depuis quelques décennies, la science virerait-elle à l'intelligence ? Science et sagesse à la fois, la philosophie voit ses deux composantes vibrer, toutes deux, autour de la limite qui sépare et unit le déterminé répétable et le chaotique imprévu, l'expérimentation et l'expérience, la loi rationnelle et la multiplicité géographique du détail.

Cinquième trait : l'advenue du possible

En faveur jusqu'à tantôt de la raison, le même déséquilibre bascule-t-il aujourd'hui en faveur de la géographie et du détail ? Considérons, à nouveau, les montagnes, les nuages et les arbres, virtuels, de l'image qui reproduit, jusqu'au détail, des espèces irréelles. Est-ce qui est, ce qui n'est pas n'est pas : voilà ce dont conviennent, après Parménide, les savants classiques. Délivrés des frontières sévères ainsi imposées par le réel et l'être, les contemporains, au contraire et à l'envi, explorent le possible et, parfois, le réalisent, comme jadis et naguère, ne l'avaient fait que les mathématiques. Pourquoi ? Parce qu'elles envahissent maintenant le détail géographique.

Se jouant du virtuel, l'informatique propose à toutes les disciplines des techniques de simulation et des scénarios qui mettent à leur disposition, en guise même d'expérience, un éventail de possibles, autour, à côté, au-delà de ce réel que visaient à la fois la vieille expérience et l'expérimentation classique. L'astronomie conçoit des univers avant de les observer ; la physique anticipe des particules possibles ; la chimie ne décrit plus seulement les molécules existantes, mais les modèle, calcule et cartographie avant de les découvrir éparses dans l'espace ou de les synthétiser en laboratoire ; la biochimie s'adjoint un génie dont les manipulations donnent le jour à des vivants qui n'ont de nom dans aucune langue.

Sortie, tout armée, de la raison mathématique, équipée de techniques dont la puissance abrège le temps de calcul jusqu'à presque l'annuler, l'image réalisée par ordinateur présente, en effet, un paysage virtuel, avec des arbres dont le genre ignore toute classification, dont les montagnes n'appartiennent à aucun système orographique cartographié, dont les nuages ne viennent d'aucune configuration météorologique observée... Ni scène de la nature, ni scénographie, ce scénario ne reproduit pas une copie fidèle de l'histoire naturelle, mais se construit hors d'elle. Nous voilà au théâtre, devant un décor, réglé par le régisseur, qui, derrière, construisit le logiciel. Voilà des choses, des êtres possibles. Est-ce qui n'est pas : au vu de l'image, nos anciens ne l'auraient jamais reconnu pour science, mais pour un ouvrage d'imagination.

Un champ nouveau pour les sciences ?

Depuis quelque temps, en effet, les savants regardent moins le ciel dans les observatoires, tous deux laissés aux astronomes amateurs, moins la nature, abandonnée aux écologistes et aux randonneurs du dimanche, moins la vie... qu'ils ne scrutent des images, parfois de synthèse, sur l'écran d'ordinateur où ils simulent des mondes possibles. Vont-ils, aussi, quitter les anciens laboratoires, allons-nous abandonner, aussi, les concepts ordinaires

CIRAD

de ce lieu : observation, expérimentation, apparences et modèles, théories et falsification, tout le musée, remisé au reposoir, de l'antique épistémologie ? De la science, que racontait celle-ci ? Son récit global faisait un cycle, bouclé au point unique et obligé du réel : construit à partir des observables, un modèle, épuré des apparences de détails, se dirigeait vers l'équation abstraite et servait d'intermédiaire entre la chose et la cause, à l'aller, vers l'explication, comme vers l'application, au retour. A très peu près, les conteurs, anciens et modernes, n'ont jamais beaucoup varié sur cette ronde-là. Qui oserait, aujourd'hui, reprendre un tel récit, devenu si rare ? Parti de mondes possibles multiples, le modèle simulé pullule et descend dans le dessin de détail, comme se réalise un scénario.

Avant que Dieu ne crée le monde, disait Leibniz, des possibles élémentaires se combinent dans son entendement pour y engendrer, par ces liaisons, des mondes possibles ; parmi eux, sa volonté seule décide le choix du monde réel qui advient, promu parce que le meilleur ; la science classique ne tenait compte que de ce monde créé ; le savoir contemporain vient de quitter ce résultat, issu d'une volonté donc contingent, pour entrer dans ses conditions : dans l'entendement même de Dieu, dans le calcul préalable des mondes possibles.

Cette simulation casse la méthode en exode, errance, promenade ou randonnée. Nous changeons, en même temps, nos manières de faire la science comme de raconter des histoires ou l'histoire. Tout récit supposait, en effet, qu'on revînt au réel, pour rester plausible ; aussi fastueux qu'on dise les détours d'Ulysse chez les cyclopes et les magiciennes, aussi dangereuses les excursions de Dante aux Enfers, aussi brillantes que se présentent les explications de Newton, il faut bien, un jour, revenir à la maison, retrouver l'île d'Ithaque et l'Italie centrale, où les pierres tombent, comme les pommes, au sol. Rien ne distingue, alors, le poète et l'astronome, le physicien et le romancier, tous tenus à l'expérience du monde, soleil, terre et mort. En ce lieu se bouclent la méthode, le voyage, l'aventure. A considérer le paysage des deux *Vierges au Rocher*, le bon expert, botaniste ou géologue, juge celle de Londres fausse et celle de Paris authentique, parce que celle-ci montre des espèces cristallines et florales observables, alors que l'autre imagine des genres impossibles que Léonard, fort averti, aurait évité. Inversement, le savant chercherait, aujourd'hui, plutôt, une flore et des roches comme celles du paysage algorithmique de la page précédente, de sorte que le critère du faux et du vrai par l'épreuve du réel s'évanouit dans le possible. L'être du vrai ni

le vrai de l'être ne servent plus de critère à la scientificité. Elle court les possibles, comme Ulysse les magiciennes et Dante les Anges et les âmes.
Il arrive à toutes les sciences et au récit qui les accompagne ce qui advint jadis à l'algèbre, où les imaginaires devinrent des nombres comme les autres. L'imagination, ici, ne s'oppose plus au réel, puisqu'elle suit des lois mathématiques. Même le principe de raison étend son domaine d'exercice et passe de la raison d'être à celle du possible ; il arrive même à ce qui n'est pas d'avoir une raison d'être possible. La seule différence réside en ceci que la raison d'être supposée devait se découvrir derrière les apparences du réel, alors que celle du possible construit son apparition, jusqu'au dernier détail.

Humanités scientifiques ?

Ainsi conçus, les nouveaux parcours rationnels épousent, étonnamment, ceux des artistes : même obligation de détails, plongement semblable dans d'imprévisibles circonstances, commun recours à l'imagination, courbes chaotiques des récits, des processus et des expériences, même position préalable dans le possible, éventail analogue de choix parmi des mondes virtuels, production de réel comparable et même responsabilité, bientôt. Lorsque la carte, le paysage ou l'animation passent de la copie de la figure ou de l'évolution réelles aux possibles, l'imitation précise ou la reproduction exacte passent, conjointement, à la création. Feuilletez donc ces pages comme on fait d'un livre d'art...

Nous avons cru longtemps que la mort prochaine, sinon déjà consommée, des humanités venait du succès social des sciences dures, et de ce que les riches décideurs ne faisaient enseigner à leurs enfants que les disciplines qui leur assureraient, plus tard, les mêmes avantages de fortune et de dominance ; elles laissaient ainsi les humanités aux plus faibles, socialement et intellectuellement. Cela reste vrai. Nous pensions, aussi, que les sciences humaines contribuaient à cette extinction progressive, puisque leur publicité fait croire qu'elles peuvent décrire, dans le carton pâte, mieux que Virgile ou Plutarque, Cervantès ou Dante le firent dans l'or, les collectifs et les âmes. De ce mensonge, il demeure toujours quelque chose. Mais s'y greffe cette immense floraison de paysages. Tout se passe comme si les sciences, aujourd'hui, exerçaient ladite création littéraire ou artistique, en prenant son geste même et en pratiquant les qualités qu'elle requiert. Elles investissent un champ naguère occupé par les humanités.

Détail exécuté par un Dieu paysagiste.

Dessinés par ordinateur, ces paysages anéantissent la distinction ou comble la distance entre les apparences de détail qu'il fallait jadis négliger ou mettre à la poubelle et la raison énonciatrice de la loi. Parmi ces lambeaux de nuages et ces feuilles d'arbre, la raison règne seule jusqu'aux phénomènes menus que le logiciel produit dans leur fine singularité. Entrés donc pour la première fois dans l'entendement du Dieu de Leibniz pour former des mondes possibles, nous ne nous en tenons plus à la généralité des lois, mais allons au bout des circonstances, à partir de l'algorithme qui en construit le dessin jusqu'au détail infime. Le moindre de nos cheveux, dit la Bible, est compté. Or donc, au début de la création du meilleur des mondes possibles, justement le réel, Dieu, dit le même Leibniz, aménage au mieux l'espace ou le terrain dont il dispose, de sorte que ce philosophe, après tant d'autres, l'appelle architecte de l'Univers. Bon père de famille, chef bien-aimé de la meilleure des républiques, il prépare un habitat humain. Pour construire au fil à plomb, aligner les rues et calculer au cordeau les logis et les villes, avait-il délaissé les montagnes, les mers et les forêts, ce divin Urbaniste ? Pourquoi ? Parce que les murs et les quais, droits et lisses comme la raison, rabotent, aussi, les détails, dont, justement, les monts et les bois regorgent. Celui qui crée un univers divers ou le divers d'un univers, nous l'appellerions aujourd'hui paysagiste, plutôt.

Les circonstances de la mise en images

En faisant mille détours, le récit scientifique, comme baroque, fleurit de mille détails non rabotés. Que dire d'eux ? Que voulait donc dire le principe du déterminisme, en son commencement : *dans les mêmes circonstances*, cet étrange oxymoron ? Défiant l'identité, les circonstances, que je sache, ne se répètent pas ; si elles le faisaient, nous les appellerions tout autrement, constantes ou substances. Les polir ou raboter jusqu'à les réduire au *même* détruit, par conséquent, ce détail imprévu qui les fait proliférer sans cesse dans l'espace, le temps, les causes, les conditions, les conséquences et les fins. Le déterminisme construit donc son monde sans elles. Mais, que se passe-t-il dès que nous les produisons au lieu de les subir ?

La science des anciens ressemble donc à l'écriture des romans, dont le récit évoque et laisse le lecteur imaginer les hardes, bracelets, pendentifs et dentelles que l'héroïne porte, lorsqu'elle reçoit ou suscite l'aveu d'amour, sous un arbre, par grand vent, alors que, cinéastes producteurs d'images, nous devons la mettre en scène et donc l'habiller de pied en cap et de fait, acculés donc au choix d'une crinoline ovale et vert pomme, d'une rivière à double rang de jade noir et de souliers de satin vieux rose, à la décision du genre, de la taille et de l'âge de l'arbre, hêtre, chêne ou charme, ainsi que de la saison qui le remplit de chatons ou le prive de feuillage, sans oublier le sens et la force du vent, selon que la collerette vole ou non, découvrant un bout de sein... En nous contentant des lois, nous fûmes conteurs, nous voilà metteurs en scène, forcés aux derniers détails. Change le genre du récit, au sens littéraire du mot : tout de suite à l'essentiel, l'ancienne science *déclarait*, sans trop s'attarder au paysage ; or, le héros du récit scientifique, aujourd'hui, c'est ce paysage, justement ! Comment ne pas devoir fixer les *procédures* précises pour la confection de son dernier détail ? L'ancienne phénoménologie rabote les circonstances, la nouvelle les produit. Elle les appelle, parfois, conditions initiales, meilleur mot, et plus loyal, que l'ancien. Mais leur sensibilité conduit au chaotique...

Sixième trait : l'éthique du possible et des circonstances

Des possibles aux derniers détails, voilà l'atlas des routes diverses empruntées par notre savoir. Comparées à la géométrie sage que nous apprîmes et enseignâmes, les floraisons des courbes chaotiques et fractales d'aujourd'hui épousent à merveille notre expérience, notre corps et nos paysages. Cette esthétique, double et nouvelle, des mondes possibles et du détail assumé, recouvre, de manière décisive, les *deux sources de la morale* : en effet, celle-ci jaillit, en premier, de la décision ou du choix qui tirent le réel du possible ; ensuite, du détail local dont souffre ou s'enchante, de fait, l'individu singulier.

L'impossibilité d'évaluer le meilleur global nous distingue du Bon Dieu ou de la divine Providence, mais nous disculpe-t-elle, plus que lui, du tribunal de la *Théodicée* qui juge des responsables du mal ? Reste, pourtant, à décider de l'éthique. Pour essayer, le collectif découpe les attributs de Dieu. Comme les savants, collectivement parlant, vivent, pensent et agissent dans son entendement, comme je viens de le dire, reste sa volonté. Nous réunissons donc des comités où la société se projette, dans l'espoir que le nombre et la diversité de ceux qui y participent permettent d'accéder à l'évaluation du meilleur le plus global possible, du côté de la Providence. Or, selon les circonstances et les cas, telle décision empoisonne ou guérit, soigne ou tue, fait souffrir ou délivre. Loin de toute loi globale, Bien et Mal entrent dans le détail, sans aucune majuscule. Or encore et tout justement, la science d'aujourd'hui calcule et produit détails et circonstances, comme si la volonté entrait dans l'entendement et la raison. Restes du temps où la raison racontait sa rationalité amorale, c'est-à-dire son indépendance par rapport à toute réalisation, les comités d'éthique deviennent les alibis de la collectivité savante, qui se lave toujours les mains de ce qu'elle pense. Ces comités jouent le rôle de l'humanitaire dans le libéralisme capitaliste, celui de la dame d'œuvre qui porte des miettes aux misérables pendant que son mari les affame : l'Occident bombarde du haut – optique – d'avions de combat et du haut – éthique – d'avions du même genre, envoie des médicaments pour soigner les blessés déchirés par les premiers.

De même que la responsabilité de la misère hante les bourses, les commerces et les banques, de même celle des produits de notre monde incombe directement aux savants. Chacun, individuellement, porte, lui-même, en sa propre conscience, la responsabilité totale de ce qu'il fait ou pense, parce que, selon le proverbe, Dieu habite les détails, que les circonstances portent la morale, et que la science produit désormais le détail des circonstances. Aucun comité ne peut donc remplacer le savant ni décider pour lui. Jadis et naguère, le savant se croyait irresponsable, non point parce que sa recherche, désintéressée, devait attendre l'application pour atteindre à la morale, mais, beaucoup plus simplement, parce que la loi qu'il énonçait n'entrait jamais dans le détail, ni dans le cas, ni n'accédait à l'individuel ; or la morale naît du singulier plongé dans les circonstances, l'occasion faisant le saint ou le larron. Il n'y a pas de loi morale, il n'y a que des cas ; preuve en est que la seule loi morale connue et praticable dicte d'aimer son prochain comme soi-même, c'est-à-dire, justement, créer une relation différenciée avec l'individu le plus singulier, en ce qu'il gît au voisinage le plus proche de la singularité la mieux repérable pour moi : ton corps et ton âme, paysages choisis. Cette loi ne se généralise ni ne s'érige en loi universelle, mais se propage de proche en proche, par une sorte de prolongement analytique, pour aboutir, à la limite asymptotique, à la transcendance d'un Dieu encore personnel.

Tant qu'il restait éloigné de toutes circonstances, soigneusement rabotées, le savant demeurait dans la loi, il pouvait, oui, sans hypocrisie, se moquer, en effet, de la morale. Hors de tout détail, la raison, générale, blanche et pure, gardait les mains pures et blanches. Mais, par la pensée algorithmique et l'ordinateur, la simulation et les scénarios, la science entre, aujourd'hui, à la fois dans le passage des possibles au réel, et dans les singularités diversifiées des paysages humains, naturels et collectifs, dans les occasions et les cas, exactement, oui, en casuistique : ce que j'ai nommé plus haut les deux sources de l'éthique. Du coup, directe se fait la responsabilité. Le savant doit donc prêter serment. Seul le médecin, jadis, le prêtait, justement parce que son art le conduisait de cas en circonstances, d'individus en singularités, que, donc, son savoir côtoyait la morale. Toutes les sciences, désormais, naviguent en vue des mêmes côtes, découpées.

Plus haut, divinement, plus près, humainement

Les sciences viennent d'accéder à un étage nouveau, qui les distingue de leur passé. La simulation et les scénarios leur font manipuler directement les possibles, donc entrer dans le processus même de la création. Les voilà capables de faire advenir des choses et des êtres rationnels encore non réels. Non contente d'expliquer ou de décrire, la raison crée. Et quand elle passe au réel, elle doit donc en produire les circonstances jusqu'au dernier détail. Alors la carte, le portrait, la représentation, l'image, le paysage… ne trahissent plus un déficit, par rapport à la figure ou au schéma, mais, au contraire, un surcroît de raison et ce bénéfice va jusqu'à la création. Le scientifique abandonne la position de l'instituteur, adonné à décrire les espèces des arbres, des nuages et des montagnes, sans en être responsable pour autant, puisqu'il reçoit ce monde tout comme les ignorants, ses élèves, pour prendre celle de l'ordinateur, au sens précis de l'étymologie latine et médiévale de ce mot magnifique, l'ordonnateur, le régisseur, le cérémoniaire ou le metteur en scène, celui qui met en ordre le monde, *Deus ordinator*. Mais celui qui ordonne, régit, règle et suscite les choses en prend la responsabilité. Car si les généralités peuvent nous laisser en paix, nous jouissons ou souffrons du détail, parce qu'il caresse, coupe ou blesse, de ses singularités, nos âmes et nos corps particuliers : la loi de Newton ne blesse personne, mais la bombe jetée tue.

L'éthique naît donc au moment où un possible se réalise, entre les mains de celui qui conçoit et agit. Elle émerge de la mer des circonstances. Les sciences entrent, en même temps, aujourd'hui, *dans le possible, dans le détail et en morale*, parce que le passage à l'acte remonte de l'application vers la conception. La raison devient productrice dans son activité originale. Une sorte d'idéalisme technique croît : le monde des choses devient, de plus en plus, l'ensemble de nos représentations. Donc, ce livre qui montre des paysages médite en même temps sur le détail, sur les circonstances et sur les possibles, car un paysage peut se définir comme un ensemble de détails et de circonstances possibles. Donc il traite, d'un coup, de science et de morale.

La phénoménologie fidèle ?

Comblée par un savoir nouveau, généreux, concret, luxueux, du global et des localités singulières, s'abolit la distance entre la théorie et les apparences, l'abstrait lucide et la perception directe, distance productrice des philosophies et des sciences classiques. Tout notre savoir, en effet, toutes nos pensées, peut-être, habitaient ce hiatus, cette marge, cet écart, cette crevasse, cette séparation que certains nommaient ontologique, entre le monde tel quel, serti de détails inattendus et de lieux irréductibles, celui du travailleur, de l'artisan, du marin, du paysan, montagnard, esthète, goûteur, poète ou musicien, de l'homme de sens, en ce sens proche du mystique, en ce qu'ils accueillent tous deux l'expérience irrécusable, et celui qu'il fallait bien nommer l'arrière-monde, support global de l'analyse des géomètres, des mécaniciens et des philosophes. Mieux encore, ceux-ci évaluaient la qualité, la plausibilité de tel ou tel savoir à la tenue de cet écart productif d'explication, et soupçonnaient les sciences trop descriptives, comme la chimie, la géographie ou l'anatomie, d'habiter un trop proche voisinage du perçu brut. La métaphysique, enfin, justifiait son existence par son préfixe, marquant ou dénotant cette séparation, comme si le *méta* produisait la physique et, partant, toutes les sciences dignes de ce nom.

Que la crevasse, tout à coup, se ferme, voilà une nouvelle d'importance en philosophie, comme si celle-ci se trouvait isolée de sa source pérenne. A quoi bon, par exemple, une phénoménologie, si les apparences ne cachent ni les règles ni les lois, mais les exhibent, tout bonnement, de même que le processus de construction de leur détail ? Pourquoi même des idées, si elles n'habitent pas à part, comme des idoles, dans leurs niches à concepts, aussi transcendantes que certaines parois des Alpes, aussi funéraires que les tombes ou les casiers où reposent les urnes d'incinération ? Pourquoi même, à la limite, une théorie spéciale de la connaissance, si celle-ci s'étale dans le vaste monde, sous nos propres yeux, mécanisée ? Que reste-t-il à dire à l'ontologie, prise déjà depuis longtemps dans le bégaiement de l'être, verbe nul et vide que l'on ne décline qu'à l'infinitif, si les étants le chantent et le remplissent en tous lieux et à chaque instant, si nos savoirs se souviennent de lui en parlant de toutes choses ? Peut-on penser, enfin, une phénoménologie fidèle, sans changer ce nom si laid, devenu contradictoire ? Oui, le monde perd ses apparences. Comme nous n'avons plus à les sauver, le monde est racheté, au prix des philosophies et des sciences classiques.

Des ensembles à la singularité

Le paysage et la visite d'un pays

Les multiples paysages reconstruits, visibles dans ce livre, puis-je les recoudre à ceux que je visite dans ma vie sensible et laborieuse, quotidiennement ?

Je croyais connaître mon pays. Naufragé autant que né, à l'apex d'une crue, près d'un bouquet de cèdres du Liban, sur le rivage d'un fleuve plus de quatre fois par siècle dangereux, enraciné au moins jusqu'aux hanches dans les boulbènes battantes, j'y ai labouré, hersé, semé, sarclé, fauché, moissonné, dépiqué, mais aussi ramé, puis vendangé la vigne après l'avoir sulfatée, ramassé puis trié des pommes de terre, des prunes, des brugnons et des pêches. Nous rentrions à la ferme dans la paix du soir, à pas lents, les reins brisés, assoiffés, sereins. Immergé jusqu'aux épaules, par tradition familiale, j'ai navigué sur la rivière à bord de gabarres et de sapinous, j'y ai dragué du sable et cassé des cailloux, chargé, avant l'aurore, des camions de vingt tonnes, à la pelle ou avec la fourche à neuf brins, dans le tonnerre des concasseurs. Plongé dans ces travaux journaliers, mon corps n'a pas vraiment quitté cette immobilité, la cassure du dos, le soulèvement de poids trop lourds, la constance coupante de l'effort, dans les quartz et les ophites cristallins, la sueur permanente, ni la fixation longue des yeux sur la terre collante. Comme aucun cèdre, aucun sillon, aucune grappe de raisin, aucun fruit ni grain ni tige, aucun grain de sable ni éclat de marbre, aucun jour, n'y ressemblent à nul autre, seules les espèces et l'obligation dure du travail, dans l'ordre de l'aube et du couchant, injectent une règle souveraine dans ces détails au pluriel qui buissonnent et bifurquent sous les mains. Noyé dans ce pays, jamais je n'eus cru qu'il y existât un chemin de sortie ; des amis qui demeurèrent ne le croient encore pas.

Je croyais connaître mon pays. Cheminant parmi les brumes visqueuses et funèbres de l'hiver, comme dans l'extase printanière des arbres fruitiers en fleurs, lévitant à mi-hauteur sous un ciel pastel, j'y ai circulé, à pied, sur de petites, moyennes et longues distances, à la découverte lente des collines basses d'où l'on voit se déplier les vallées douces où courent les rivières paresseuses d'Aquitaine. Aussi longue la distance plus tard parcourue, aussi puissants et sophistiqués les moyens de la couvrir, reste que le corps et le corps seul se déplace, de sorte que nul ne voyage vraiment s'il ne marche : l'horloge biologique, l'alimentation, la sueur, l'essoufflement, les gestes, la parole et le sourire, la présence, le sexe et les muscles des jambes seuls comblent les écarts. Face à cette ontologie du voyage à pied, les autres moyens restent dans l'apparence.

Pédalant, en compagnie de voyous de mon âge, jeune encore, j'ai circulé à bicyclette, de nos campagnes cultivées, avec un soin maniaquement esthétique, vers la forêt, proche, des Landes, et de l'horizon bouclé par les pins au rivage plat de l'océan. Vibrant comme l'eau tout autour d'une pierre jetée dans un lac, je connus, donc, et le point où elle tombe, par l'aléa du destin, les cercles successifs que son choc produit alentour, la sphère lente de la promenade, qui excède rarement quatre à l'heure et quarante kilomètres par jour, puis la brusque libération de l'espace du corps nu par les roues du vélo, qui atteint la mer, à vingt-cinq kilomètres à l'heure, cheveux dans le vent. Alors le point, le cercle, la sphère… bref, la boule de paysage variable que celui qui se déplace transporte avec lui… plongent, déjà, dans la géographie locale, la ferme dans les emblavures, la ville dans le département et celui-ci dans la région. Une connaissance, presque géométrique, de l'espace suit la propagation de cette onde toujours surprise par des vues imprévues.

Au volant : passé la guerre, l'automobile vint et régna, qui ébranla les lignes stables du paysage ou, inversement, fit de ses détails imprévisibles un décor fondu enchaîné, comme au cinéma : les platanes défilent en élevant une barrière en planches d'accidents mortels possibles, par les routes droites et leurs virages. L'horizon de ma boule de monde passa de la pratique dans un lieu vital et actif à la salle de spectacle, quelquefois tragique, ordonné sans sueur ni dépense énergétique, sauf pour la mécanique extérieure au corps. L'attention et le système nerveux relayèrent la fonction musculaire et la portance des os, comme s'il s'agissait d'un savoir, déjà. Devenus touristes ou « experts », les contemporains ne surent plus du monde que ce qu'ils en perçurent à cent kilomètres à l'heure, assis ; connaître un pays signifia y passer ainsi, administrateur ou journaliste, de façon spéculative. Ainsi ceux qui parlent, commentent et commandent ne savent de ce dont ils jasent que les vanités retenues en passant : ils descendent du bus pour prendre quelques photos. Ainsi les livres sur les paysages font défiler une série de ces clichés que condamnait jadis la rhétorique de la belle langue, fixes dans la suite cinématographique issue du déplacement.

Loin d'ajouter une autre sphère aux premières boules lentes, ce voyage l'étend à l'Univers entier, puisque rien ne s'oppose, sauf la mer, à un tour du monde sur roues, relayé par un bateau à vapeur ou à moteur. Lorsqu'ils ne marchent point à pied, les héros de Jules Verne décrivent, déjà, ce paysage-là, vu du wagon, à grande vitesse, sur rail, ou de la plage arrière, à bord d'un paquebot. En lisant cet auteur, vous admirez la surabondance des descriptions négatives : courant par là, nos héros ne virent ni ceci ni cela... Le voyageur s'arrête parfois, pour prendre, comme il dit, encore une photo : voilà les dessins d'illustration des *Voyages extraordinaires* dont la nouveauté vient, justement, de ce qu'ils dépassent définitivement tout paysage local, usuel depuis des millénaires. Le détail entra, définitivement, dans un ordre étendu à l'Univers.

Je croyais connaître mon pays, d'autant que, plus tard, un avion qui me portait y atterrit : ce beau verbe dit, à lui tout seul, ce qui suit. Car advint alors une réconciliation première, belle et sereine, deux fois dominée, entre la vue du paysage et la page lue sur un atlas. Garonne et ses affluents dessinent, en l'un comme sur l'autre, un arbre de connaissance autour duquel se distribuent champs et villages, collines et bois, bâtis des grandes villes et banlieues clairsemées, identiques, couleur pour nuance, de la carte au paysage. En gagnant de la hauteur et, encore, de la vitesse, le voyageur se retrouve en pays connu ou plutôt, il peut coudre sa vie et ses travaux d'enfance aux lectures studieuses de géographie, renouer ses expériences avec l'abstraction, la chose et sa représentation, les objets avec leur projection. En projetant, inversement, l'ordre de l'écrit sur les détails organisés par la vue haute, cette suture me parut le dernier cri de la connaissance. J'habitais encore, comme tout le monde, le déchirement grec qui sépara le schéma idéal et l'abstraction géométrique du portrait des êtres individuels, dans leur détail concret : j'atterrissais sur leur ligne de clivage.

Quoi de plus beau que ce paysage calme d'Aquitaine vu ainsi de haut ? Et quoi de plus enivrant que les déserts ocres d'Australie, déployés à mille à l'heure et vus de onze mille mètres ; quoi de plus sublime, plus haut encore, que la rotondité du monde, suivie des fenêtres du Concorde et reconnue en même temps que la courbe littorale de l'Afrique occidentale ? Du manteau d'Arlequin des emblavures et des vignes aux archaïques ondulations rouges des reliefs australiens, puis au profil de la planète même, il semble que nous montions, non dans la hauteur de l'espace, mais vers la carte, de la vision à la représentation. D'un avion à moteur, nous découvrons une petite île, Houat ou la Madeleine ; d'un vol transatlantique, nous voyons le Cotentin, d'un supersonique, la Mauritanie, une part du Sahara et le Maroc... à un moment la vue rencontre le planisphère. L'ellipsoïde complet, nous ne l'avons vu que récemment, par les yeux du cosmonaute : la carte de géographie se connectait à la variété géométrique. Et comme la carte mime le regard à partir d'un certain site, le plaisir du cartographe ressemble à l'extase de l'aviateur et le ravissement du géomètre à celui de l'astronaute.

Je croyais donc connaître, presque définitivement, mon pays, en détail comme au large, par ses localités, sa région et, en suivant autant de chemins divers, par leur plongement dans le global, je croyais le connaître de manière concrète et abstraite, par la sueur et l'érudition, dans le pluriel local éclaté comme dans un ensemble ordonné, jusqu'au jour où je ne sais quelle chance mit à ma disposition cet outil, atroce pour le son mais magique et synthétique pour la vue, que l'on nomme hélicoptère. Marchez ou courez à pied, allez à cheval, à bicyclette, en bateau, en voiture automobile, en avion... lié à votre véhicule, votre perception du paysage dépend de ce déplacement, à vitesse à peu près constante. Alors la visite, au sens de voyage qui voit, déploie une vue presque homogène, soumise, au moins, aux moyens usités. Au contraire, dites au pilote de l'hélicoptère : va, et vous allez, avec lenteur ou rapidité ; monte, et vous vous élevez ; descends, et vous voici au ras du sol ; arrête, et vous voilà immobiles au-dessus de ce que vous avez envie d'observer à loisir. Autrement dit, selon vos caprices, la machine marche à pied, court à vélo ou en automobile, plane en avion, grimpe directement suivant une verticale, reste stable longtemps, autant que l'on veut, comme tout échassier sur sa jambe de sommeil. J'ai descendu mon fleuve parental au beau milieu de son lit, à moins d'un mètre de hauteur, sur de longues distances, en passant sous les ponts : je faisais l'amour, enfin, à ma déesse. Expérience si divine que je me demande même si Garonne même a pu jamais savoir sur elle-même cela même que je perçus ce jour-là.

Alors seulement, et par ces variations réglées, du lieu ponctuel au panorama large, de l'arrêt suspendu à telle mobilité, du haut vers le bas, du détail inspecté à l'horizon magnifié, du désordre luxueux aux îlots d'ordre rationnel, je reconnus mon pays, celui du laboureur, suant et immobile, celui, moins lent, du marinier ou du casseur de cailloux, les lignes et les nœuds des routes qui enchantent le promeneur ou le coureur à vélo, le spectacle qui défile aux vitres de l'automobile, enfin celui qui réconcilie la carte et les machines volantes, le géographe et le physicien, le géologue et le géomètre, le topographe et le topologue, l'enfant jadis presque enterré jusqu'aux hanches et le mathématicien au regard dégagé, tous paysages ensemble réunis ou successifs, cousus, pièce à pièce, feuillet sur feuille et ton sur ton, pour mes regards émerveillés aussi bien que dans ma tête, instruite nouvellement, en somme invariant par variations : le plus beau jour de ma vie, active et spéculative. Les hélices de l'hélicoptère battaient en rythme avec celles de l'esprit, au corps et au cœur d'oiseau. Peut-être de ce tour naquit ce livre, qui, de coutures en coutures, voyage à travers tous ces paysages, divers et universels, les plus concrets possibles, mais aussi les plus savants, et cherche à les coudre ensemble dans le temps.

Je croyais vraiment connaître mon pays lorsque j'eus à contempler une photographie prise par satellite. Des écailles tombèrent enfin de mon regard : délivré largement du déchirement grec, j'y voyais à la fois l'ensemble et le détail, la carte et le plongement, le schéma et la copie. Je n'avais plus besoin du saute-mouton en hélicoptère, dans l'aise ou le malaise du corps, puisque les deux familles de vues qu'il enchaînait ou juxtaposait se joignaient en même temps et sur le même lieu ; l'observation lointaine et la saisie proche, partout et d'un seul coup, faisaient que je m'y envolais dans une carte mais y atterrissais aussi dans un portrait, sans compter ce que ses couleurs révélaient d'invisible, surface et fond variables de la mer voisine, intensité d'évaporation et de chaleur, variété des plantes cultivées, âge des arbres et des roches… Ce nouveau mélange, continu, d'éloignement et de proximité, de l'immense et du microscopique, du présent et de l'ancien, du superficiel et de l'enfoui, du visible et du caché, de la loi et du détail, du linéaire et du fractal… annoncent la révolution, sujet même de ce que j'écris, où se réconcilient l'abstraction et le concret, l'expérience et l'idée, la théorie et le sensible, la géographie avec la géométrie, l'algèbre et la chimie, les physiciens théoriques et les expérimentateurs, le bureau et le labo, l'actuel et le virtuel, le spéculatif et l'individuel. Si, ailleurs, vous tombez sur un manuel d'anatomie où, sur des pages consécutives, se font face un schéma de hanche et son image IRM, pardon la photographie des os de telle personne singulière, tentez donc de les recoudre, si vous le pouvez, vous comprendrez mieux ce livre.

Or Platon, jadis, inventa la doctrine de l'Idée en répétant un mot qui, d'abord, en grec, veut dire « image » : ainsi sublimée, la première servit de modèle à la seconde, réduite à l'imitation. Nos nouvelles images permettent de promouvoir une autre théorie de la connaissance : l'idée contemporaine, la voilà, concrète et abstraite à la fois, schéma et portrait, planisphère et copie, intelligible et sensible. Ainsi, ce livre prend le premier rang dans l'élaboration d'une nouvelle science cognitive. Nous n'aurons plus demain, nous n'avons déjà plus à souffrir de coupure ni de bataille entre deux types de connaissances, puisqu'elle les mélange. Nous n'aurons plus à claironner la défaite de Platon ni celle d'Aristote puisque nous venons de les réconcilier. Cette alliance change tout : notre manière de voir, certes, et de penser, assurément, les sciences et leur classement, le règlement du conflit des facultés, l'enseignement et la recherche, la culture et la philosophie, notre tête et notre corps, le collectif enfin.

Circulant, immobile, à la vitesse de la lumière, il me reste à visiter encore mon pays, d'une manière plus stable, plus volatile, rapide et globale, par les dialogues et les images, qui injectent en lui tous les pays, les hommes et le savoir du monde, et reçoivent, en retour, toutes les informations de sa source, en manipulant, du bout des doigts, le tissu, la toile, l'entrelacs, les réseaux de communication, dont les chemins et les échangeurs dessinent l'*atlas* contemporain, et sur lequel circulent des *anges* de toutes sortes. Ne croyez pas ce nouvel univers dénué d'incarnation : à preuve ce nouveau livre. S'il parcourt le monde, et de nombreuses fois, et de mille manières diverses, jamais il ne quitte le paysage d'où, primitivement, les corps de leurs auteurs émergèrent, comme fit le mien. Plus ils fréquentent les abstractions, mieux et plus ils voyagent à pied, car, sans doute, seul le corps connaît. Trahirais-je des secrets, si je disais que la plupart d'entre nous courent la randonnée ou escaladent des montagnes ?

Reprise philosophique : le recollement

Je croyais donc connaître le monde, pour l'avoir, et avec passion, arpenté selon les latitudes, longitudes et altitudes, je croyais connaître les choses pour en avoir eu l'appétit. Cependant, qui d'entre nous, voyageur et curieux, peut se flatter d'avoir vu tout seul la trace, sur le modèle de Poincaré, des espaces à plusieurs dimensions, les labyrinthes des puces, le rayonnement issu du big-bang et un fond d'univers à des milliards d'années-lumière, un train de comète en morceaux frapper Jupiter qui rougit de ces coups, le choc de hadrons libérant un bouquet de particules ignorées, les panaches de chaleur dans le manteau de la Terre, les globules de son sang, les protéines de ses cellules... ? Ce livre va donc nous entraîner dans la même promenade que celle qui précède, avec d'autres moyens, grâce aux travaux de mille savants, à travers d'autres paysages.

Justifions, encore une fois, le titre choisi. Supposons ce livre publié dans l'intervalle de temps qui sépare les géomètres grecs de nos ordinateurs ; jamais une telle enseigne ne l'eût annoncé. Les auteurs l'auraient appelé figures ou schémas, planches ou cartes, selon qu'ils eussent préféré les mathématiques ou la mécanique à la géographie ou à l'histoire naturelle : bref, des représentations abstraites ou concrètes, construites par des lois ou relevées par copies de « choses » existantes dans « le monde » des Idées ou l'univers « réel ». Pendant une durée plus que deux fois millénaire, le savoir et sa philosophie demeurent schizophrènes, partagés entre l'abstraction et le concret, comme la peinture, comme toute représentation. Otez toutes choses que j'y voie, disait l'un ; je ne crois que ce que je vois, contredisait l'autre. On les supposait opposés, alors qu'ils vivaient serrés, sans s'en apercevoir, les uns contre les autres, puisqu'aucun savant expérimental ne peut se passer de mathématiques, complémentarité qu'Einstein appelait miracle : « L'incompréhensible, disait-il, en effet, c'est que le monde soit compréhensible. » O surprise comique, l'entreprise la plus rationnelle du monde et de l'histoire se fondait donc sur cette impensable rareté.

Or, nous l'avons déjà dit, la figure ou le schéma suppriment tout détail alors que la planche ou la carte en éliminent peu ou beaucoup, selon son échelle. Cela revient à redire que le statut du détail décide, capital, de l'abstraction ou du concret. Il gêne l'idée, il orne le réel et témoigne du donné ; nous ne pouvons construire sa contingence. Pourquoi ? Parce qu'il ne peut se généraliser ni se prévoir, parce qu'irréductiblement il reste singulier. Or, voici des arbres discernables un par un, un horizon tel que vous ne le découvrirez nulle part ailleurs, des couleurs à teintes originales... bref, des choses singulières... assorties de leurs modes, au sens de Spinoza, de leurs qualités secondes, au sens de Descartes... entièrement reconstruites par nous, par nos opérations, pis, par des nombres, je veux dire par ordinateur. Le construit, soudain, prend l'apparence du donné. Mieux encore, il approche si bien du concret que les savants, désormais, travaillent presque exclusivement avec ce virtuel... bref, à la place du monde, d'abord, et même des laboratoires, je ne vois plus, autour de moi que des logiciels. Nous fabriquons un réel-virtuel fourmillant de détails reconstruits.

Dans la langue de la philosophie, cela pourrait se traduire par un recollement des deux mondes séparés depuis deux millénaires. Non par miracle, mais le plus machinalement du monde. Oui, ces détails restent abstraits, puisqu'un algorithme les calcula ; oui encore, ils deviennent aussi concrets que les sons et les couleurs du morceau de cire que manipulait Descartes dans son poêle, puisqu'ils ne peuvent appartenir qu'à tel être singulier ; mais Descartes se trompait de les éliminer ; oui, ce schéma, je peux le dire abstrait, puisqu'il sort d'un ensemble de nombres et Platon a raison ; mais, loin de toute généralité, il n'exprime qu'un cas singulier, Platon a tort ; il y a bien science du non-général, Aristote a tort ; l'individu entre dans le savoir canonique, Aristote a raison ; ces dessins montrent-ils des apparences ? Oui, et Kant a raison ; mais ils donnent le squelette même de la construction intime des choses, et Kant se trompa ; ils sortent même, le plus souvent, des conditions de l'expérience telles que ce dernier les indiqua et leur « schématisme » peut même passer pour l'expérience elle-même. Au bilan final, nous ne connaissons donc pas de philosophes de la connaissance, même opposés entre eux, idéalistes ou réalistes, empiristes ou innéistes... pas d'épistémologues, récents ou anciens, dont la philosophie, dont l'épistémologie ne soient mises en névrose expérimentale par l'analyse loyale des paysages de ces pages.

Des singularités à l'ensemble

Détails, à nouveau, mais au début et à la fin du XXe siècle

Par les mathématiques de Jacques Hadamard, la mécanique céleste d'Henri Poincaré, les idées physiques et chimiques de Pierre Duhem, les dessins de Jean Perrin, la philosophie de Bergson et la théorie de l'histoire que Péguy donne dans *Clio*, j'ai décrit naguère, dans *Éloge*, l'état des sciences tel qu'il se décidait à Paris, à l'orée du XXe siècle. Les orbites des planètes laissent, à chaque passage, leur trace sur le plan de Poincaré, paysage ou page reprise, sur les toiles des pointillistes à la manière de Seurat, par les *Nymphéas* de Monet, par les pages musicales de Ravel, Debussy et Duparc ; pourquoi donc, dans cette liste suggestive, avais-je oublié les plaques des photographes, nouvelles alors, sensibles et bombardées point par point ?

Grands nombres, imprévisibilité, sensibilité aux conditions initiales, singularités fourmillant de détails spécifiques, opposition entre la ligne de chemin de fer et la découpure des côtes bretonnes que cette voie coupe… voilà les principaux concepts qui apparaissent à l'époque et que nous reconnaissons aujourd'hui parce que la théorie du Chaos, la plongée de plus en plus profonde dans des mesures plus précises et raffinées, les simulations par ordinateur nous ramènent à un concret de mieux en mieux cerné en ses fluctuations… et nous ramènent, aussi, au moment où émergèrent ces nouveautés sans l'appui précieux de la machine universelle qui nous les fit retrouver. Près de son achèvement, nous renouons avec le début de ce siècle, par-delà un long oubli.

Le changement de support

Dans la louange d'Henri Poincaré, le même livre notait qu'il n'avait pas seulement inventé une vision du monde, mais aussi le support où l'écrire et la représenter : la section sur laquelle les planètes laissent au passage leur trace, comme sur une plaque de photographe, ou même un écran contemporain, plan sensible ensemencé de pixels, où nous lisons et reproduisons les simulations par ordinateur dont la précision, la vitesse et la puissance nous ont permis, tout justement, de retrouver la vision du monde qu'au début du siècle, ce grand mathématicien avait forgée.

La liste précédente où figurent des plans, des schémas, images, tableaux, partitions, plaques et pages évoque nos changements récents de supports. Sur quoi écrivons-nous, dessinons-nous, lisons-nous en effet ? Cela varie avec le temps : autrefois, sur les parois d'une caverne, comme à Lascaux, sur une pierre de Rosette, une tablette de cire, le marbre d'une tombe, jadis sur la fragilité du papyrus, la souplesse un peu raide du vélin ou du parchemin, naguère sur diverses sortes de papiers imprimés, aujourd'hui sur le verre de la fenêtre devant le clavier. Autre chose de changer d'objet ou d'écriture, autre chose de transformer ledit support. Invariante dans ses variations, que sont donc ces pages sur lesquelles apparaissent les images de ce livre ?

Pagus et pagina

Dès son origine latine, le mot lui-même se déroule comme un volume et se lit à livre ouvert avec enluminures. En cette langue, en effet, page ou *pagina* se réfère à un verbe indo-européen qui signifie enfoncer ou fixer. *Pagus* désigne donc d'abord la borne fichée, plantée, d'un champ, la marque de sa limite, pierre enterrée à demi, terme, stèle qui, dans sa première version, s'éleva sur la tombe de l'ancêtre gisant là. Par cette trace verticale dont la fondation pénètre sous le sol, le lieu se réfère à la mort et l'être-là au ci-gît. Les sites apparaissent sur l'espace ainsi référé. Culte funéraire des ancêtres, la religion la plus ancienne, notre langue l'appelle, à juste titre, « païenne », de ce *paganisme* issu de nouveau du *pagus*. Les plus humbles de nos espaces ruraux s'apparentent à la transcendance de la falaise dogon ou aux murailles de Pinara d'où les fenêtres tombales regardent aveuglément le village où les vivants, heureux, les oublient. En tous lieux où vécurent des hommes, l'apparence de la Terre se recouvre de l'humus invisible d'organismes en cendres. De ses bornages, le *pagus* décrit alors le district rural, le canton tel que le reproduira le plan sur la page du cadastre, ce tissu disparate et composite d'emblavures, de jachères, de vignobles, de mouillères, de bosquets... séparés de fossés ou de haies... cet habit d'Arlequin que vous contemplez du haut de la colline ou de l'hélicoptère d'où vous reconnaissez un *pays* cultivé, *pays* variant, de nouveau, sur le *pagus*, ainsi que le *paysage*, habité, sculpté, modelé par le *paysan* que le philosophe, souvent, ignore, oublie ou méprise. Comment le paysan modèle-t-il ce paysage ? Au *pieu* et à la *pelle*, issus tous deux d'un *pala* dérivé direct de *pagus*, bêche et pioche, outils destinés à scarifier la terre pacifique, descendants directs du terme et de la stèle. Diversifiez ces instruments agraires, propres au creusement, à l'enfoncement, réunissez-en trois, par exemple, et vous découvrez en *tri-palium* la racine du *travail* qui laboure le sillon à la force du corps. Si les philosophes avaient travaillé à la pelle et à la pioche, ils eussent pu relire le *pagus* en sentant, gravée dans les mains et la flèche du dos, la mémoire douloureuse du paysage creusé.

Voilà ce que, *fondamentalement*, le père dit dans la fable de La Fontaine : *Le Laboureur et ses enfants.* Donné sur le lit de mort, le conseil ancestral de chercher sous la terre un trésor doit s'entendre comme une parole d'origine : d'un même geste et au moyen du même outil, enterrez le père, plantez sur sa tombe une stèle, délimitez le champ, propriété de la famille ou trésor héréditaire et travaillez-le dans la longueur des jours. Ce *fonds* qui manque le moins contient, ensemble, la sépulture et le cadavre, origines de la valeur, le cippe et la borne, origines de la référence spatiale et des outils du labour, la terre enfin, origine du capital : les trois composantes du travail. Travaillez, dit-il, remuez votre champ : creusez, fouillez, bêchez... En variant ainsi sur le verbe primitif, la fable témoigne d'un passé fabuleux. Il s'agit moins, ici, de morale, que d'un immémorial anthropologique.

Ainsi le *paysage* se *balise* du *travail paysan* : j'use, en cette phrase, du seul mot *pagus.* La *balise* ou le pieu qui s'enfoncent dans la glèbe servent donc à la fois au rite d'ensevelissement des morts, au travail et au marquage des limites : outil de culture, objet de culte, premier stylet, terme de droit. Si tu ne vas que jusque-là, j'irai, moi aussi, seulement jusqu'ici, sous risque d'agression, de lutte, de guerre, de mort, dont témoignent les restes des martyrs, ensevelis là ; dis-toi même que, peut-être, ils périrent de ce risque. Alors la borne fixe le mot sublime issu enfin du *pagus* et du *paysage :* la *paix.* Écrit premièrement sur le champ par la fiche de pierre avant de se signer sur la page du traité, le *pacte*, en outre, peut faire l'objet d'un *paiement.* L'argent surgit donc de la tombe d'abord, puis du travail dont les fruits circulent si règne la paix, jaillie elle-même de là. Par le cadastre et l'échange, le droit et l'économie commencent.

La fiche-repère du lieu, la religion primitive, le travail manuel, le partage stable de l'espace et les contreparties pacifiques répètent, ô merveille, l'unique mot de *paysage*, lui-même boite noire oubliée mais présent sous la langue, coffre ou arche aux cent secrets, tombeau ouvert d'où viennent toutes les phrases précédentes dont la descendance commune et les bifurcations buissonnantes décrivent en rigueur les phases de l'occupation, de la construction progressives de l'étendue, comme si le mot disait plus précisément que tous les livres la chose même qu'il désigne.

Beauté

Le paysage requiert la paix, la demande et la donne, la recueille en soi, dense, puis l'expose et l'inspire au-delà ; il implique la patience lente du temps et apaise les travaux présents ; une méditation douce émane de lui, comme une atmosphère où se mêlent la mélancolie des amours disparues, le repos qui suit le travail de semaine ainsi que les accords avec les voisins. De la poussière des morts, du labeur des mains, du calme des pactes, l'apparence de la terre devient belle. De ces ingrédients élémentaires jaillit l'émotion ressentie devant le silence *paisible* du *paysage*, la *palette* de ses teintes, la sculpture *propagée* de ses moutonnements et les *palissades* basses de ses fermes. Aveugle ou borgne, le peintre verra et brossera ce tout superficiel sur la *page* de sa toile, un dimanche, comme le perçoit le promeneur distrait, sans qu'aucun des deux n'évalue un moment – nul phénoménologue ne les évoque – les millénaires longs de funérailles, de travail et d'accordailles nécessaires à la montée de la beauté volant comme une extase au-dessus des façons culturales comme s'élève à l'aube une petite vapeur.

En un mot, l'esthétique désigne la perception du sensible et la saisie du beau parce que les cultivateurs, les prêtres, les juristes... tous ceux dont la sapience et la sagacité ont construit longuement l'espace paysager du visible, du tangible, de l'à peine audible et de l'odorant ont voulu, avec goût, qu'émane de lui cette nuée subtile. De son bruit furieux, la guerre, inversement, l'efface et la détruit ; tout paysage dévasté révèle donc un conflit, ouvert ou latent ; quelles horribles hostilités, inavouées par l'économie, manifestent donc la désagrégation et la ruine de nos paysages agricoles, naguère sereins, plongés aujourd'hui sous les ordures vulgaires du bruit, de l'écriture et de la puanteur ? Si la beauté respire la paix, la laideur signe la violence. L'industrie et la recherche torturent l'agriculture, ce cénotaphe de la beauté.

Architecture et paysage, nature et culture

La culture n'avait pourtant pas détruit la ville qui aujourd'hui la met à sac, puisque *pagus*, encore, signifie le village construit, le bourg blotti dans le paysage dont les maisons se juxtaposent sur le cadastre. A l'attaque des premiers virages du col d'Izoard, admirez avec quelle sûreté de goût les toits et le clocher d'Arvieux s'insèrent par les lignes de force et les courbes douces des montagnes alentour. Inversement, l'alpiniste reconnaît immédiatement les parois d'un massif sévère dans les croupes formidables de la cathédrale de Bourges. Bien avant que les philosophes des villes ne distinguent nature et culture pour jouir de leur divorce, les contingences historiques du paysage urbain savaient entrer dans la même nécessité que les accidents géographiques du paysage rural. La première église fait de la montagne un temple, la seconde fait du temple une montagne. Petit clocher ou haute tour, ces deux cippes, debout, mêlent la nature à la culture : ainsi le pieu, enfoncé par le travail, ainsi la borne d'appropriation, ainsi le pacte suivant la violence ou le paiement après chicanes, enfin le doigt sur le sable ou le style sur la cire ou la plume sur la page, tous piquets réunissant, par un lien religieux ou d'obligation, le fond et la surface, l'invisible et l'évident, l'espace et le temps, l'instable et le permanent, le tombeau et sa dalle écrite, mort et vie, échange et cadavre, guerre et paix, conflits et droit, terre et scène... Le paysage lie la terre aux hommes et la page attache des arbres au sens.

Objet, outil ou concept, mot et chose, le *pagus* sert enfin à coudre, boutonner, lier, sertir, faufiler, souder, allier, mêler enfin le monde et les hommes, les sciences de l'un et les pratiques des autres. Épingle double ou trombone sans lesquels nous aurions, en deux corps et deux langues, père et mère, d'une part, ciel et terre, de l'autre, sans aucun rapport. Survivrions-nous ? En absurde souvenir des dissensions qui séparèrent Le Nôtre et Mansard, l'usage, en France, distingue encore l'architecte du paysagiste, alors qu'ailleurs les deux métiers se conjoignent. Un même geste, en effet, creuse les tombes, fixe les bornes, plante les arbres, laboure les sillons, partage les champs, invente ou reconnaît les singularités du paysage pour y construire la maison singulière, élève les murs des habitats et des sanctuaires, sépare les jardins, ordonne les rues et les places, modèle, en tout, l'espace privé, public, rural, urbain, par un acte paysager, actif et passif, repris par le scribe sur la page d'écriture, par le pinceau sur la toile, la craie sur le tableau et la souris sur l'écran, et exprimé, depuis toujours, entre le continent indien et l'extrême Ouest de la péninsule européenne, par un même mot.

De l'abondance indéfinie de sa corne ruissellent, révélées, la géographie et l'histoire de l'espace humain et naturel, mieux encore, l'archéologie de toute architectonique, sous la géologie et la préhistoire, l'architecture et l'abstraction. Je viens d'en dire les pratiques, d'où je tire les théories.

Pages de géographie

Voilà, en effet, les racines paysagères de la page du scribe, du savant, du peintre, dont le pinceau, la plume, le style ou le poinçon dérivent directement de la pioche et de la pelle qui travaillent le *pagus*. Origines silencieuses comme les façons du paysan : qui se souvient qu'une colonne d'écriture ne se nomme « page » qu'en métaphore de la *pro-pagation*, en quelque façon semblable à celle par laquelle courent les treilles de la vigne par bouture, marcottage ou provignement ? Le verbe *pango* signifie, à la fois, fixer ou enfoncer dans la terre un pieu, la borne ou l'araire, mais aussi composer récit, chanson ou poème : premier acte sur le paysage, second travail sur la page. Par corporatisme, le philosophe inverse l'ordre des faits parce qu'il ne connaît le pays que par les reproductions qu'il en regarde dans sa chambre : il suppose que les alentours de Paris naquirent de Corot. Mais qui donc planta ces arbres centenaires et creusa ces étangs ? S'il oubliait le travail paysan et sa vieille mutité, il lui suffirait pourtant de laisser couler de la corne ouverte du mot paysage cette profusion sans fin où lire, en même temps que les ancêtres de la terre, espace, religion, travail, droit, architectonique et beauté, quelquefois, lorsqu'émane son miracle ; sous tous nos supports d'écriture ou de représentation, cette archéologie dort. Mieux, voilà l'écrivain seul successeur du laboureur : qui aujourd'hui, sauf lui, aligne patiemment des sillons sur une page ? Et qui, sauf le producteur d'images, plante, ici, un peuplier, fait courir, là, une haie, creuse un étang ou en fait couler l'eau vive ?

Qu'est-ce donc, à nouveau, qu'une page ? Le plus vieux, le plus neuf, le plus variable des supports sur lequel, aujourd'hui, un petit pieu ou microsoc écrit, calcule, dessine lignes, schémas, images et reproductions. Dans le détail : raconte en silence des récits de littérature ou d'histoire, des essais de philosophie ou de droit ; calcule des comptes, chiffre de l'arithmétique, compose par notes de musique ; dessine un plan ou les dimensions plus élevées d'une variété de la géométrie, une représentation d'architecture ou d'industrie, le graphe d'une loi physique ou d'un organigramme professionnel ; enfin recopiant un paysage ou sa carte en réduction, publie le livre que vous allez lire.

Contrairement aux apparences une guerre, encore, fait rage là. Méprisé par le géomètre qui rit du cadastre, en le prenant, quelquefois, pour pratique première, le comptable, à son tour, méprise le scribe. Les unes contre les autres, ces figures corporatives mènent la bataille pour la dominance dans les sciences. Qui présidera aux destinées de la pensée ? Celui à qui appartiendra le support. Le religieux, le politique, le juriste, le savant, le journaliste, le metteur en scène... prennent tour à tour possession de l'encyclopédie, certes, mais, avant elle, de la paroi, de la pierre, de la tablette ou du papyrus. Comme naguère chacun se fit géomètre et jadis juriste ou religieux, aujourd'hui tout le monde doit se convertir à la géographie. Sur l'écran, nouvelle page, le paysage fait l'objet universel de tous les savoirs contemporains, tout en récupérant, par les algorithmes, les anciennes techniques : écritures, comptes et schémas.

Paysage et singularités

Qu'est-ce, encore et enfin, que le paysage ? Le *pagus* consiste en un enfoncement naturel ou obtenu par le travail : pli de terrain, col, sillon, fossé, arbre isolé soutenu par ses racines, poteau indicateur fiché là... comme si le creusement du relief ou de la culture fixait la fluence de la durée, emportant dans son tourbillon les phénomènes de l'espace, comme si une singularité durable parce que fondée dans les profondeurs de la terre freinait la volubilité des choses du monde. Passé quelques décennies, nous reconnaissons les lieux à ce tertre, à ce tumulus, à ce chêne, à ce clocher, à cette borne... invariants par le climat, les saisons, l'histoire et les guerres dont les changements ou les fléaux affectèrent sans retour les restes alentour. Pas de paysage donc sans singularité. Au moins une : cime sublime à peine érodée par les siècles, cairn empilé sur la grève plate ; mais, après, autant qu'on veut : moutonnements de l'horizon, vallée sinueuse, rideaux d'arbres, village ou *pagus* au même titre que la plaine qui l'entoure et ses haillons de carrés cultivés. Qu'est-ce donc que le paysage ? Un ensemble ouvert de singularités contingentes. Dans ce paysage accidenté, elles se touchent l'une l'autre, en effet.

Là règne l'absence totale de loi. La position suffit. Les singularités, les contingences, les accidents se posent là, voilà tout. Otez-les, restent le plan, le volume, l'espace vides et homogènes de la géométrie, des règles et des lois démontrées. Voilà comment Descartes définit la science de l'étendue : en éliminant du morceau de cire ce que la philosophie médiévale nommait les accidents, couleurs, odeurs… singularités sensibles. Tel schéma dont le linéament s'inscrit dans cet espace s'oppose au paysage en ce qu'il peut se déduire d'une idée, d'une intention, d'une équation, d'un théorème : la ligne de chemin de fer s'ensuit du plan conçu par le bureau de travaux publics où se concertèrent géologues, métreurs, ingénieurs, économistes et politiciens. A l'inverse, quel marcheur ne sait imprévisible, mètre par mètre, le sentier côtier avant et après le Cap de la Chèvre, tant il cherche à suivre le littoral fractal ? La voie suit contraintes et règles, alors que le rivage ne connaît pas de loi. Expert, je peux deviner les sinuosités de la première, dirais-je que Dieu même se perdrait dans l'Iroise, par la baie d'Along ou sur l'arête de Rochefort ?

Les chemins de propagation et le temps

Pour que le paysage juxtapose et compose des carrés de seigle entourés de haies avec des bois de pins munis de leur lisière, comme une mer sépare et réunit des archipels, il faut bien que des chemins connectent ces unités quasi insulaires. Comment nommer le mouvement qu'ils permettent autrement que par le mot « propagation » qui décrit, justement, un prolongement de *pagus* en *pagus*. Toute séparation entre ces deux-là fait obstacle et la facilité de tout cheminement croît donc ou décroît selon les obstructions qu'il rencontre. A la limite, on peut concevoir une étendue qui maximise cette aise : voilà l'espace lisse, nu et continu de la géométrie, support du prolongement analytique et d'un temps qui coule sans barrage, de l'infini à l'infini, comme la série des nombres. D'où l'on comprend sans peine comment un temps donné suppose un espace correspondant, mais aussi comment, tous deux homogènes, ils se soumettent ensemble à l'impératif commun d'une mesure, puisque celle-ci suppose la répétition monotone d'une règle. Ce paysage, l'arpenteur lui a déjà donné l'allure du cadastre.

Oubliez toute mesure, maintenant, plantez donc, au contraire, des haies, creusez des fossés, remplissez-les d'eau... le chemin et le temps butent contre ces barrages. Comment les sauter, les traverser, les contourner ? Cela dépend de la saison : loin de voir s'associer à un espace unique une durée uniforme, se lève du paysage un autre temps, qui ressemble à celui du climat, mêlé comme lui, parsemé de gênes comme l'étendue. Par l'un et l'autre, les propagations chaotiques se heurtent partout aux singularités, mais finissent par les coudre. Oui, le paysage agraire s'associe au temps qu'il fait. Et de même que le paysage réunit en un seul mot tous les espaces concevables, ainsi que les événements qui s'y passent, de même le temps de la météorologie réunit en un seul mot tous les temps concevables, ainsi que leurs durées singulières.

Oui, les paysages perçus s'harmonisent à ceux que fait voir le savoir. Recousus ensemble, ces derniers, à leur tour, construiraient-ils une seule et même page ? Mais quel support nous la fera voir ? Plus et mieux qu'*Un Tissu de mensonges* ou que la photo satellite de mon pays, quelle simulation nous donnera l'Univers, en simultané ?

La nouvelle tête…

Un stock innombrable

Nos images, enfin, émanent d'un choix. La vue d'une partie infime du ciel, fourmillante de galaxies, provient d'un stock innombrable d'images de ce genre, qui n'a encore trouvé ni ses coutures, ni sa page ni, enfin, son univers ; telle photographie de particule ou de cristal, tel modèle de molécule ou de protéine… choisis par le physicien, le chimiste, le biologiste ou le géophysicien… émergent d'une banque de semblables clichés dont le nombre, gigantesque, défie la synthèse. Collectionnant depuis longtemps des singularités, nous croulons sous les données, non seulement sous celles du monde, mais sous celles que nous recueillons. Parvenus au plus haut point temporaire des connaissances, nous revenons à l'âge où les sensations débordent un corps dont la tête va s'évanouir. Pour avoir multiplié le nombre des chercheurs, ajouté à leurs sens des centaines d'instruments dont chacun approche et découpe l'objectif en nano-détails, pour avoir aidé ces mêmes savants d'outils puissants de calcul, les données nous dépassent, même si, loin de les exploiter directement, nous les faisons lire par ordinateurs interposés.

La connaissance objectivée

La reconstruction du voir et du savoir par des machines va, en effet, jusqu'à la totalité du processus de connaissance : elle concerne la perception, la manière de sentir, la vue et la chose vue, aussi bien dans son détail singulier que dans son extension vaste, la manière de représenter, de filtrer, de stocker, de se remémorer, de classer, de choisir, la navigation pour trouver, la technique pour lire, feuilleter, résumer… puisqu'il existe plusieurs matériels ou logiciels pour chacune de ces fonctions… bref, tout ce cycle se trouve intégralement reconstruit, de l'extrémité des organes périphériques sensoriels jusqu'à ce que nous croyions que fait l'organe cervical, au centre, imagination, calcul ou mémoire, ces anciennes facultés auxquelles les philosophes croient encore, comme d'autres crurent à l'éther, à la pierre bénite ou au phlogistique.

Ainsi tout ce procès cognitif, artificiellement objectivé, se tient désormais à l'extérieur de nous, quoiqu'à l'intérieur des relations de la communauté savante. Objective en ce sens, la science gît dans le collectif et hors du subjectif, plus encore qu'auparavant : complètement. Elle disqualifie les cinq sens et vide la tête individuelle. Les ordinateurs qui les remplacent s'adonnent aux opérations d'un corps et d'une tête collectifs. Dire la connaissance objective signifie désormais deux choses et non plus une seule : le monde, en effet, dont elle parle, mais aussi la manière d'en acquérir un savoir.

La fin temporaire de l'ego, sa renaissance

Ce que nous appelions depuis longtemps fonction de connaissance, de son origine supposée à ses performances optimales, appareilla, ces dernières décennies, vers des appareils qui fonctionnent à merveille. Les sciences cognitives se contentent de décrire ces derniers. Ce que nous considérions comme appartenant à l'*ego* appareilla de même, ces dernières décennies, vers un nous et un cela. S'il échappe au narcissisme ou à l'accaparement corporatif, le philosophe s'émerveille de ce je absenté, de cette tête vide, de cette décapitation rapide, comme, à la Renaissance, d'autres le firent avec la nouvelle tête bien faite qui se substituait, grâce à l'arrivée de l'imprimerie, à la tête pleine des docteurs de la Sorbonne, vidée tout à coup par les livres et la librairie. Montaigne ne décrivit son *je* que pour jouir de modeler cette tête neuve non encore faite. Nous savons désormais où gît le je transcendantal, condition *in subjecto* de tout le processus cognitif : en dehors de ce procès même, devenu tout mécanique. Il faut relire l'histoire médiévale de la décollation de saint Denis, en son église de Paris ; quelle tête sans regard, absente de son cou décollé, lui permit de voir assez pour ramasser l'ancienne, chue à terre et porteuse de ses yeux ? Or à chaque révolution scientifique ou touchant les supports, une telle décapitation ou son équivalent eurent lieu, déjà ; il ne s'agit donc pas d'une catastrophe, mais, plutôt, d'une bonne nouvelle. Pour rajeunir, l'hominien change de tête ; tout l'appareil de connaissance qu'il avait construit lentement pendant des siècles ou des millénaires parfois, appareille, en effet, dans des machines ou des appareils. Notre connaissance, en se vidant du sujet, se retrouve dans des objets ; tout le processus cognitif s'objectivant dans une immense chaîne de machines, l'ancien sujet de ce processus disparaît ; du coup, un nouveau sujet apparaît, vierge, vide et vivace : nos ancêtres n'avaient pas la même tête que nous qui n'aurons pas la même que nos descendants qui... Cela fait souvent la difficulté de l'histoire des sciences, perdue dans ces têtes si différenciées.

Or donc, transparente et de nouveau vide, et plus radicalement, puisque tout la quitte, de la sensation au calcul, celle d'aujourd'hui contemple sans yeux, sans oreille ni mémoire, la taille incalculable du stock engrangé par les efforts de ses prédécesseurs, gisant dans l'ancienne tête devenue artificielle, l'ordinateur. Leibniz disait : « Il y a en moi un nombre incalculable de pensées. » Ce moi connaissant, le voilà, fait, aujourd'hui, de fils entrecroisés, de labyrinthes raffinés, de silicone, de puces, d'algorithmes et de nombres : il y a là, en effet, un nombre incalculable de données. La communauté savante se penche sur ce qu'elle a construit et qui remplace la cognition de chacun, comme si elle se penchait sur la statue de l'ancien moi connaissant, mais beaucoup plus performant. Que veut alors dire le moi qui pense ou le je transcendantal ? Justement, cette virginité qui vient d'accoucher de son ancienne portée, cette libération de tout processus, enfin remplaçable par des machines, donc devenu inintéressant. Alors, un fantôme blanc regarde des myriades d'images ; une sorte de zéro fait face à des multiplicités innombrables. Oui, on dirait un enfant qui vient de naître, le premier homme qui sut compter, le premier grec qui put démontrer... tous trois éblouis des nuages qui les assaillent...

Demain, l'Univers

Cet effet d'étrangeté arriva, dans l'histoire, à plusieurs reprises, et, spécialement, dans les moments où se transforma la connaissance. A force de savoir, nous ne savons plus rien : voilà une expérience qui ressemble plus à la sagesse qu'à la barbarie, aux conditions de l'invention qu'au retour des âges sombres. Qui veut sauver son âme la perd. Je parie donc, à coup presque sûr, qu'une nouvelle synthèse universelle s'approche, la nouvelle page que j'imaginais tantôt, comme suite obligée à la période d'entassement des données multiples que nous venons de vivre, pensée d'autant aisée à concevoir que rien ne gêne la nouvelle tête, exclusivement inventive.

Quoiqu'encore gêné, en raison de mon âge, par l'antique et moderne encyclopédie, j'aimerais contribuer à cette Renaissance en proposant d'introduire en philosophie cognitive la notion de « paysage » et l'ensemble de ses recollements, le nouvel univers. Revenus à l'âge des premiers paysans, nous contemplons la forêt vierge des données paysagères, cet ensemble, çà et là et parfois dominé, de singularités, pour tenter d'inventer un travail nouveau, propre à transformer ce terrain de chasse en *pagus* cultivé. Je cherche la couture qui liera les paysages pour en faire l'univers que chacun porte en lui.

Michel SERRES

Paysages

Des édifices en forme de tours, des prismes à base carrée s'élèvent sur une plaine de gravats… C'est ce que l'on croit voir ici. Il s'agit en fait d'un tamis à molécules.

Ce qui ne se voit pas, en revanche, à l'échelle de cette photographie, c'est la structure interne de ces tours. Il faudrait pour cela descendre à l'échelle du nanomètre (millionième de millimètre). Imaginez d'immenses couloirs interconnectés, dans lesquels on entre par des hublots, partant dans de nombreuses directions et menant à de grandes salles. Ces éléments d'architecture portent des noms évocateurs : on parle de « pores », de « canaux » et de « supercages ». Les parois sont aussi lisses que la glace d'une patinoire, ce qui facilite le transit ultrarapide des molécules amenées à circuler dans ce réseau : un Métro à l'échelle microscopique. Cette architecture d'une grande régularité est sous-tendue par des liaisons entre atomes d'aluminium, de silicium et d'oxygène, et elle ménage, à certains interstices, des sites d'acidité comparable à celle de l'acide sulfurique. Le minéral photographié ici appartient à la famille des zéolites, ou « pierres qui fument » : en effet, si l'on place des gouttes d'eau à la surface d'une zéolite, l'entrée d'une partie des molécules d'eau dans le minéral provoque un tel dégagement d'énergie que l'on assiste à l'ébullition de l'eau restée à l'extérieur. Les zéolites étant avides d'eau, on les utilise pour déshydrater des solvants : les molécules d'eau sont retenues au sein du minéral, alors que les molécules en solution dans l'eau, plus grosses, ne peuvent le pénétrer. On tire profit de ces tamis moléculaires à l'échelle microscopique, dans lesquels seules circulent

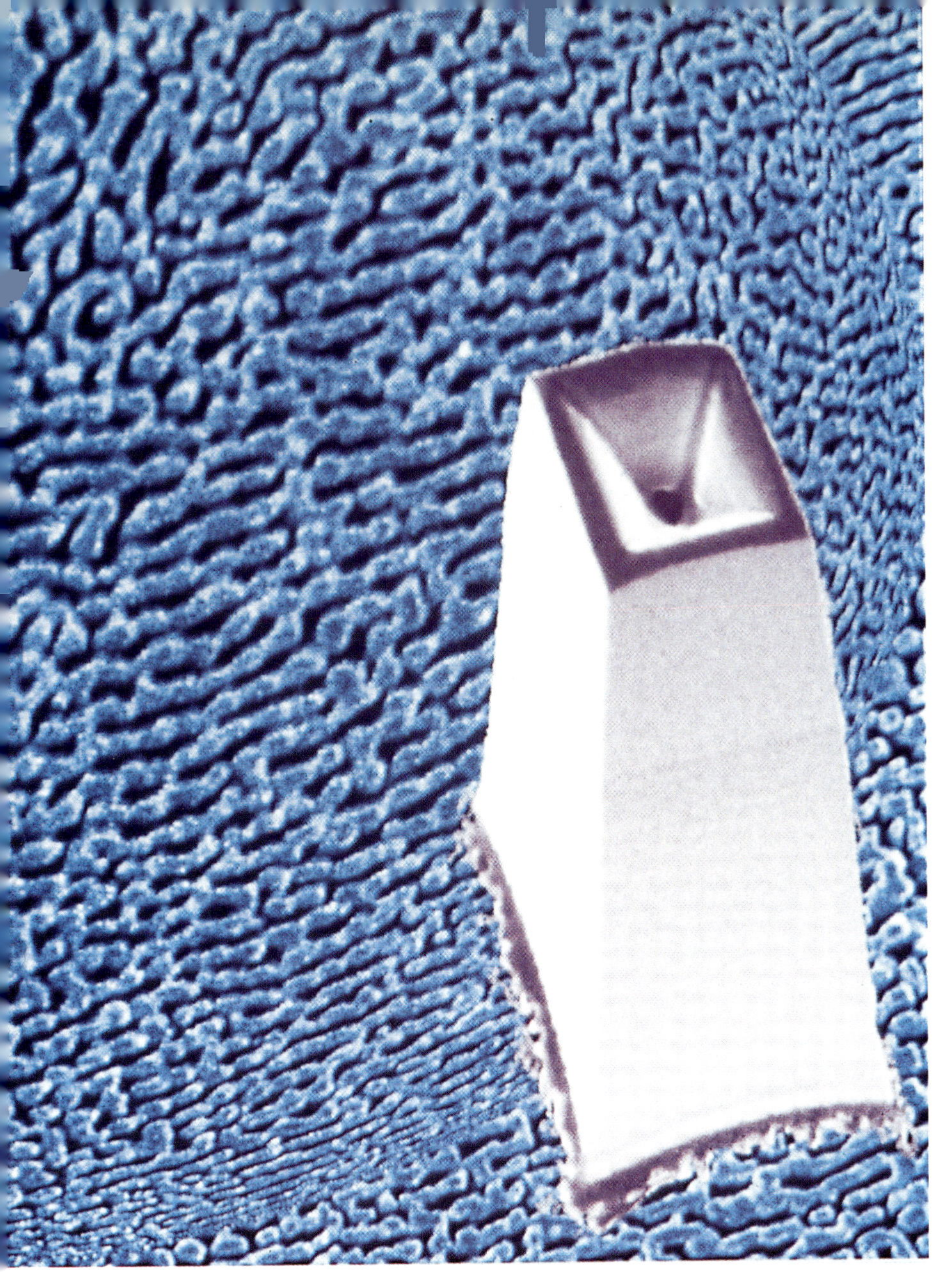

en sortir. Dès son retour aux États-Unis, des zéolites artificielles (appelées HZSM-5) furent conçues et fabriquées non seulement pour le craquage mais aussi pour la production d'essence synthétique. De nos jours, la Nouvelle-Zélande possède une usine dans laquelle le méthane d'un gisement offshore *de gaz naturel converti en méthanol est ensuite transformé en essence, mélange d'hydrocarbures (avec moins de dix atomes de carbone par molécule). Cette usine produit cinq cents mille tonnes d'essence par an, soit le tiers des besoins en carburant de ce pays, qui souffre de son éloignement des sources d'approvisionnement en pétrole du golfe Persique.*

les molécules dont le diamètre est inférieur à celui des pores les plus petits, pour effectuer le tri et la séparation de mélanges. Il est possible aussi, pour une zéolite donnée, suivant sa composition chimique, de faire varier la taille des pores.

Vers 1970, un directeur des recherches de Mobil, à Princeton, donna carte blanche à quelques-uns des chercheurs les plus brillants de cette entreprise pour travailler sur le sujet de leur choix. L'un d'eux, en congrès à Paris, tomba en arrêt devant la vitrine du naturaliste Boubée, alors place Saint-André-des-Arts : il y avait aperçu une zéolite. Il se proposa de tester ces solides microporeux pour le tamisage des hydrocarbures produits lors du craquage du pétrole : seules les molécules suffisamment petites pour circuler dans les couloirs et galeries internes pourraient

En général, les chapeaux melons, les cigares et les nœuds papillons ne se greffent pas sur les visages : ce ne sont que des attributs vestimentaires, signes extérieurs de sociabilité. Comment faire pour qu'une machine distingue ces attributs des visages eux-mêmes ?

Découpées en petits carreaux lumineux appelés « pixels » – littéralement, picture elements *ou, en français, « éléments d'image » –, les images dites informatiques ou numériques se réduisent à des séries de nombres. Chacun de ces carreaux est quantifié à l'aide d'un ensemble de valeurs numériques qui en décrivent l'intensité lumineuse, c'est-à-dire la plus ou moins grande clarté, et la couleur, autrement dit la proportion de rouge, de vert, de jaune ou de bleu.*
Ces nombres autorisent toutes sortes de transformations, dont beaucoup sont désormais automatisées. Plus besoin de fusain, de pastel, de brosse, de gomme ou d'aérographe ! Supprimer un détail, en ajouter un autre, assombrir ou éclairer une partie de l'image, tout cela se résume désormais à quelques transformations numériques, fruits d'un simple calcul.
Ainsi, certaines opérations mathématiques discernent des blocs plus ou moins uniformes dans une image. On peut alors cerner leurs bords d'un liseré coloré. C'est ce qui tranche sur la photographie de fougère présentée ici : les frontières entre les différentes zones ont été rehaussées de blanc par la machine. Le principe d'une telle opération, appelée « extraction de contours », repose sur une idée simple : l'intensité lumineuse et la couleur des différentes parties d'un même objet varient assez peu et de façon continue. Le changement brusque des caractéristiques moyennes des pixels voisins suggère une frontière entre deux zones. En repérant ces variations puis en les marquant, on visualise les jointures entre des plages lumineuses plus ou moins homogènes.
D'autres opérations procèdent de façon similaire pour repérer les textures, les couleurs et les formes de chacune des surfaces isolées. Il reste ensuite à recoller ces petits bouts de surfaces pour reconstituer des objets connus : un visage, une table, un paysage...
Toutes ces opérations d'analyse d'images concourent à ce qu'il est convenu d'appeler la « vision par ordinateur ». Au moyen de ces opérations, on peut décomposer automatiquement les clichés fournis par les microscopes pour effectuer des numérations sanguines ou détecter des cellules malignes. Des procédures similaires permettent de dresser des cartes géographiques à partir des images de satellites ou des photographies aériennes. De même, on est capable de reconnaître des visages, de lire l'écriture manuscrite sur les chèques ou d'identifier des empreintes digitales. Enfin, grâce à des opérations d'analyse semblables, les robots se repèrent dans leur environnement. Bref, les applications de ces techniques sont innombrables.

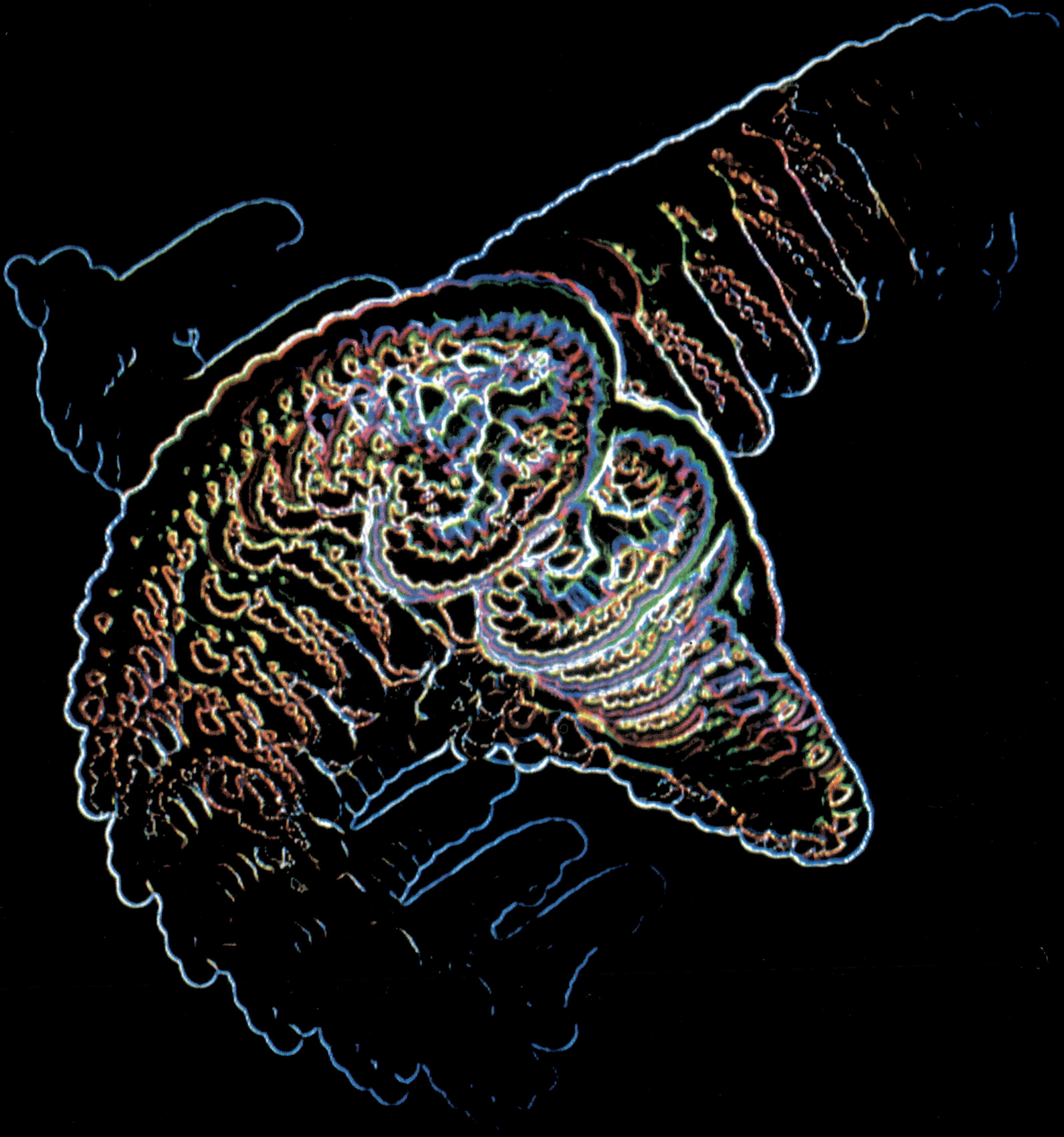

C'est bien d'une explosion qu'il s'agit, celle d'une cellule infectée par le virus le plus médiatisé de la fin du XXe siècle, le virus de l'immunodéficience humaine (VIH), à l'origine du sida.

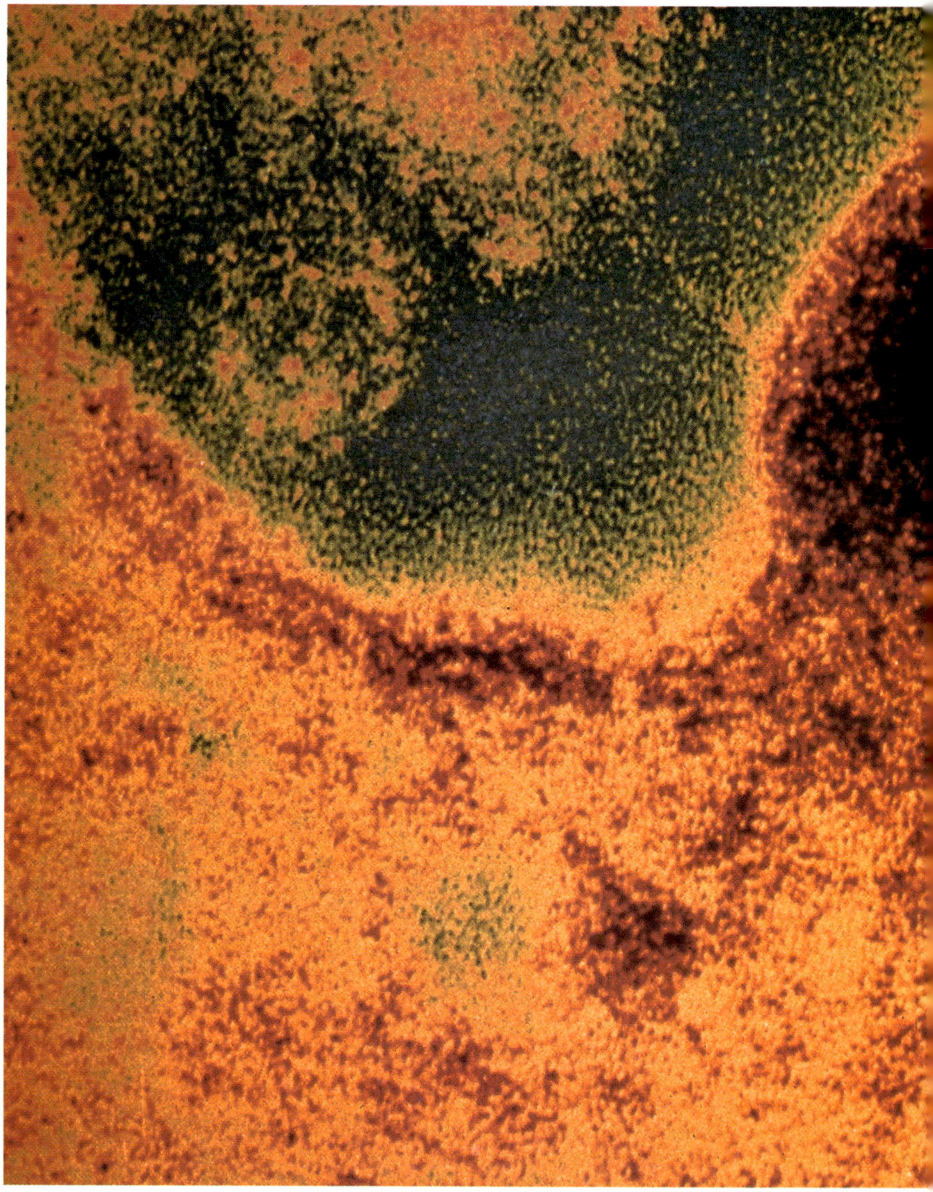

Comme tous les virus, le VIH est incapable de fonctionner et de se reproduire de manière autonome. Il a besoin pour ce faire de l'environnement favorable que constitue l'intérieur d'une cellule, dans laquelle se trouvent tous les constituants qui alimentent les réactions biochimiques nécessaires à sa multiplication. Si le VIH affaiblit autant les défenses de l'organisme, c'est, en partie du moins, parce que, parmi les cellules qu'il infecte, on trouve les lymphocytes T4, qui jouent un rôle clé dans le système immunitaire. Le VIH s'accroche à ces cellules qui portent à leur surface un récepteur, appelé CD4 ; puis son matériel génétique (un ARN et non de l'ADN : le VIH est un rétrovirus) entre dans la cellule dans laquelle il se multiplie, conduisant ainsi à la formation d'un grand nombre de nouveaux virus. Cela épuise les ressources de la cellule, dont le fonctionnement est perturbé et qui finit par mourir. Les virus nouvellement formés sont alors relargués par la cellule lors de cette « explosion ». Cette étape importante du cycle viral du VIH a été aperçue par Charles Dauguet, un collaborateur de Luc Montagnier à l'Institut

Pasteur, en 1982, sur un cliché de microscopie électronique reproduit ici. Il s'agit là à la fois d'un exploit technique et d'un événement historique : on a « vu » pour la première fois le virus du sida. Celui que la photographie montre ici est en train de bourgeonner, c'est-à-dire de sortir de la cellule infectée. Le virus apparaît comme une boule dense, constituée d'un assemblage de protéines qui forment la capside virale ; celle-ci entoure l'ARN viral localisé dans la partie centrale, moins dense (plus claire sur la photographie). Il est lui-même entouré par la membrane cellulaire, dont il emporte avec lui une partie : on distingue nettement la double couche formée de lipides qui délimite la surface de la cellule. Le diamètre du virus n'est que de quelques dizaines de nanomètres (milliardièmes de mètre). Il est intéressant de le comparer à celui d'une cellule, mille fois plus grand. Il a donc fallu toute la sagacité et l'expérience d'un observateur émérite pour saisir cette image au vol et contribuer ainsi à étayer expérimentalement l'hypothèse qu'un rétrovirus est à l'origine de l'immunodéficience acquise. Les couleurs représentent des différences de densité électronique : le rouge foncé correspond à la plus forte densité. Ce choix renforce et souligne le caractère explosif et destructeur du mécanisme dont cette image est un instantané.

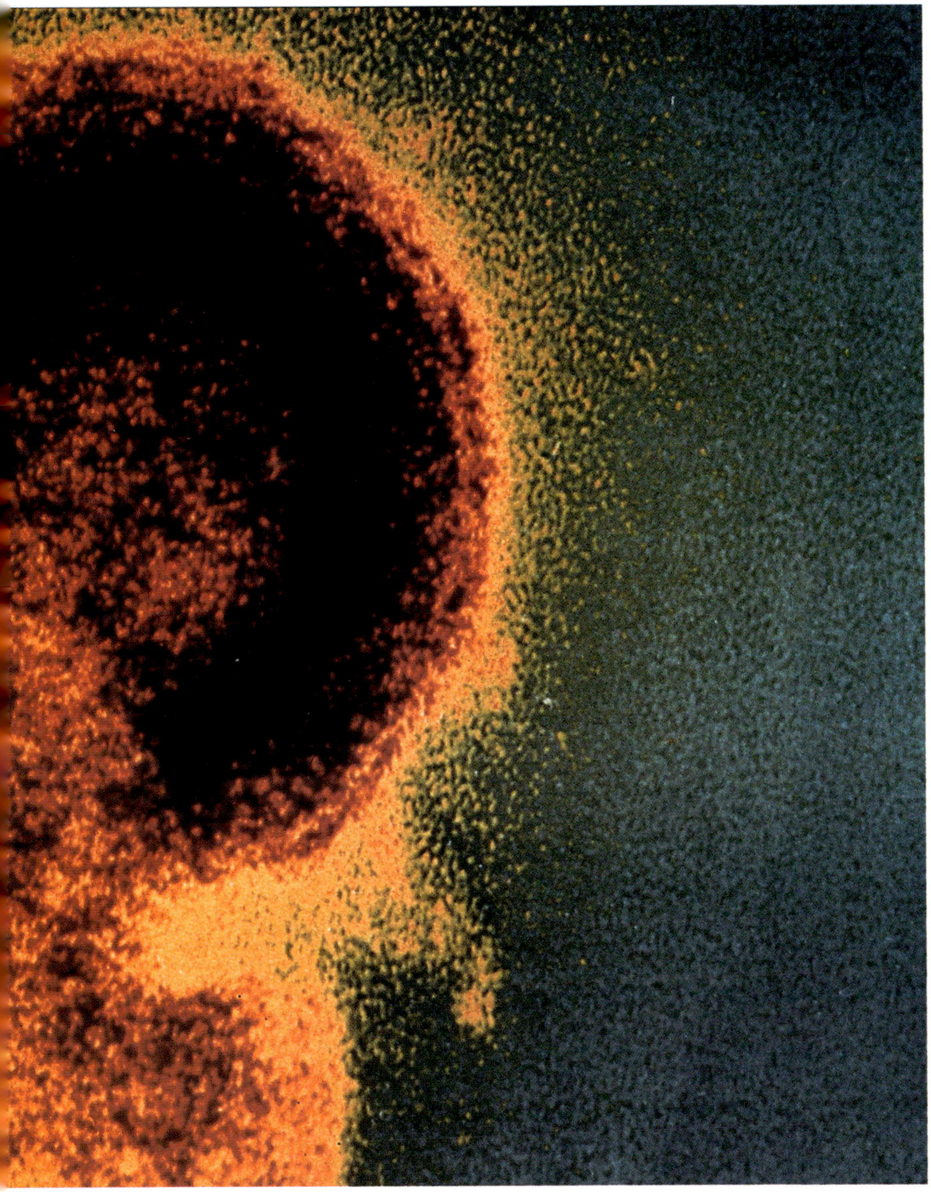

Les photographies prises par des satellites révèlent le glissement des grandes failles qui couturent les continents

L'image satellitaire ci-contre, en « fausses couleurs », résulte de la combinaison de deux scènes fournies par le satellite Landsat et le satellite Spot. La taille du pixel définit le plus petit élément d'image : il est ici de 10 × 10 mètres sur le terrain. Cette vue, prise à huit cents kilomètres d'altitude, montre le bassin de Shibaosheng, dans la partie occidentale de la province de Gansu, en Chine centrale. Les plages de couleur rose sont des prairies humides, des zones inondables ou cultivées. Les plages vertes sont des zones alluviales (en bas à droite) ou des reliefs incisés par l'érosion (en haut à droite). La grande rivière, à gauche de l'image, est la Tashi He, qui coule vers le nord (en haut) et se perd dans le désert de Takla-Makan. Deux grandes failles actives traversent l'image en diagonale. La plus importante des deux, dans la moitié nord-ouest de l'image, est la branche nord de la grande faille continentale de l'Altyntagh, longue de deux mille kilomètres. La trace de la faille est soulignée par un escarpement topographique qui fait face au sud-est et est éclairé par le Soleil (bande de couleur gris clair). La région au sud de la faille se déplace vers l'est (vers la droite) par rapport à la région au nord. Le glissement horizontal relatif (décrochement) est mis en évidence par le décalage en baïonnette du cours de plusieurs petites rivières qui traversent la faille, du sud au nord. La seconde faille, un peu moins visible, dans le tiers inférieur de la photographie, a été le site d'un séisme de magnitude 7,6 en 1932. Elle longe le bord septentrional de la zone marécageuse (rose), au pied de petites collines (ovale gris clair). Le sens du décrochement est le même que pour la faille de l'Altyntagh, mais il s'y ajoute une composante verticale : la région au nord de la faille monte par rapport à celle située au sud. Ce déplacement a fait surgir les collines au nord de la faille et a barré les écoulements venant du sud, créant la zone marécageuse (rose).

L'étude des photographies satellites est essentielle à la compréhension des processus tectoniques qui déforment les continents, aux échelles de temps géologiques. Elle permet de montrer comment des failles, comme celle présentée ici, ont permis au continent asiatique d'absorber le raccourcissement causé par la collision de l'Inde, à la fin de sa dérive vers le nord.

On étudie la géométrie en toutes dimensions et pas seulement dans les dimensions 2 et 3, familières à l'intuition. Ces extensions ne sont pas gratuites : elles permettent de mieux comprendre la nature profonde des propriétés géométriques.

Par ailleurs, il est commode de représenter certains objets par des points dans un espace que l'on peut étudier géométriquement ; par exemple, les sphères de l'espace usuel peuvent être considérées comme des points d'un espace de dimension 4. De même, les droites de l'espace usuel s'identifient à des points dans un espace de dimension 5 ; ces points sont situés sur une hyperquadrique (de dimension 4) de cet espace. Le raisonnement en dimension supérieure (au-delà de 3) demande une élaboration particulière de l'intuition. On peut cependant représenter certaines figures de la dimension 4 en les projetant dans un espace de dimension 3, par exemple les polytopes réguliers, qui correspondent, en dimension 4, aux polyèdres réguliers de la dimension 3. Les polytopes réguliers ont des « faces » de dimension 3 qui sont des polyèdres réguliers tous identiques et disposés de manière régulière autour de chaque sommet ; par exemple, le cube de dimension 4, ou hypercube, a huit faces cubiques et seize sommets. La figure représente sa projection sur l'espace de l'une des faces cubiques à partir d'un point extérieur voisin du centre de la face cubique opposée (ces deux faces donnent des cubes et les quatre autres des troncs de pyramide). En toutes dimensions, il existe un polytope régulier analogue au cube ou à l'hypercube ; en dimension n*, il a* 2^n *sommets et* $2n$ *faces qui sont des hypercubes de dimension* $n - 1$*. Il y a aussi le polytope dual, dont les sommets sont les centres des faces du précédent : en dimension 3, c'est l'octaèdre et, en dimension 4, il s'agit d'un polytope possédant seize faces tétraédriques et huit sommets. En général, le seul autre polytope régulier est le simplexe, analogue du tétraèdre, avec* $n + 1$ *sommets et* $n + 1$ *faces qui sont des simplexes de dimension* $n - 1$*; il est son propre dual. Mais on sait qu'en*

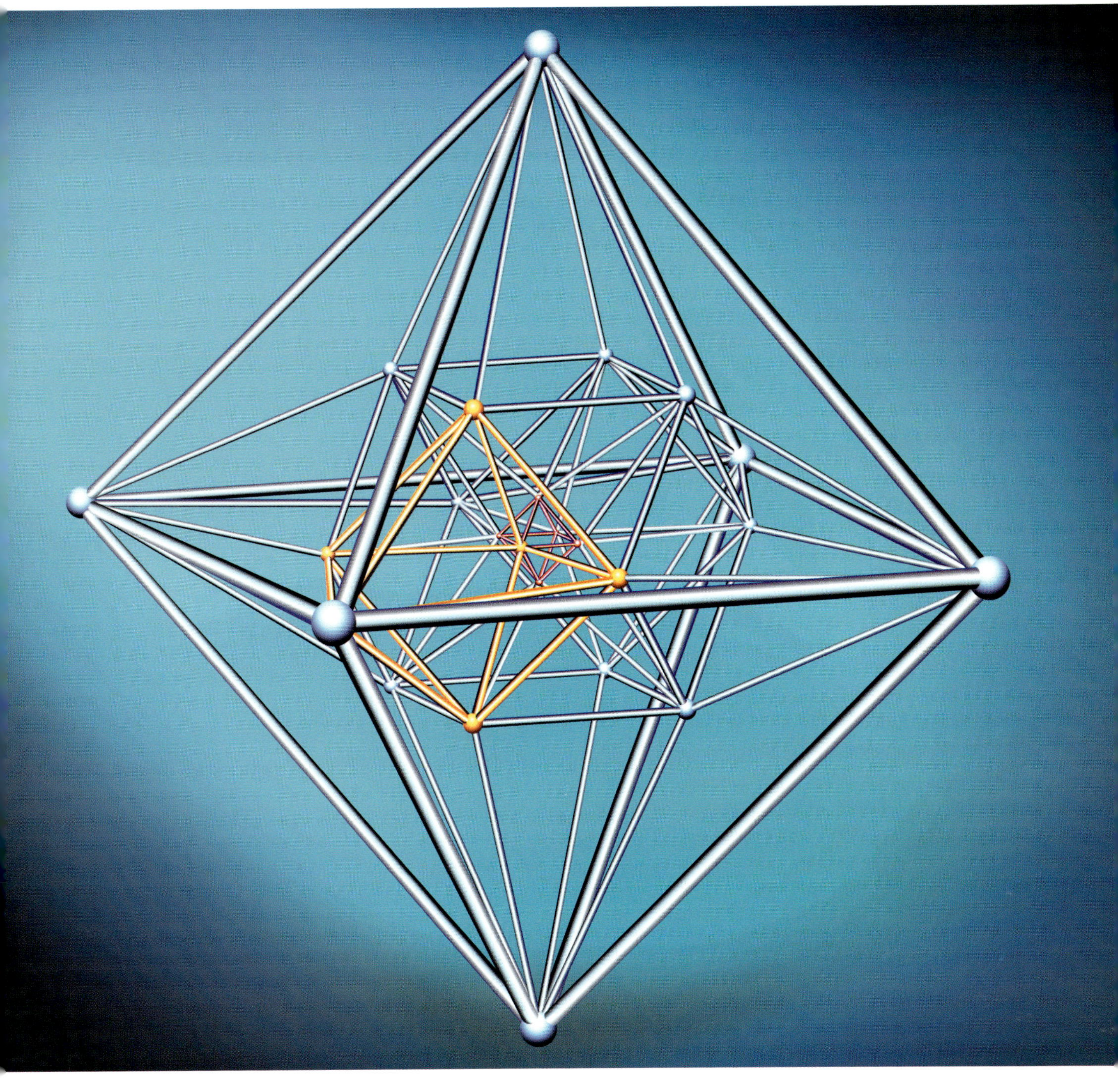

dimension 2, il existe un polygone régulier à p *côtés pour chaque valeur de l'entier* p ≥ *3 et que, en dimension 3, il existe, outre les polyèdres déjà énumérés, un couple de polyèdres duaux, le dodécaèdre et l'icosaèdre. L'analogue existe aussi en dimension 4, avec deux polytopes duaux dont l'un a six cents sommets et cent vingt faces qui sont des dodécaèdres, et l'autre cent vingt sommets et six cents faces qui sont des tétraèdres. Enfin, il existe en dimension 4 un polytope à vingt-quatre sommets et vingt-quatre faces octaédriques qui est son propre dual ; il ne possède d'analogue en aucune autre dimension et l'on a représenté sa projection en dimension 3 sur la figure.*

Dans les années soixante-dix, les physiciens sont parvenus à établir le « modèle standard » de la physique des particules, qui décrit très bien les phénomènes microscopiques. Mais avec lui, ils ont un petit problème de poids ou, plus exactement, un gros problème de masse.

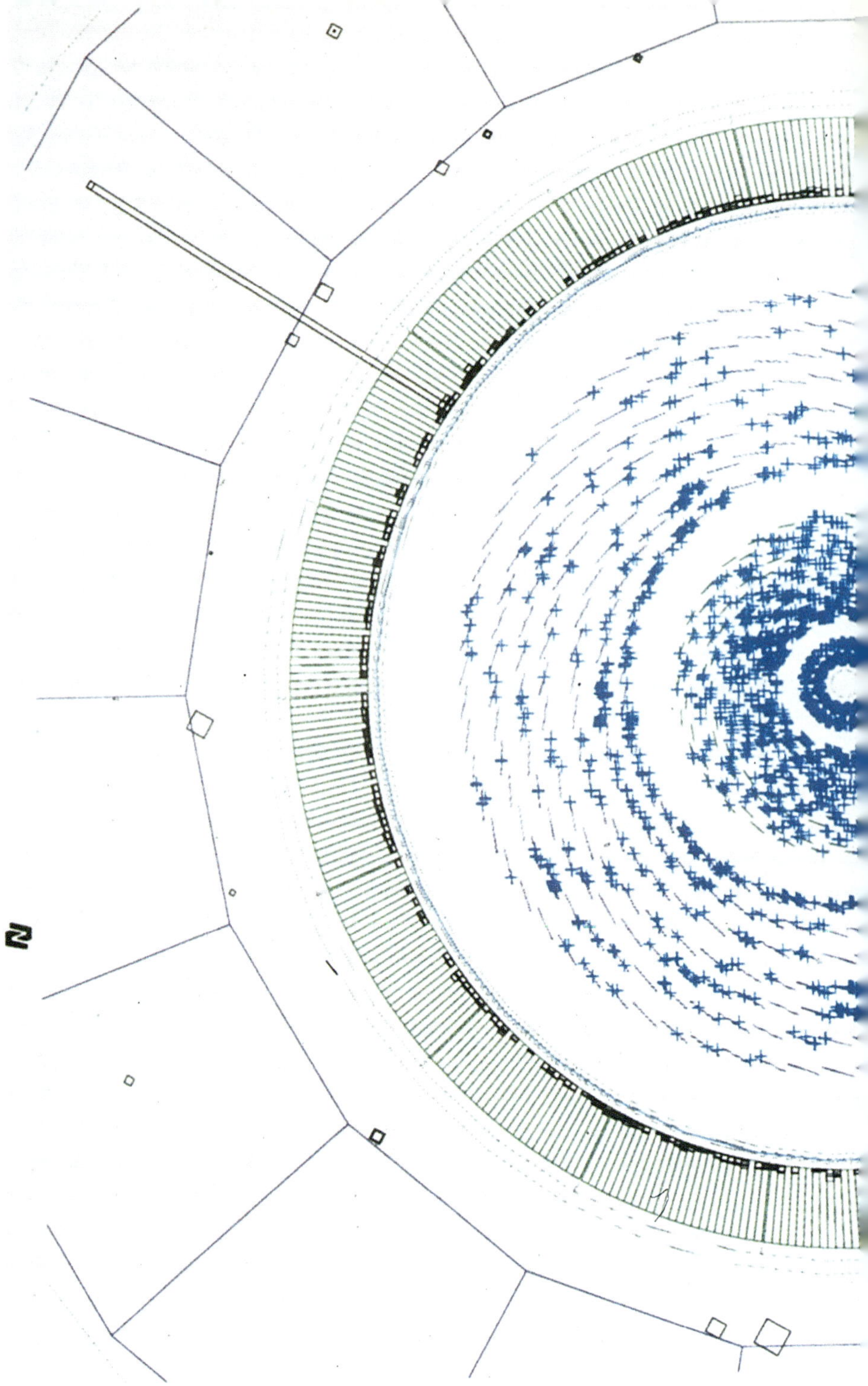

Le modèle standard de la physique des particules relève, d'une part, de la physique quantique, qui décrit le comportement de la matière à petite échelle, et, d'autre part, de la théorie de la relativité restreinte d'Einstein, qui rend compte des situations dans lesquelles les vitesses des particules ne sont pas négligeables devant celle de la lumière. Moyennant l'introduction d'un certain nombre de paramètres déterminés empiriquement, le modèle standard rend compte – avec une précision remarquable – de tous les phénomènes microscopiques connus aujourd'hui. Il s'appuie d'abord sur l'existence d'un petit nombre de particules élémentaires, c'est-à-dire insécables et sans structure interne connue. Il utilise ensuite un formalisme mathématique élaboré et puissant, qui permet de déduire la structure des interactions entre particules à partir de propriétés de symétrie. Dans ce cadre, l'interaction entre deux particules de matière provient de l'échange d'une troisième particule, de nature différente, dont la masse est directement reliée à la portée de l'interaction. Les « agents de liaison » qui transmettent les interactions fondamentales sont le photon (le « grain »

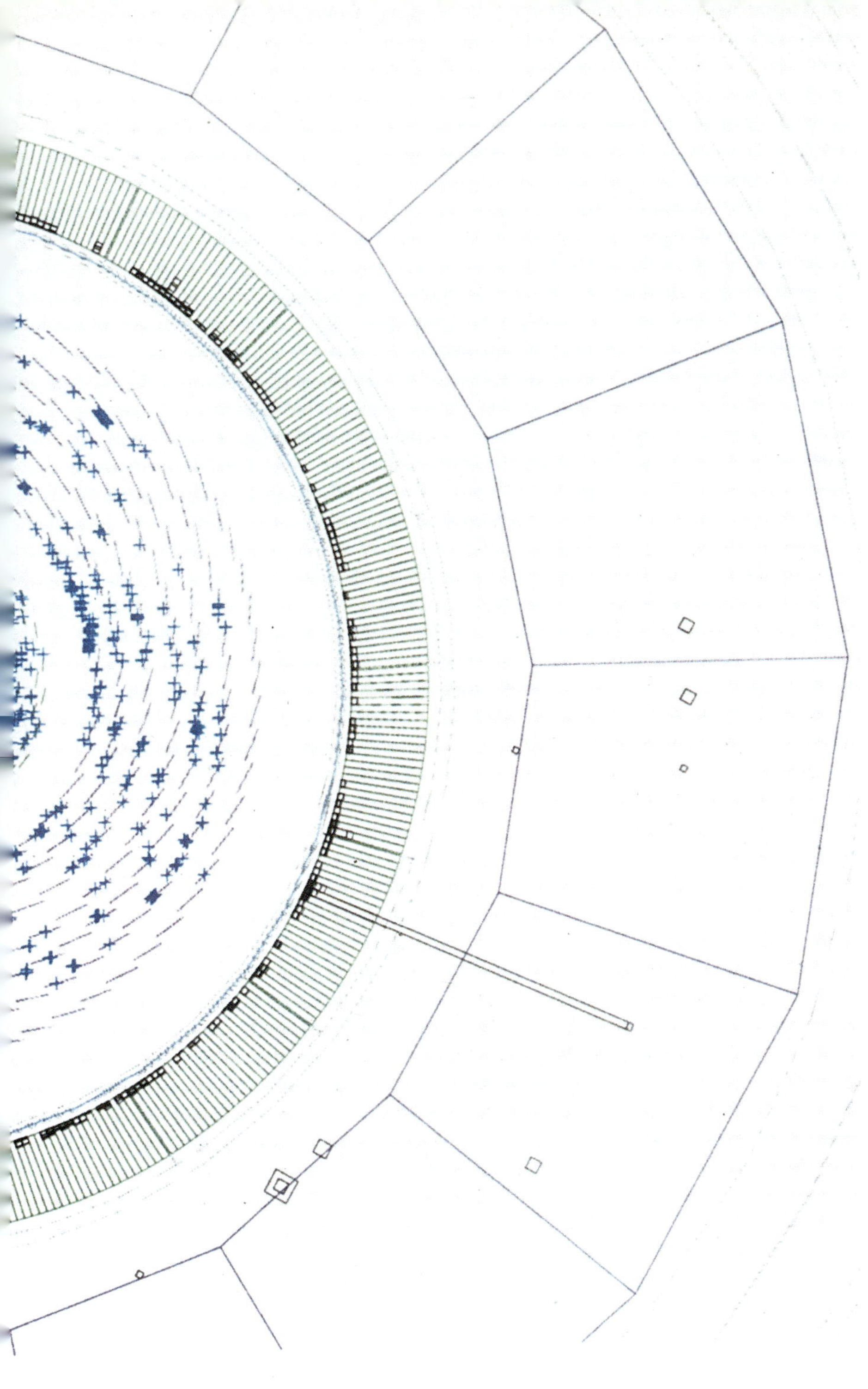

de lumière) pour l'interaction électromagnétique et trois particules appelées W^+, W^- et Z^0 pour l'interaction nucléaire faible, responsable de certains phénomènes radioactifs. Reste néanmoins un petit problème : les principes de symétrie du modèle standard ont comme conséquence que toutes les particules qui médiatisent les interactions doivent avoir une masse nulle. C'est le cas du photon mais pas du tout de celui des particules W^+, W^- et Z^0, dont la masse est très élevée. Cette contradiction n'a pu être résolue qu'en invoquant une « brisure spontanée de symétrie ». Cette dernière aurait agi très tôt dans l'histoire de l'Univers par le biais d'un processus, appelé « mécanisme de Higgs », capable de conférer une masse aux particules W^+, W^- et Z^0 qui en étaient initialement dépourvues. Postulé dans le modèle standard, ce mécanisme devrait avoir laissé des traces sous la forme d'une particule qui reste à découvrir : le boson de Higgs. Le modèle standard ne dit rien de sa masse, se contentant de supposer son existence. Mais il est possible de faire l'hypothèse d'une valeur particulière de la masse du boson de Higgs, de calculer comment il se désintégrerait s'il avait cette masse et d'en déduire les traces qu'il pourrait laisser dans un détecteur adapté. Par exemple, si le boson de Higgs se trouve être cent fois plus massif que le proton, il pourrait se désintégrer en deux photons. Une telle désintégration peut être simulée par ordinateur, comme on le voit sur la photographie ci-contre : chacun des deux photons qu'elle libère dépose de l'énergie dans le détecteur, énergie que l'on peut visualiser grâce aux deux traits situés en haut à gauche et en bas à droite de l'image.

L'analyse des spectres est l'un des plus puissants outils dont dispose l'astronomie pour connaître l'Univers.

La répartition en énergie (c'est-à-dire selon la longueur d'onde) de la lumière d'un astre reçue par un télescope est le spectre de cet astre (voir pp. 186-187). L'image en haut à droite est une simple photographie d'un détail de la surface du Soleil : une tache solaire de dimension comparable à celle de la Terre. Cette tache n'apparaît sombre que par contraste avec son voisinage, la photosphère solaire, plus chaude (6 000 K) donc plus lumineuse. Si le temps de pose était supérieur, la tache apparaîtrait brillante et son voisinage surexposé (une image doit toujours être étalonnée, sous peine de conduire à des conclusions erronées). Entre tache et photosphère se trouve une région intermédiaire, la pénombre, organisée en filaments. On remarque aussi l'aspect flou des plus petits détails (d'une taille inférieure à mille kilomètres) : cette limite est due à un effet de l'atmosphère terrestre sur les images (voir pp. 130-131).

On note aussi une fine ligne noire, qui matérialise une fente laissant passer la lumière vers un appareil appelé « spectrographe ». L'image en haut à gauche donne un fragment du spectre de cette tache solaire obtenu par celui-ci le long de la fente, dans la région de longueurs d'onde correspondant à la couleur verte (les longueurs d'onde changent selon l'horizontale de l'image, tandis que sa verticale correspond exactement à celle de l'image de droite). Ce spectre est intéressant car riche en informations sur ce qui se passe dans l'atmosphère du Soleil et dans une tache. Bien sûr, là où la fente croise pénombre ou ombre, le spectre ne contient que peu ou très peu de lumière (lignes horizontales sombres). Des lignes verticales sombres indiquent qu'il y a moins de lumière (voire aucune lumière si la ligne est obscure) émise à certaines longueurs d'onde : celles-ci sont caractéristiques d'éléments chimiques où qu'ils se trouvent dans l'Univers et indiquent donc la nature et la quantité de tel élément (ici le fer) présent dans le Soleil. Enfin, les deux raies les plus

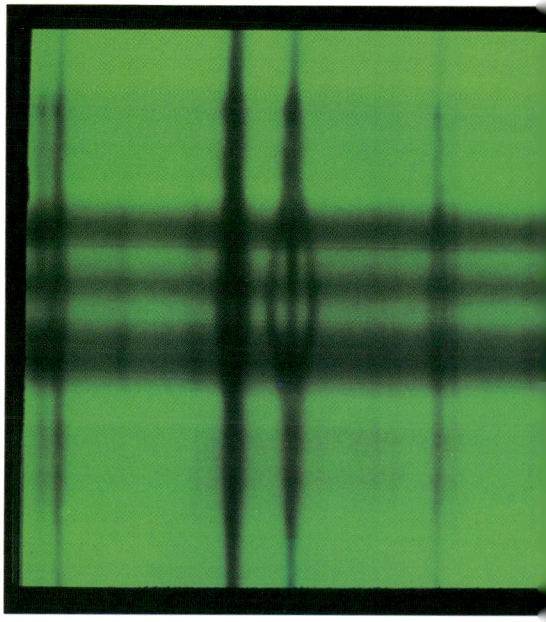

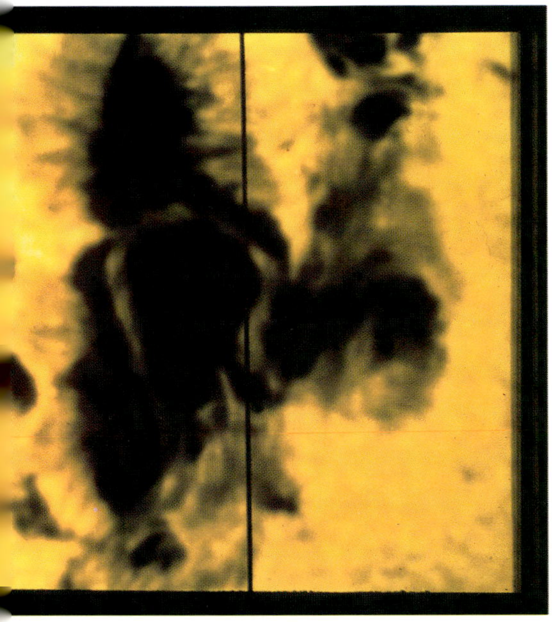

intenses se dédoublent lorsqu'elles traversent une tache : c'est l'« effet Zeeman » qui résulte de l'action du champ magnétique de la tache sur la lumière qu'émettent ses atomes de fer. Cette tache concentre un intense champ magnétique valant près de dix mille fois le champ terrestre et absent, au moins à cette échelle, des autres régions de la photosphère. L'image en bas à gauche est une photographie du Soleil tel que le voit notre œil, avec une meilleure résolution car prise par un puissant télescope. On y note que l'intensité du disque s'affaiblit sur les bords, un effet que l'œil ébloui ne peut pas distinguer. Cet affaiblissement, connu depuis longtemps (premier daguerréotype du Soleil en 1845), ne fut correctement interprété que plus tard : il est causé par le refroidissement de la photosphère avec l'altitude croissante. L'image ci-dessous est une carte sur laquelle le champ magnétique est codé par deux couleurs (jaune pour le champ orienté nord et bleu pour le champ orienté sud), leur intensité traduisant l'intensité du champ, mesurée en chaque point grâce au dédoublement d'une raie spectrale.

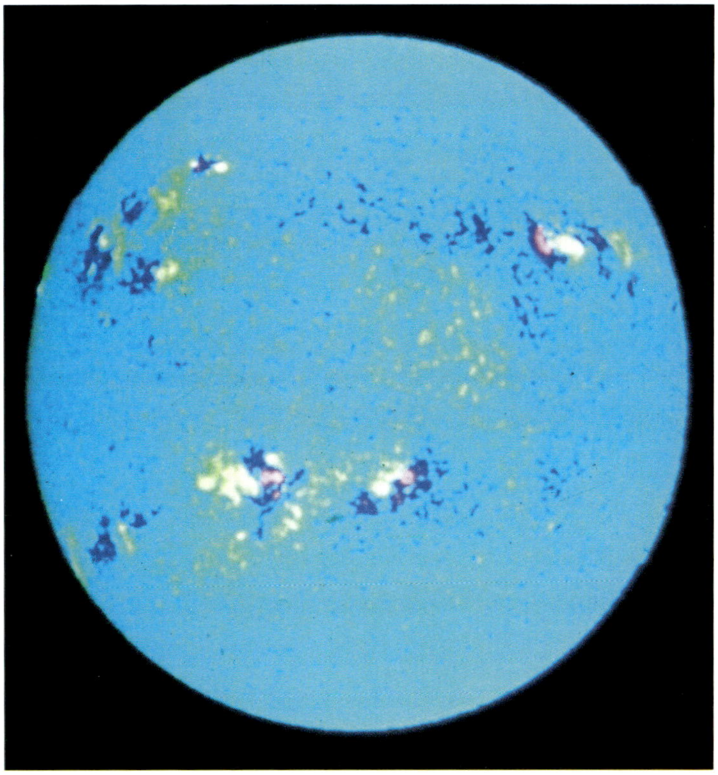

Sur Terre, tout corps massif est soumis à la pesanteur. Mais, empêché de choir, le disque yogi lévite en douceur.

En 1911, Heike Kammerlingh Onnes découvrit qu'un brusque changement des propriétés physiques de certains métaux se produit quand on les refroidit à quelques degrés au-dessus du zéro sur l'échelle de Kelvin (soit le zéro absolu, qui correspond à –273 °C). En particulier, la résistance électrique de ces matériaux devient nulle, de sorte qu'un courant électrique continu peut y circuler sans dissipation d'énergie ; il n'y a plus d'effet joule (principe actif de nos fers à repasser). Cette transition de l'état normal (c'est-à-dire conducteur) à cet état « supraconducteur » intervient brusquement à une température qualifiée de « critique », qui varie selon les matériaux. Dans un métal normal, les atomes, disposés régulièrement au sein d'un réseau, libèrent les électrons qui leur sont les moins liés, chaque atome devenant de ce fait un ion positif. Ces électrons libérés, appelés « électrons de conduction », peuvent se déplacer de façon assez libre à l'intérieur du métal. Leur mobilité leur permet de transporter un courant électrique, ce qui ne se fait pas sans perte : une résistance électrique existe, qui provient des collisions que subissent ces électrons avec le réseau. Dans un métal à l'état supraconducteur, les électrons semblent soudainement libérés de toute interaction avec le réseau, de sorte que la résistance électrique devient nulle. Une théorie microscopique de la supraconductivité fut élaborée dans les années cinquante. Elle explique qu'à très basse température les électrons se mettent en couple : ils forment des « paires de Cooper », capables de se déplacer sans dissipation d'énergie. Cet état, sinon conjugal du moins ordonné, résulte de l'existence d'une attraction entre électrons par l'intermédiaire des vibrations du réseau atomique. Forts de cette explication, les physiciens s'étaient presque tous convaincus que le mécanisme de la supraconductivité ne permettait pas la supraconductivité à des températures supérieures à trente Kelvins (au-delà, l'agitation thermique casse les paires de Cooper). Mais en 1986, Georg Bednorz et Karl Alex Müller mirent en évidence la supraconductivité d'un oxyde synthétique de cuivre, lanthane et baryum, dont la température critique (35 K) était plus élevée que toutes celles connues jusqu'alors. Des températures critiques supérieures à la température de l'azote liquide (77 K, soit –196 °C) furent rapidement atteintes dans des oxydes similaires, sans qu'aucune théorie n'ait encore donné la clé de cette supraconductivité à « haute température ». La photographie montre un disque supraconducteur qui semble défier la pesanteur. Il flotte immobile au-dessus d'un aimant baignant dans de l'azote liquide. Cet effet est dû au fait que tout matériau supraconducteur se « blinde » contre les champs magnétiques dans lesquels il baigne. Cette « rigidité » vis-à-vis des perturbations magnétiques se traduit par une force qui, dans certaines configurations, s'oppose au poids. Le disque est alors magnétiquement empêché de choir.

L'hémoglobine, molécule vitale, transporte l'oxygène et le gaz carbonique dans le sang.

Les protéines sont, avec les sucres, les lipides et les acides nucléiques, des constituants essentiels des êtres vivants. Elles remplissent en outre un grand nombre de rôles importants pour le fonctionnement des cellules et des organismes : rôle de soutien, comme pour le collagène dans les tissus conjonctifs, les tendons et les os ; rôle dans la transmission des messages hormonaux, comme pour l'insuline ; rôle d'enzymes du métabolisme qui dégradent les aliments ou synthétisent les macromolécules, etc. Elles ont toutes en commun d'être des enchaînements linéaires de quelques dizaines à quelques milliers d'unités élémentaires, les acides aminés, dont il existe vingt types distincts. L'ordre des acides aminés d'une protéine, que l'on appelle sa structure primaire, est déterminé, selon les règles du code génétique, par la structure du gène qui encode cette protéine. Cette structure primaire est nécessaire, mais pas suffisante, pour rendre compte des propriétés fonctionnelles spécifiques de chaque protéine. En effet, après sa synthèse dans le cytoplasme des cellules, effectuée par lecture de l'information génétique véhiculée par un ARN messager, la protéine adopte une forme particulière dans l'espace, qui lui confère sa fonction. C'est le cas de l'hémoglobine représentée sur cette photographie. Comme son nom l'indique, et comme sa forme générale le suggère, il s'agit d'une protéine en forme de globule, au même titre que les immunoglobulines qui interviennent dans les défenses immunitaires en tant qu'anticorps. La structure détaillée représentée ici résulte d'une analyse de la diffraction de rayons X illuminant une forme cristallisée d'hémoglobine (voir pp. 96-97). Elle met en évidence une structure symétrique : l'hémoglobine est

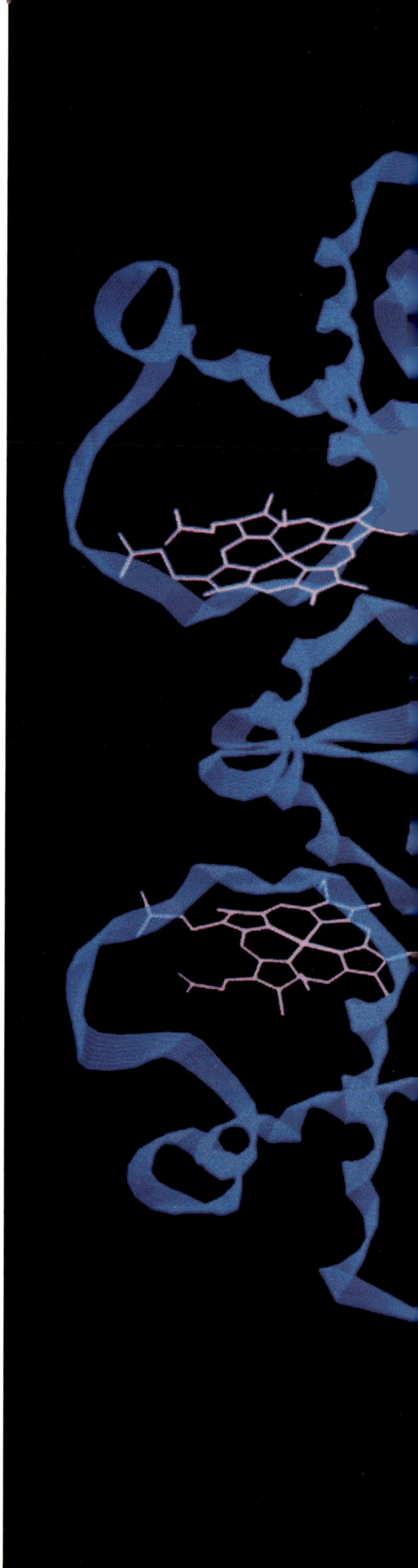

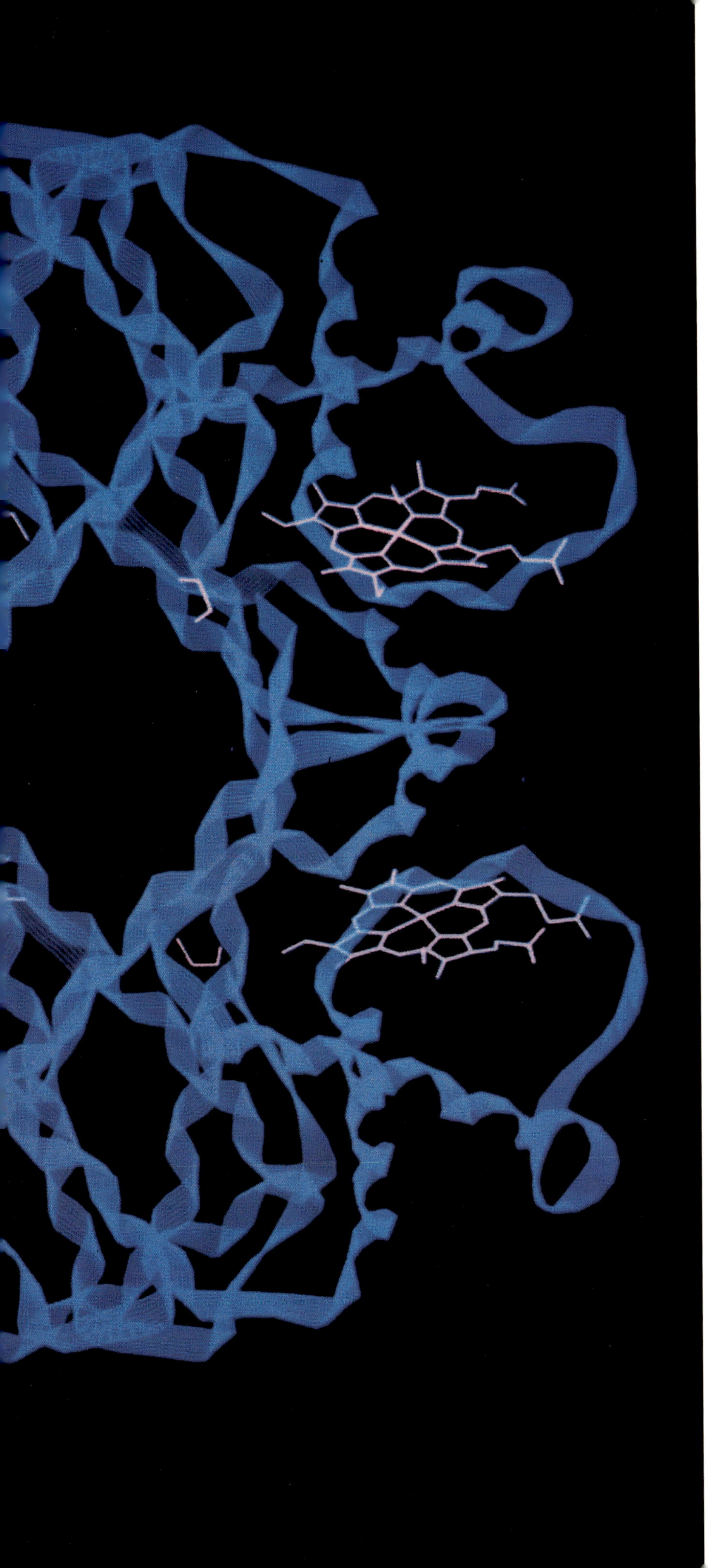

constituée de quatre chaînes de globine, identiques deux à deux et emboîtées les unes avec les autres. Chacune des chaînes adopte une structure semblable, dont on peut suivre les méandres représentés par un ruban bleu. Lorsqu'on examine attentivement celui-ci, on peut remarquer qu'il a localement la forme d'un tortillon en courtes hélices reliées par des boucles ; dans d'autres protéines, on trouve des feuillets plissés qui alternent avec de telles hélices. L'ordre des acides aminés dans les chaînes de globine détermine la structure de la protéine. Dans ce cas précis, chaque chaîne contient une poche dans laquelle vient se loger une petite molécule organique formée de la juxtaposition de cycles encerclant un atome de fer. Il s'agit de l'hème, figuré ici en rose, qui complète le nom de l'hémoglobine. Il sert de site de fixation pour l'oxygène ou le gaz carbonique, faisant de l'hémoglobine un transporteur des gaz de la respiration dans la circulation sanguine.

On voit là, de toute évidence, une trame. C'est paradoxal, car il ne s'agit pas d'un tissage.

Il s'agit en fait de l'agrandissement au microscope d'une mince lame d'un cristal, qui montre combien les atomes y sont remarquablement bien ordonnés, formant des rangées parallèles. Car ces lignes droites et parallèles sont les traces, sur le plan de coupe, des rangées d'atomes effectivement présents dans le cristal, dans des plans parallèles les uns aux autres. Le minéral dont il s'agit se dénomme chiolite ; c'est un composé de tungstène, sodium, oxygène et fluor. De tels monocristaux – c'est-à-dire un solide parfaitement uniforme quant

à la disposition des atomes qui le constituent – sont précieux pour y situer et y réaliser certaines expériences de chimie : en effet, lorsqu'on fait migrer des molécules entre les plans parallèles d'atomes, elles s'y logent elles aussi suivant des dispositions très régulières, que l'on peut connaître avec précision. De la sorte, il devient possible d'installer de nouvelles liaisons entre tel atome d'une molécule et tel autre atome d'une molécule voisine, de manière sélective, à l'instar d'un chirurgien faisant de la microchirurgie sous microscope, suturant des faisceaux nerveux les uns aux autres. Cela permet, par exemple, d'organiser l'assemblage de molécules de manière extrêmement régulière, d'où de bien meilleures propriétés mécaniques pour les fibres pouvant en résulter.

Sur cette image, on constate la coexistence de deux zones différenciées par les orientations de ces plans parallèles. Les auteurs de cette photographie croyaient explorer un monocristal. Le mérite de cette image est de nous montrer comment la monotonie n'est pas de règle : ce cristal fait apparaître deux microdomaines, avec des orientations perpendiculaires l'une à l'autre. Chacun de ces microdomaines possède son propre ordre local, avec des « granules » tous orientés de manière identique. C'est ce qui donne à cette figure l'aspect d'une tapisserie. Les microdomaines ordonnés sont importants dans la pratique. Ils sont responsables, par exemple, du magnétisme présenté par certains solides ou par des particules minérales élaborées par des organismes, comme la magnétite permettant à certaines bactéries et algues de s'orienter dans un champ magnétique.

Revenons à notre image pour une dernière remarque : l'agrandissement est insuffisant pour permettre de distinguer les uns des autres les atomes des quatre éléments présents. En règle générale, on doit recourir à la diffraction des rayons X par le cristal pour observer, au sein de l'élément de volume qui, répété dans les trois dimensions, génère le cristal et que l'on nomme sa maille élémentaire, ces quatre types d'atomes avec leur disposition géométrique caractéristique de ce seul composé.

Pris sur le vif ! Un virus se fixe sur une bactérie et y injecte son matériel génétique.

Les virus sont des assemblages moléculaires incapables de se multiplier de manière autonome. Leur reproduction n'est possible que s'ils sont amenés à rencontrer des cellules qui leur fournissent la machinerie nécessaire.
Comme toutes les cellules vivantes, les bactéries sont susceptibles d'être infectées par différents types de virus. Cela peut aboutir à leur destruction. Ainsi, à la suite de l'infection par un virus particulier, les bactéries infectées relâchent dans le milieu des centaines ou des milliers de copies conformes du virus initial. A leur tour, ces virus nouvellement formés rencontrent d'autres bactéries, s'y multiplient et ainsi de suite... On appelle les virus des bactéries des bactériophages, ou « mangeurs de bactéries ». En réalité, la bactérie s'autodigère, puisque le virus n'a pas d'activité propre.
En raison de leur taille minuscule, qui se mesure en dizaines de nanomètres (milliardièmes de mètre), on ne peut obtenir des images des virus qu'à l'aide du microscope électronique. Cet instrument permet de visualiser la densité en électrons des molécules qui constituent les virus et les cellules auxquelles ils s'associent.
Ici, on a pris sur le vif un bactériophage de la catégorie T au moment où il est adsorbé, en quelque sorte capturé, à la surface d'une bactérie commune que l'on trouve en particulier dans notre intestin, Escherichia coli *; elle est vue en coupe et son intérieur est représenté en bleu. Sa surface, colorée en vert, est composée d'une paroi et d'une membrane juxtaposées. A l'extérieur de la bactérie, figuré en jaune, on observe un bactériophage coloré en brun, qui est composé d'une « tête » de forme hexagonale, reliée à la surface de la bactérie par une sorte de « queue » entourée de « pattes ». L'examen de nombreuses images de ce type permet d'étayer l'interprétation suivante : la forme hexagonale est la coque ou capside du bactériophage, formée par un assemblage régulier de protéines ; la capside contient une molécule pelotonnée d'ADN. La queue du virus, en forme de tube, est elle-même formée de protéines et prolongée par des fibres de faibles dimensions qui permettent la fixation du virus à une molécule qui est située dans l'enveloppe de la bactérie et qui sert de récepteur.*
Le traitement informatique d'une série de tels clichés de microscopie électronique permet de reconstituer une vue « de dessus » du bactériophage arrimé à la bactérie, comme celle que l'on voit sur l'image en médaillon, sur laquelle il apparaît comme une sorte d'araignée dont les pattes sont disposées de manière géométrique.
C'est en étudiant de manière détaillée cette interaction entre virus et bactérie que, en 1952, on a pu montrer que seul l'ADN du bactériophage pénètre dans la bactérie ; il est donc porteur de l'information génétique qui permet la production de nouveaux virus par la bactérie.

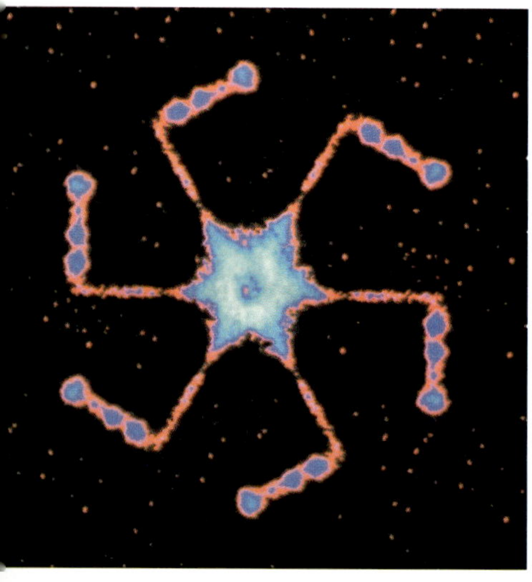

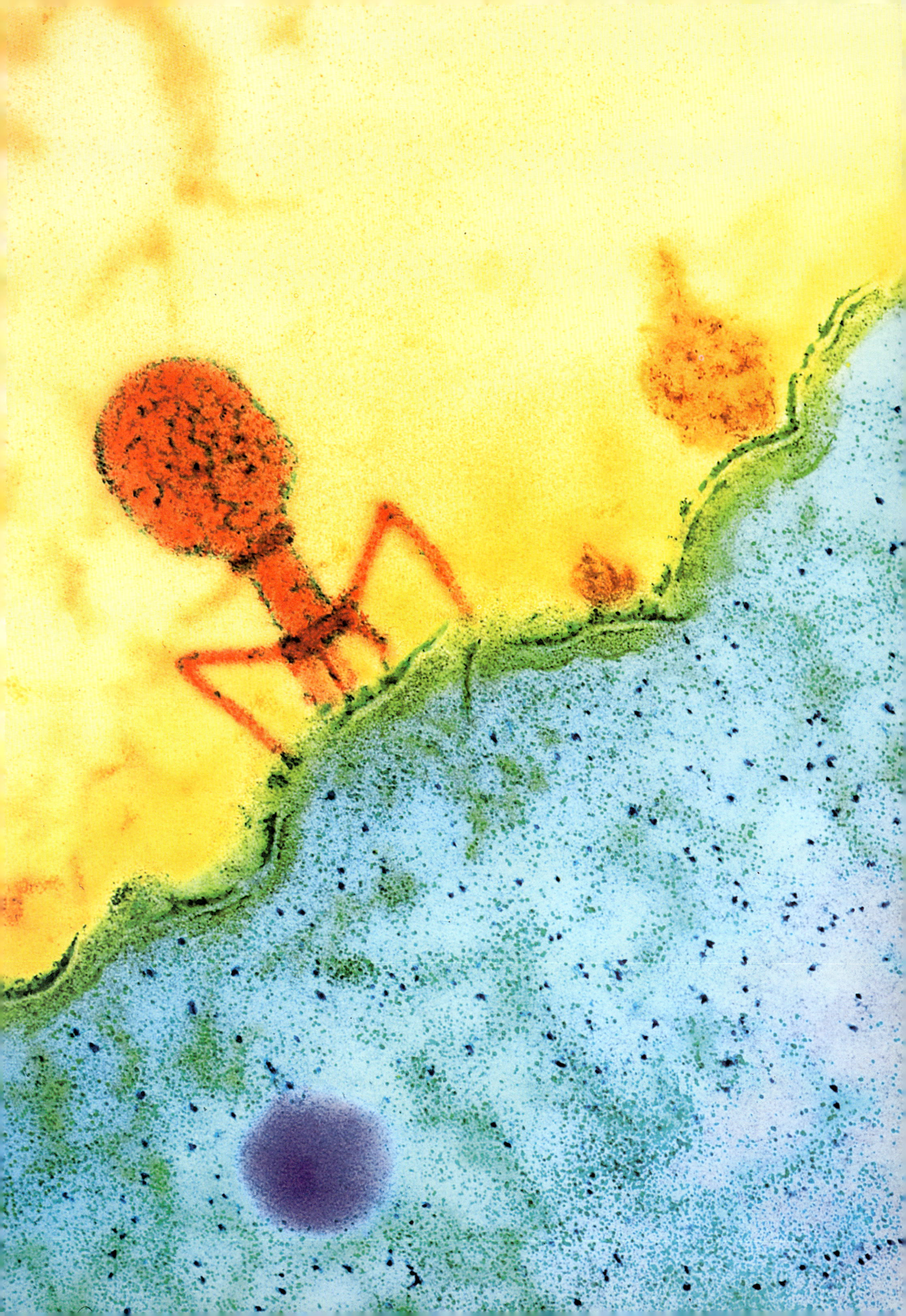

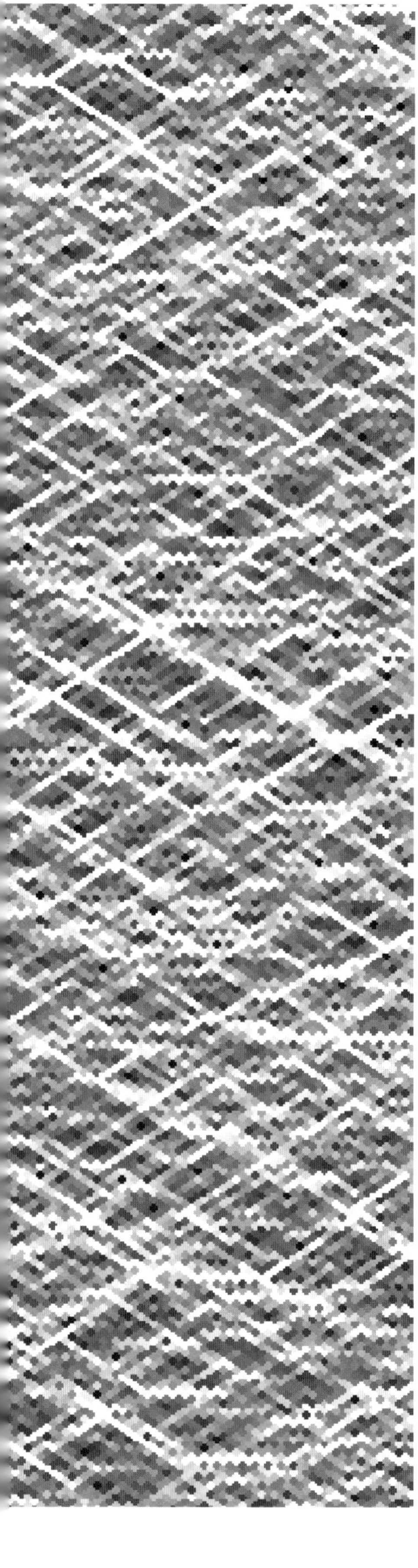

Les tas de sable ne sont pas uniquement faits pour que les enfants y montent : logiciens, physiciens et informaticiens y trouvent aussi leur compte.

Les logiciens voient dans les tas de sable d'insondables énigmes : comment distinguer un tas d'un ensemble de grains ? Où commencer : à deux, à cinq, à dix, à cent grains ? Les physiciens y perçoivent des jeux de forces tout aussi inextricables, parfois responsables de phénomènes catastrophiques comme l'explosion de silos à céréales (qu'ils assimilent à des tas de sable).
La visualisation de ces jeux de forces est mise en évidence par un dispositif expérimental qui simplifie considérablement le problème, en permettant de l'appréhender non plus sur trois mais seulement sur deux dimensions : une couche de billes de Plexiglas, enfermées entre deux parois cylindriques de verre transparent, est soumise à une forte pression. Les contraintes engendrent sur chacune des billes une anisotropie, autrement dit une dissymétrie physique, perceptible en lumière polarisée : plus les forces

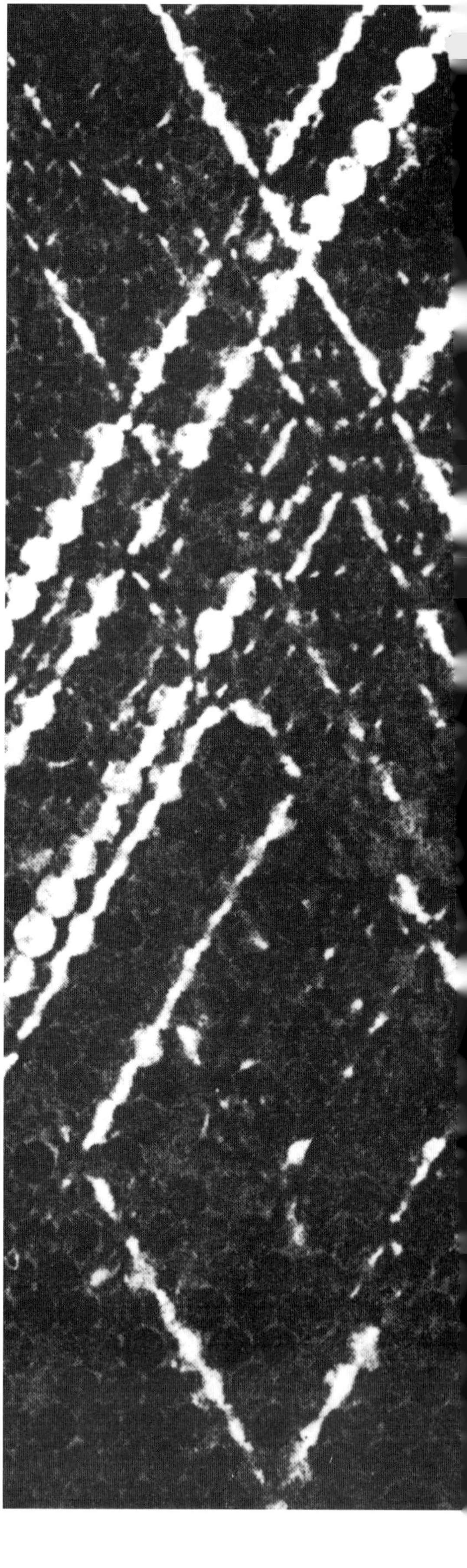

qui pèsent sur les billes sont élevées, plus elles apparaissent claires, ce que l'on voit nettement sur la photographie du milieu. Et l'on y discerne droites et voûtes. L'apparition de telles singularités dans une structure uniforme, au sein de laquelle les forces sont distribuées régulièrement, surprend et intrigue le physicien. Comment les expliquer ? Différentes hypothèses ont été émises, qui demandent encore à être évaluées. L'une d'entre elles repose sur la transmission partiellement aléatoire des forces de chaque grain aux grains qui lui sont adjacents : les contraintes mécaniques auxquelles une bille est soumise se reportent intégralement sur les billes voisines, en partie à gauche, en partie à droite, la répartition entre la gauche et la droite demeurant aléatoire. Pour rendre compte des effets de cette répartition, il faut calculer les jeux de forces résultant d'une architecture de grains, ce qui se révèle bien trop difficile avec des méthodes classiques, dès que l'on dépasse un tas d'une vingtaine de billes, même en faisant appel à des ordinateurs puissants. De ce fait, l'observation des lignes et des voûtes demeure impossible, ce qui empêche de valider cette hypothèse. Heureusement, les informaticiens ont apporté leur obole en introduisant non seulement des ordinateurs puissants mais aussi de nouvelles approches dites « multi-agents » : chaque grain est assimilé à une petite entité autonome appelée « agent », capable de recevoir et d'envoyer des messages aux entités adjacentes. Ces messages correspondent aux forces que chaque grain reçoit des grains situés au-dessus de lui et aux forces qu'il transmet aux grains situés en dessous ou sur les côtés. Les agents dits « intelligents » simulent les différents grains en imposant le respect des conditions de stabilité de l'ensemble, autrement dit l'immobilité des grains. Il est alors possible de visualiser les jeux de forces résultant de l'application des contraintes physiques, en colorant plus ou moins les billes selon les forces qui pèsent sur elles (figure de droite). On retrouve alors des lignes de forces et des voûtes (figure de gauche) semblables à celles qui apparaissent sur la photographie des phénomènes physiques observés, ce qui valide, au moins partiellement, l'hypothèse de travail avancée.

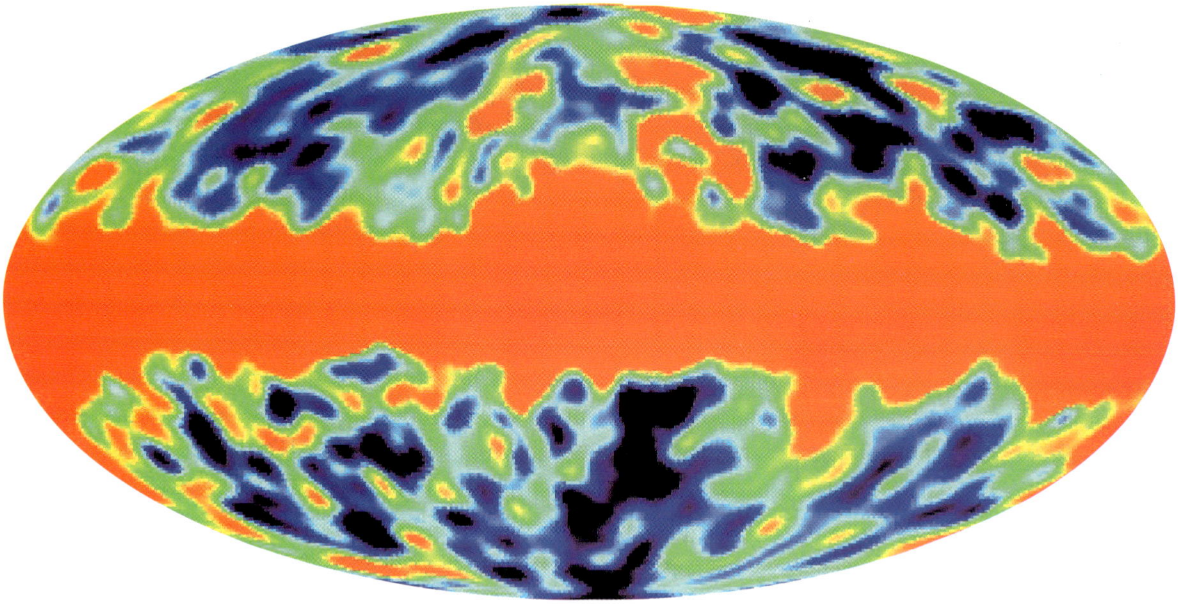

Les archéologues photographient des tombes, les paléontologues des fossiles, les astronomes des galaxies vieilles de milliards d'années. Ceci est l'image la plus ancienne qui nous soit accessible.

Au tréfonds du temps, il n'y avait dans l'espace que des atomes d'hydrogène et d'hélium, baignés de lumière dans un univers qui se refroidissait et était presque parfaitement lisse et homogène, dépourvu de ces grumeaux que seront plus tard les étoiles et les galaxies. C'était peu après le big bang. La lumière était alors prisonnière d'incessantes interactions avec les atomes et ne pouvait cheminer librement, comme cela se produit dans un épais brouillard où la lumière d'un phare, sans cesse diffusée par les gouttelettes d'eau, donne une clarté uniformément laiteuse. Vint un moment où, la température ayant suffisamment diminué, les atomes devinrent indifférents à la lumière qui les baignait et la laissèrent circuler librement. Soudain, l'Univers devint si transparent que cette lumière put cheminer sans heurts pendant des milliards d'années, jusqu'en 1989 où le satellite de la NASA, Cosmic Background Explorer *(« Explorateur du fond cosmique »), en orbite à neuf cents kilomètres au-dessus de l'atmosphère terrestre, la reçut. Il la traduisit, après un temps de pose de quatre années tant le signal est faible, en cette image qui est une vue planisphérique de la totalité de la sphère céleste (à l'instar d'un planisphère terrestre). La lumière dont nous voyons la trace est un rayonnement qui se situe à la frontière des ondes radio et de l'infrarouge, vers six millimètres de longueur d'onde (soit une fréquence cinq cents fois plus élevée que celle de notre familière FM). Trois images se trouvent sous nos yeux. La première (à gauche) est presque brute de traitement. Elle est barrée d'une large bande horizontale, trace de l'émission lumineuse du premier plan, la Voie lactée, notre Galaxie toute proche. Le contraste de l'image a été « poussé », comme disent les photographes, pour révéler de minuscules fluctuations d'intensité lumineuse, au niveau du cent millième de l'intensité moyenne reçue. Ces fluctuations sont la trace laissée dans l'émission lumineuse par les régions de l'espace – immenses – dans lesquelles la densité d'hydrogène était à cette époque très légèrement inférieure, ou supérieure, à la densité moyenne. Ce sont donc les germes de ce qui deviendra plus tard un « grumeau », un amas de futures galaxies* *(voir pp. 42-43)**, puis des étoiles. Un traitement numérique a supprimé cette bande dans la deuxième image, n'y laissant que les signaux émis à cette époque reculée où les galaxies n'existaient pas. La troisième image (tout en bas), quant à elle, est une simulation : elle « imagine » ce que pourrait être l'observation faite par un futur satellite (il s'appellera* Planck*) semblable à* COBE*, mais dont l'instrument permettra d'apprécier des détails dix fois plus fins. L'aspect obtenu dépend naturellement de la conception qu'ont les astrophysiciens de la formation des grumeaux lors de cette période reculée, et de la hiérarchie de leurs tailles. Cette image simulée n'est donc qu'un exercice, permettant d'ajuster l'instrument à ce qu'il n'est pas déraisonnable d'attendre des observations.*

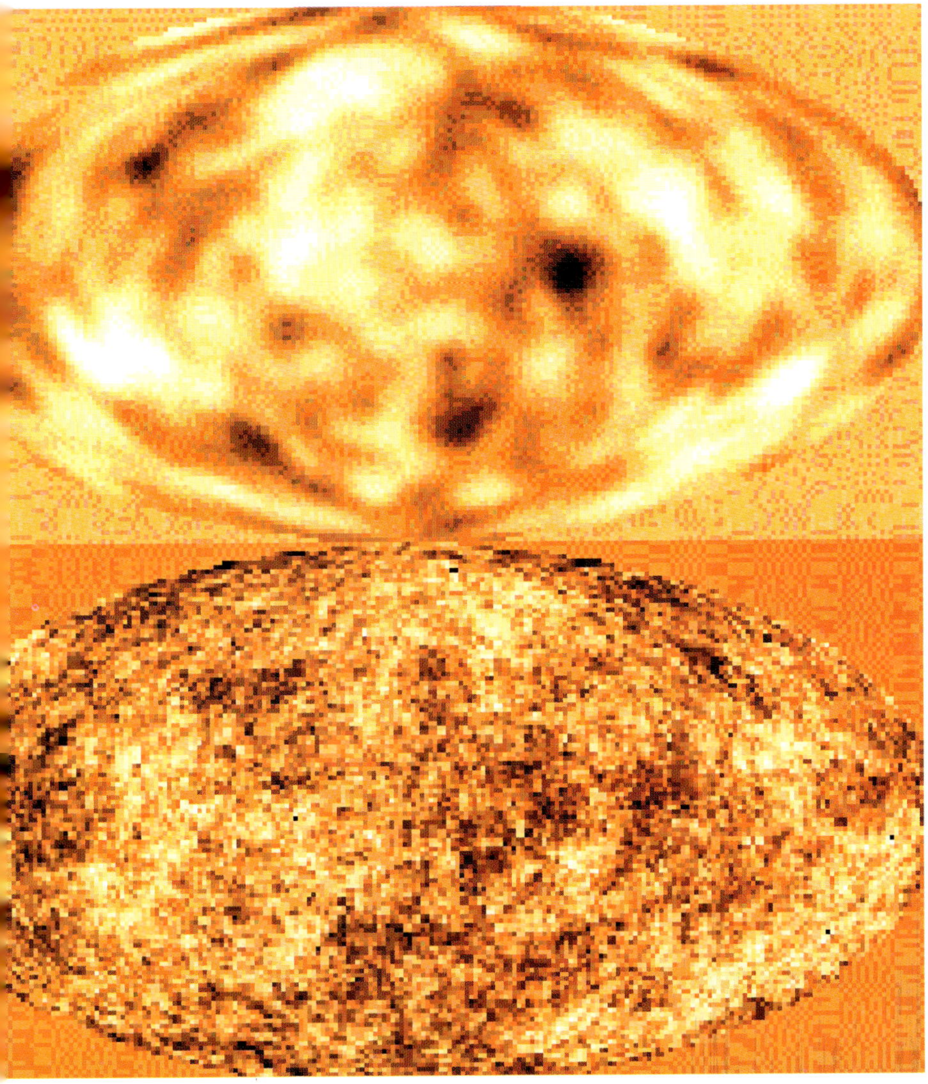

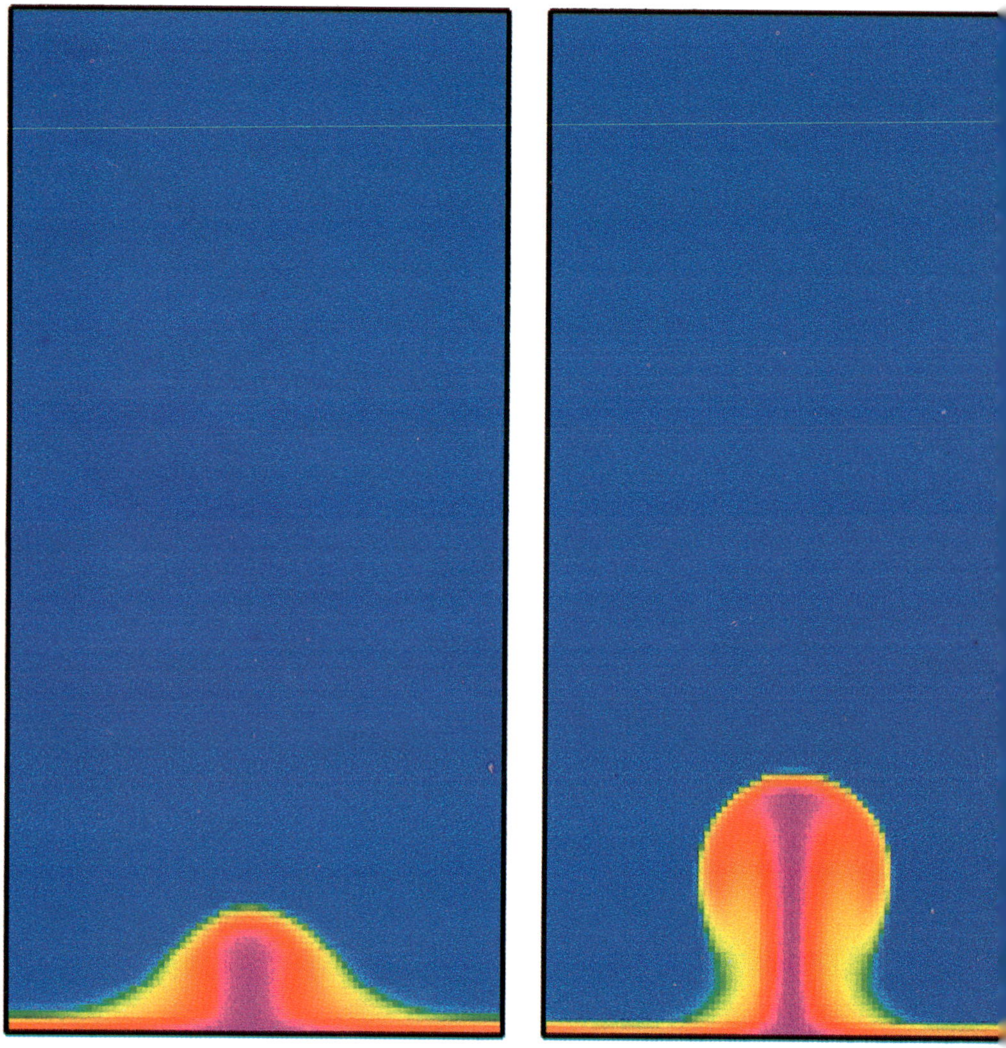

Les panaches de matière chaude qui montent des profondeurs de la Terre nourrissent les volcans des îles océaniques.

Les géophysiciens appellent « points chauds » ces centres d'activité volcanique localisés à l'intérieur des plaques, continentales ou océaniques. On peut citer comme exemples le Yellowstone sur la plaque continentale nord américaine et des îles océaniques volcaniques comme Hawaii, les Açores ou la Réunion. Ces points chauds sont créés par l'arrivée en surface de « panaches » de matière chaude qui montent lentement des profondeurs du manteau terrestre. La roche chaude du panache se décomprime en montant vers la surface. Or le point de fusion des roches décroît avec la pression ; à une profondeur de l'ordre de la centaine de kilomètres, la roche commence donc à fondre. Le magma résultant s'accumule dans des chambres magmatiques et s'écoule en surface lors des éruptions. Les panaches jouent un rôle important dans le transport de chaleur du manteau terrestre vers la surface. On peut étudier la formation et l'évolution des panaches au moyen d'une simulation numérique à l'ordinateur, ce dernier permettant de résoudre les équations qui gouvernent le mouvement de matière et d'étudier le rôle de divers paramètres. On a modélisé ici un panache qui prend naissance

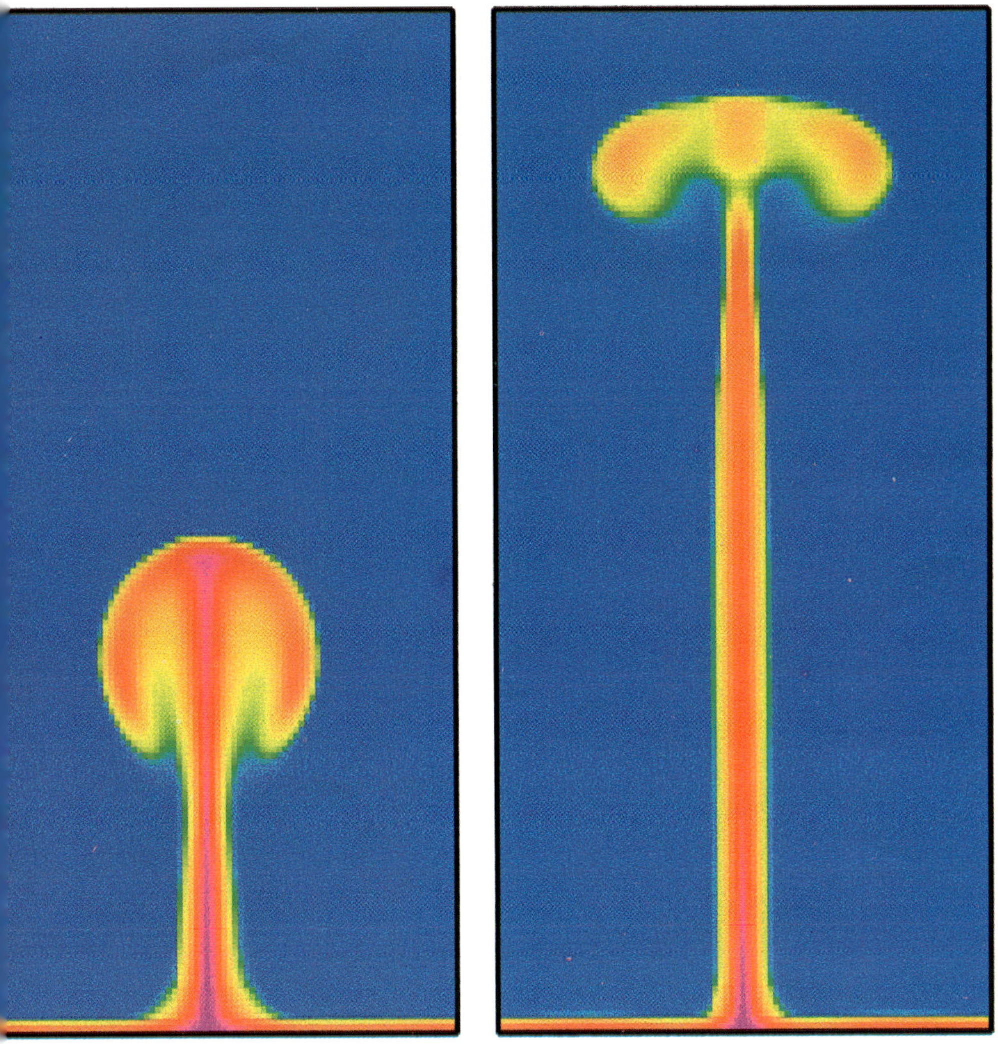

dans la couche (dite D"), située à la base du manteau, au-dessus de la frontière avec le noyau (à deux mille neuf cents kilomètres de profondeur). Une très faible perturbation de température est imposée localement à la couche chaude, ce qui diminue sa densité et sa viscosité. La poussée d'Archimède tend donc à faire monter la matière (image de gauche) et une instabilité se développe (la couleur bleue représente la température du manteau et l'excès de température est indiqué par les couleurs allant du jaune au rouge). Le panache prend forme avec une tête quasi-sphérique d'environ cinq cents kilomètres de diamètre. Une queue se forme, qui entraîne de la matière plus froide, donnant au panache une allure de champignon. Après trente millions d'années, le panache a traversé presque tout le manteau (à droite). Sa tête, de 250 °C à 300 °C plus chaude que le manteau environnant, s'étale, avec un diamètre de plus de sept cents kilomètres. Dans le passé géologique lointain, des têtes de panache ont percé la surface et causé de grands épanchements, couvrant de basalte des surfaces de plusieurs milliers de kilomètres carrés, sur plus d'un kilomètre d'épaisseur. C'est ainsi que le grand plateau basaltique du Deccan a été créé lorsque l'Inde, dérivant vers le nord, est passée au-dessus du point chaud dont la queue est maintenant responsable du volcanisme actif de l'île de la Réunion.

Il existe,
paraît-il, trois états
de la matière.
Voici le quatrième.

A côté des trois états classiques de la matière (solide, liquide et gazeux), il en existe un quatrième, tardivement découvert, qui leur fait suite dans l'échelle des températures. C'est l'état de plasma, toujours très chaud, que l'on trouve par exemple dans les éclairs d'orage ou les tubes à néon. On peut créer cet état en fournissant de l'énergie à un gaz, de la même façon que l'on fait passer un corps de l'état liquide à l'état gazeux en lui apportant de l'énergie, par exemple en le chauffant. Il existe toutefois une différence notoire. Dans le cas d'une transition solide-liquide ou liquide-gaz, l'énergie apportée a seulement pour effet de rompre les liaisons (entre atomes ou molécules) responsables de la cohésion de l'état de départ. Mais dans le cas de la transition gaz-plasma, il ne s'agit pas de rompre de telles liaisons, puisque l'état gazeux initial est constitué d'atomes ou de molécules pratiquement indépendants les uns des autres et électriquement neutres, mais de défaire les liaisons intra-atomiques : chaque atome du gaz est susceptible de perdre un ou plusieurs électrons et de devenir du même coup un ion positif. Si le temps de recombinaison (c'est-à-dire de capture des électrons par les ions) est assez long, on est en présence d'un plasma, c'est-à-dire d'un gaz ionisé au sein duquel les constituants, ions et électrons, interagissent par le biais de la force électromagnétique.
Les propriétés qui distinguent les plasmas des gaz sont dues au long rayon d'action de cette force électromagnétique : chaque électron ou ion du plasma interagit à chaque instant avec beaucoup d'autres. Dans un gaz neutre, au contraire, il n'existe pas de force entre les atomes

qui soit de longue portée. Comme tous les corps chauds, les plasmas émettent un rayonnement. Les atomes ou ions qu'ils contiennent, portés par l'agitation thermique jusqu'à des niveaux d'énergie élevés, se débarrassent de leur excès d'énergie en émettant de la lumière, c'est-à-dire des ondes électromagnétiques. Ces ondes électromagnétiques comportent diverses fréquences qui ne correspondent pas toutes à de la lumière visible. La répartition de ces fréquences renseigne sur l'état du plasma puisqu'elle dépend de la densité, du degré d'ionisation et de la température du gaz. On voit sur cette photographie la belle lumière émise par un plasma d'argon. La forme en anneau de la source de lumière provient de la configuration particulière du champ magnétique dans l'enceinte dans laquelle se trouve le plasma.

En mathématiques, un même objet peut se représenter de plusieurs manières. En particulier, sa représentation symbolique et sa représentation graphique donnent souvent des éclairages complémentaires.

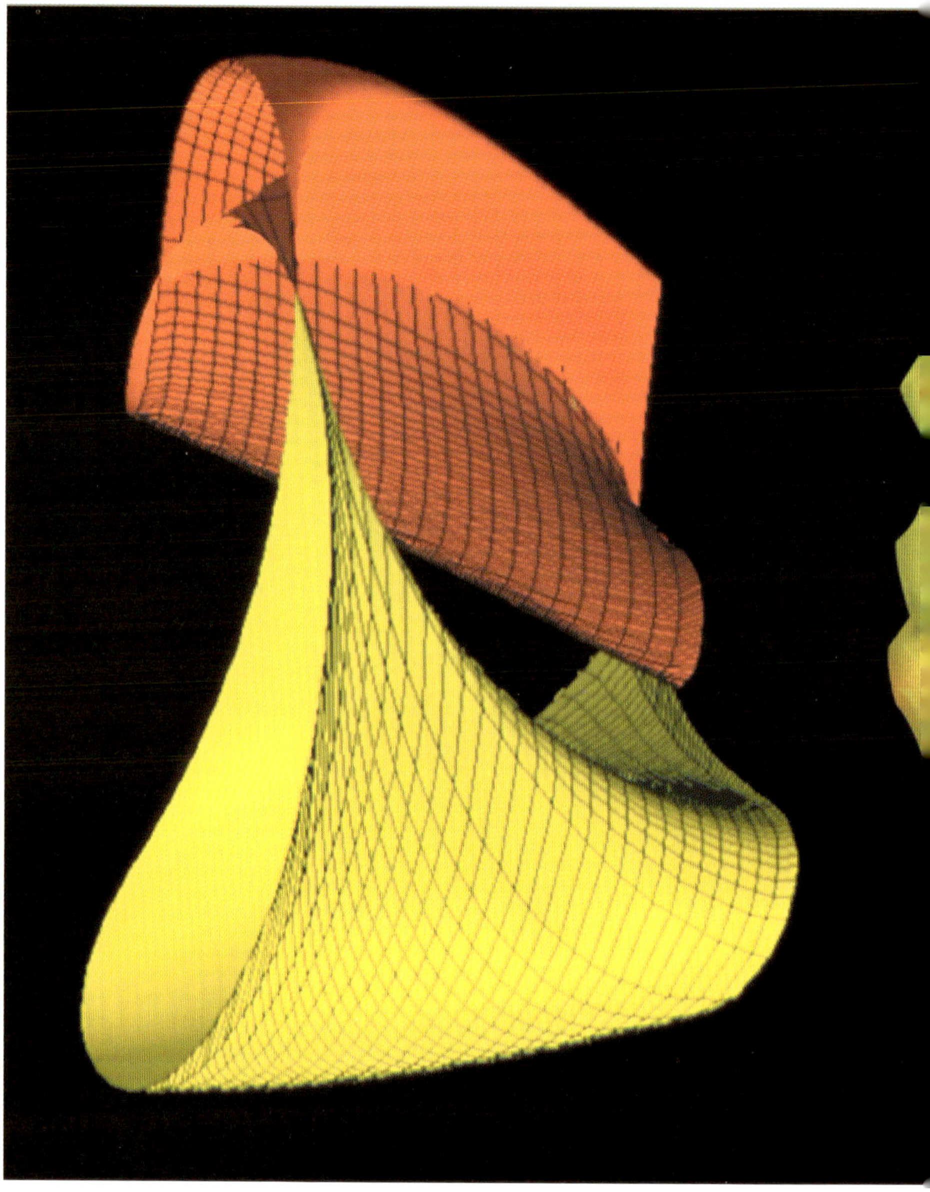

Par exemple, la fonction qui, à chaque nombre x, associe le nombre $x^3 - 2x^2 - x + 2$ *peut se représenter symboliquement par l'expression* $x \mapsto x^3 - 2x^2 - x + 2$. *Elle peut aussi se représenter graphiquement par la courbe ci-dessous, qui contient pour chaque nombre x le point dont l'abscisse est x et l'ordonnée la valeur prise par la fonction en x. Ces représentations graphiques, si elles sont faites à la main, s'utilisent le plus souvent quand, comme dans cet exemple, l'objet à représenter ne fait intervenir que deux variables – ici x et la valeur prise par la fonction en x. La représentation graphique est alors bidimensionnelle et peut se dessiner simplement sur une feuille de papier. Les objets faisant intervenir trois variables ou davantage sont plus difficiles à dessiner.*

A priori, *ils devraient se dessiner dans l'espace, voire dans des espaces de dimension supérieure à trois. Pour les dessiner sur une feuille de papier, il faut utiliser des techniques qui permettent de représenter dans le plan des objets de dimension trois ou plus* *(voir pp. 10-11)* *: la géométrie descriptive, les lignes de niveau, la perspective… On sait dessiner des objets simples, comme des sphères ou des cubes, mais dessiner à la main des objets plus complexes demande beaucoup d'efforts. Aujourd'hui, les ordinateurs permettent de visualiser de tels objets, comme cette surface géométrique (en haut à gauche) ou – bien plus complexe encore – cette « équipotentielle électrique d'une molécule de papaïne » (en haut à droite).*

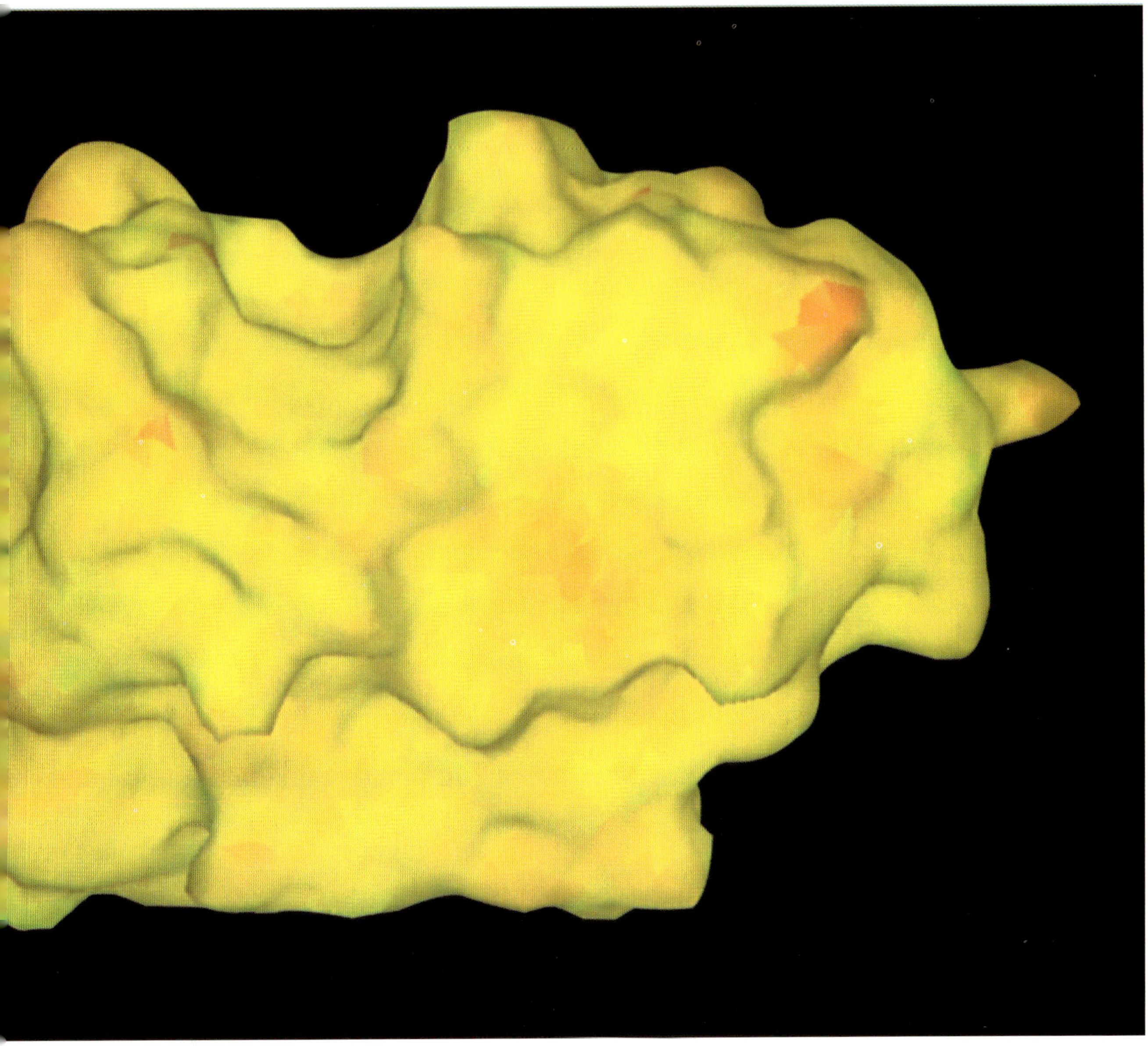

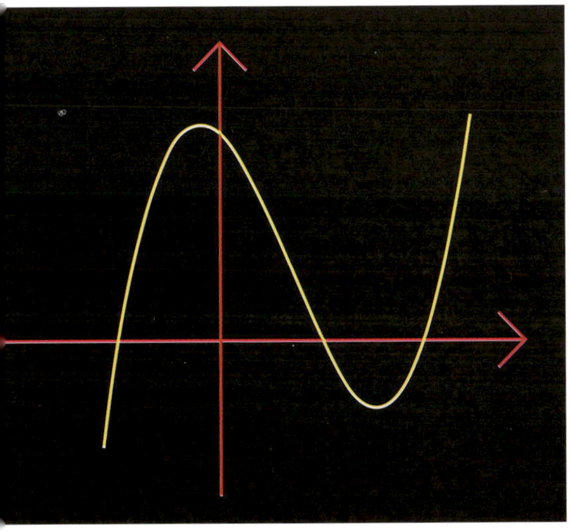

Ces représentations graphiques permettent une perception globale de l'objet. Par exemple, on « voit » sur le dessin que cette surface est composée de deux parties qui ne sont pas reliées entre elles. En mathématiques, voir quelque chose sur un dessin ne dispense pas de le démontrer, car la démonstration est le seul moyen autorisé pour établir un fait. La représentation graphique n'est donc qu'un auxiliaire du raisonnement : une manière de suggérer des choses à démontrer, de donner des intuitions. Dans d'autres domaines, la notion de démonstration est moins centrale et voir un fait sur un dessin suffit à l'établir. Ainsi, pour un médecin, la courbe de température suffit à savoir si la fièvre monte ou retombe.

Parfois, lorsqu'à bout portant la caméra fouille la surface d'une planète, les paysages de l'Univers se font presque familiers.

Valle Marineris *est une immense saignée longue de six mille kilomètres, s'étendant d'est en ouest dans l'hémisphère Sud de Mars. Environ une moitié est photographiée ci-dessous par la caméra de la sonde* Mars Orbiter, *placée en orbite autour de Mars en 1998 et survolant le sol à une altitude de cent dix kilomètres. La deuxième image (au centre) est un gros plan de la précédente sur la région de* Copreas Catena, *large d'environ dix kilomètres de côté. Le nord est en haut et la lumière solaire vient de la droite (est) ; chaque pixel (plus petit élément) de l'image correspond à 4,8 m sur le terrain, soit une résolution remarquable pour les conditions de prise de vue. Un plateau, que l'on voit au centre de l'image, s'abaisse au nord et au sud par des pentes marquées de rigoles d'érosion. Des roches disposées en couches y sont visibles et peuvent évoquer un processus sédimentaire pour l'œil du géologue (comme dans le Grand Canyon d'Arizona sur Terre) ou bien volcanique (comme le Waimea Canyon sur l'île de Kaua à Hawaii). Les couleurs résultent d'un traitement numérique et ne doivent pas être considérées comme rigoureusement semblables à ce que verrait un œil humain.*

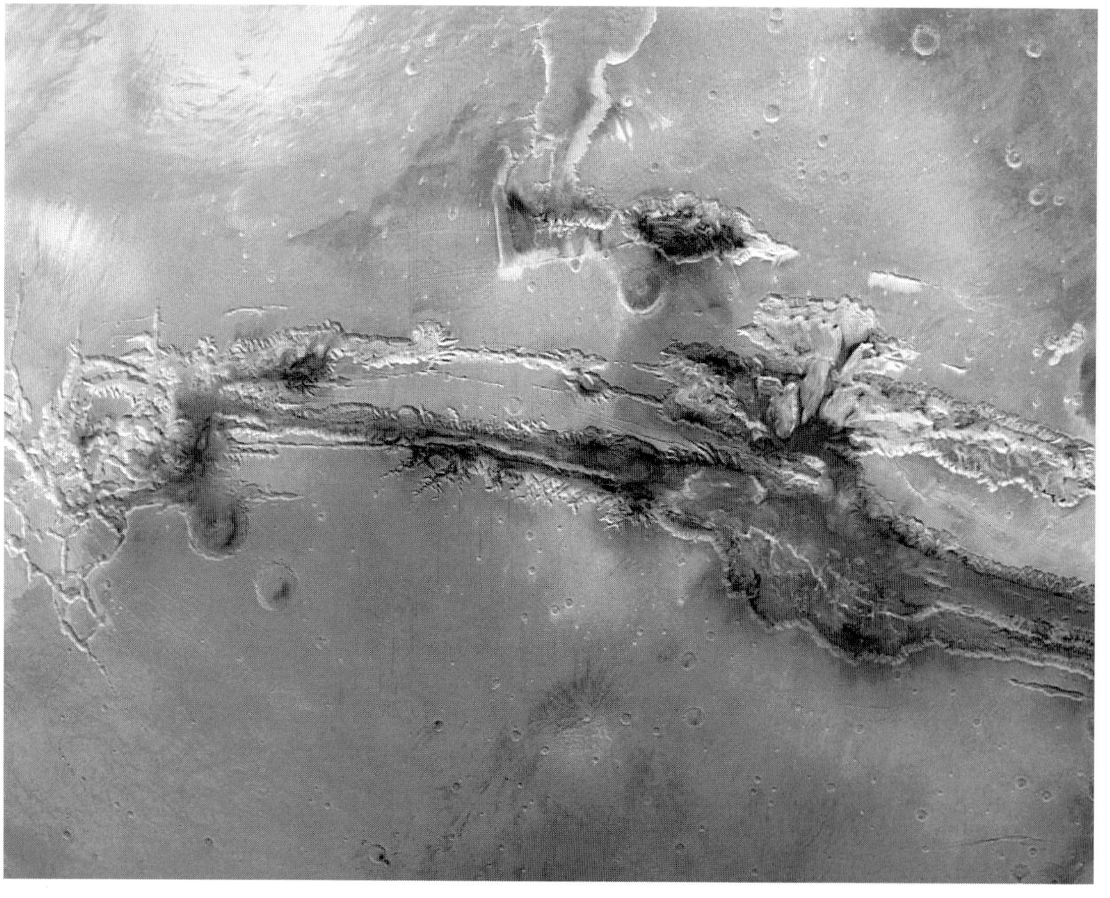

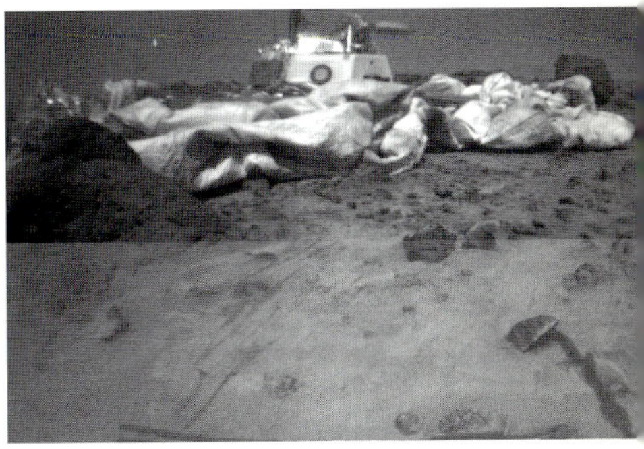

La troisième image (à droite) est un plan plus rapproché encore : elle est prise à la surface de Mars par le petit robot sur roues transporté par la sonde Pathfinder. *On voit cette dernière au premier plan et le robot vient de s'en éloigner.*

Après sept mois de voyage depuis la Terre, la sonde est entrée dans l'atmosphère martienne, y a été freinée par un parachute et s'est posée sur le sol. Le choc final a été amorti par des sacs gonflables que l'on voit répandus autour d'elle. Ses transmissions radio, relayant les images prises par le robot explorateur et les transportant en plusieurs dizaines de minutes jusqu'à la Terre, débutèrent le 4 juillet 1997. Le site d'« amarsissage » est une plaine, située au nord-est de Valle Marineris, *dans la région nommée* Chryse Planitia. *Cette plaine au faible relief semble avoir été parcourue par de grandes crues qui auraient sculpté le sol et y auraient déposé des débris, érodant les rochers dont on voit parfaitement les détails. Pour le géologue, rien ne remplace sans doute le contact personnel et physique avec le sol, mais la précision et la richesse de telles images, complétées par les mesures que fournissent les divers capteurs dont sont équipés le robot et la sonde, montrent que l'exploration fouillée du système solaire a vraiment commencé.*

Bactéries dans l'intestin : une cohabitation indispensable pour la vie animale, sous la haute surveillance du système immunitaire.

Les individus de chaque espèce animale sont constitués de milliers de milliards de cellules qui appartiennent à des centaines de types différents, chacun étant spécialisé dans une fonction particulière : neurones du cerveau, fibres musculaires ou cellules de l'intestin, comme sur cette image. Prise au microscope électronique à balayage, cette dernière montre la surface des cellules lorsqu'elles sont balayées par un faisceau d'électrons et qu'elles le réfléchissent en partie (les couleurs sont artificielles). Cela permet de révéler les détails de la surface qui apparaît en relief, mais pas de mettre en évidence les structures internes, comme le fait la microscopie électronique par transmission lorsque le faisceau d'électrons traverse ses différents constituants.
Les cellules intestinales sont ici colorisées en jaune pâle et l'on voit qu'elles sont associées à de nombreuses cellules en bâtonnets, colorisées en orange.
Ce sont des bactéries communes qui participent au processus de la digestion : elles sont capables de réaliser certains types de réactions biochimiques dont les cellules animales sont incapables.
De ce fait, elles sont des commensaux obligatoires, c'est-à-dire qu'elles se nourrissent des déchets qui ne peuvent être assimilés et les transforment en nutriments indispensables.
Sans ces bactéries, la vie d'un animal serait impossible.
Elles ont une taille réduite par rapport aux cellules animales, puisque leurs dimensions sont dix fois plus petites, ce qui se traduit par un volume cent à mille fois plus réduit.

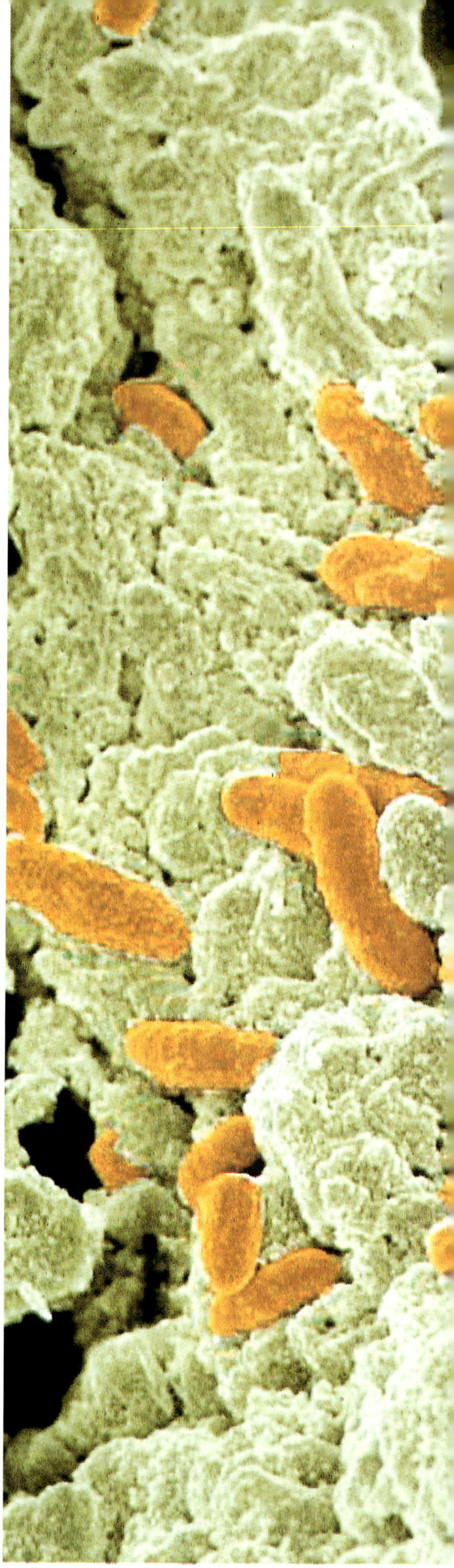

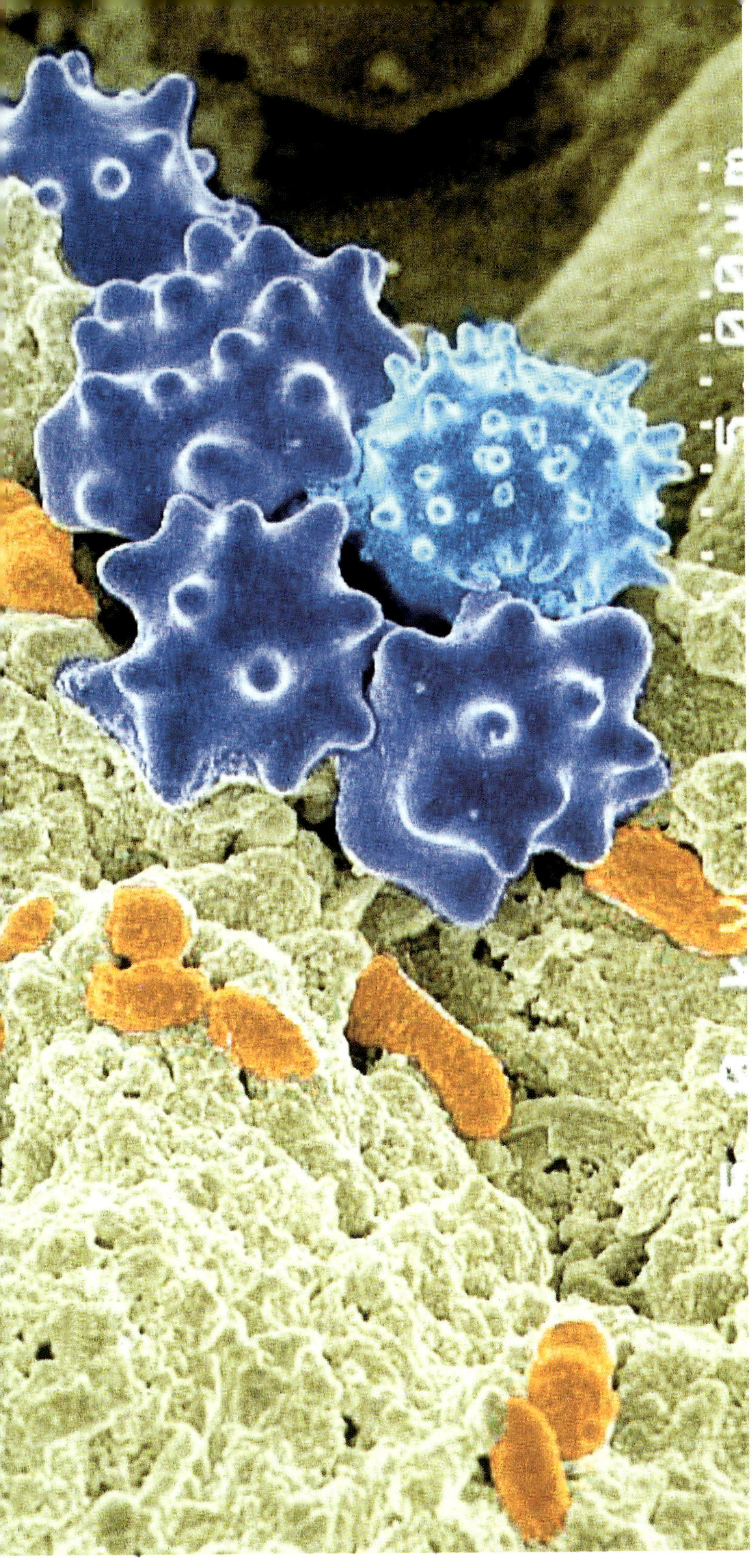

Elles sont très nombreuses et se divisent rapidement dans l'intestin, si bien que leur nombre peut dépasser de cent fois le nombre des cellules de l'organisme tout entier. En d'autres termes, un animal peut être constitué de 90 % à 99 % de cellules bactériennes ! Mais il ne faut pas que cette invasion se fasse au détriment de l'organisme, et cette multitude de bactéries, fort utiles, est sous la surveillance continuelle des cellules responsables des défenses immunitaires : ces dernières veillent à ce que les bactéries exécutent les tâches utiles et se tiennent prêtes à éliminer toute bactérie étrangère qui viendrait perturber ce bon équilibre fonctionnel. Apporté par la circulation sanguine, on voit ici en bleu clair un globule blanc qui participe à cette surveillance, accompagné de globules rouges, ici représentés en bleu foncé, qui sont des transporteurs d'oxygène.

Pourquoi s'intéresser à ce campement de quelques dizaines d'atomes de palladium ? Parce qu'il fournit un analogue pour les irrégularités à la surface d'un métal, irrégularités qui offrent des sites privilégiés pour une catalyse, c'est-à-dire pour l'immense accélération des réactions chimiques.

L'échelle de cette vue est le nanomètre, c'est-à-dire le millionième de millimètre. La masse colorée, indistincte, est faite d'atomes de palladium, métal de la famille des métaux nobles comme l'argent, l'or ou le platine. A la surface de tels métaux, comme coupées par d'invisibles scalpels, les molécules se scindent en atomes. A la fin du XIXe siècle, Paul Sabatier et l'abbé Senderens découvrirent fortuitement que des molécules se dissociaient en atomes au contact de surfaces de métaux nobles. Ils montrèrent que même la molécule d'hydrogène, dont les atomes sont unis par une liaison très forte, se casse au contact d'une telle surface. Les atomes d'hydrogène ainsi produits peuvent alors être cédés à d'autres molécules pour hydrogéner ces dernières, tandis que d'autres molécules d'hydrogène se font dissocier à leur tour. Sabatier reçut le prix Nobel de chimie en 1913 pour cette découverte. Bien d'autres réactions chimiques s'effectuent à la surface de tels métaux ; voilà pourquoi on les étudie avec tant d'attention. Ces métaux sont en fait des cristaux à la surface desquels les atomes sont disposés de manière ordonnée, en rangées parallèles, elles-mêmes organisées en terrasses séparées par des marches. Or les réactions chimiques, même en présence d'un catalyseur, ne s'effectuent que lentement et malaisément sur de grandes plages uniformes, telles que ces terrasses. Leurs sites d'élection sont les irrégularités, comme les marches séparant deux terrasses successives.

Les sites catalytiques sont donc constitués par un nombre infime d'atomes en comparaison avec celui des atomes qui constituent le reste de la surface métallique (les terrasses). Ils sont donc quasiment impossibles à détecter. La photographie permet de voir un agrégat d'atomes de palladium, de forme

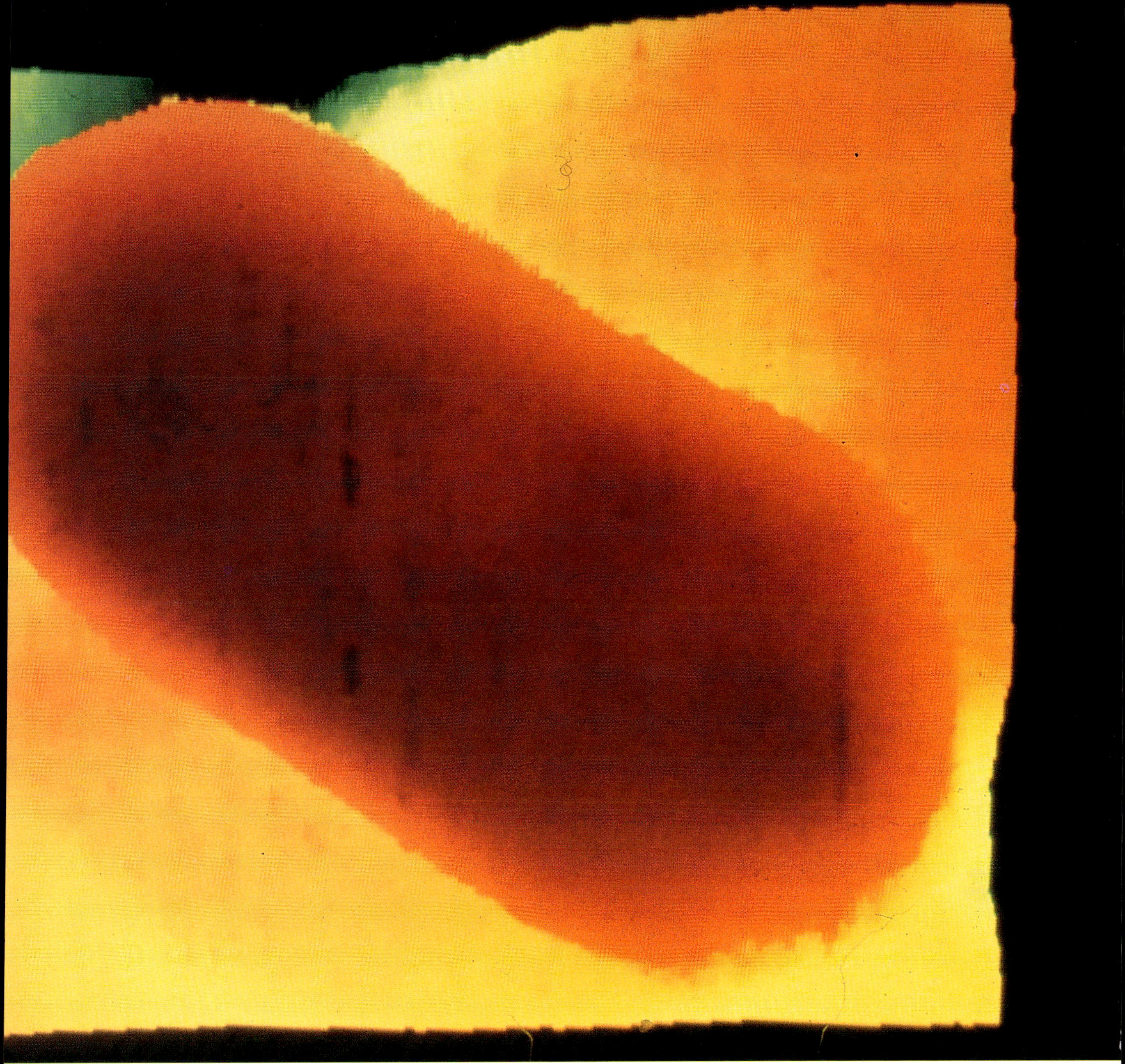

allongée : il résulte de la réunion de plusieurs agrégats encore plus petits, comme celui que l'on peut discerner accolé à son extrémité gauche. Ces agrégats sont extrêmement intéressants à observer car ils sont suffisamment petits pour présenter leurs atomes dans une disposition semblable à celle des sites catalytiques. Leur étude permet donc de modéliser les réactions chimiques qui s'effectuent à leur surface. Une telle image est obtenue en microscopie par effet tunnel. Cette technique explore la surface de l'échantillon avec une pointe métallique ultra-fine, ne comptant que quelques atomes à son extrémité. On applique une différence de potentiel électrique entre cette pointe et l'échantillon. Lorsque la pointe se trouve à proximité immédiate d'atomes de la surface balayée, un courant électrique s'établit, ce qui permet de localiser les atomes présents à la surface du métal.

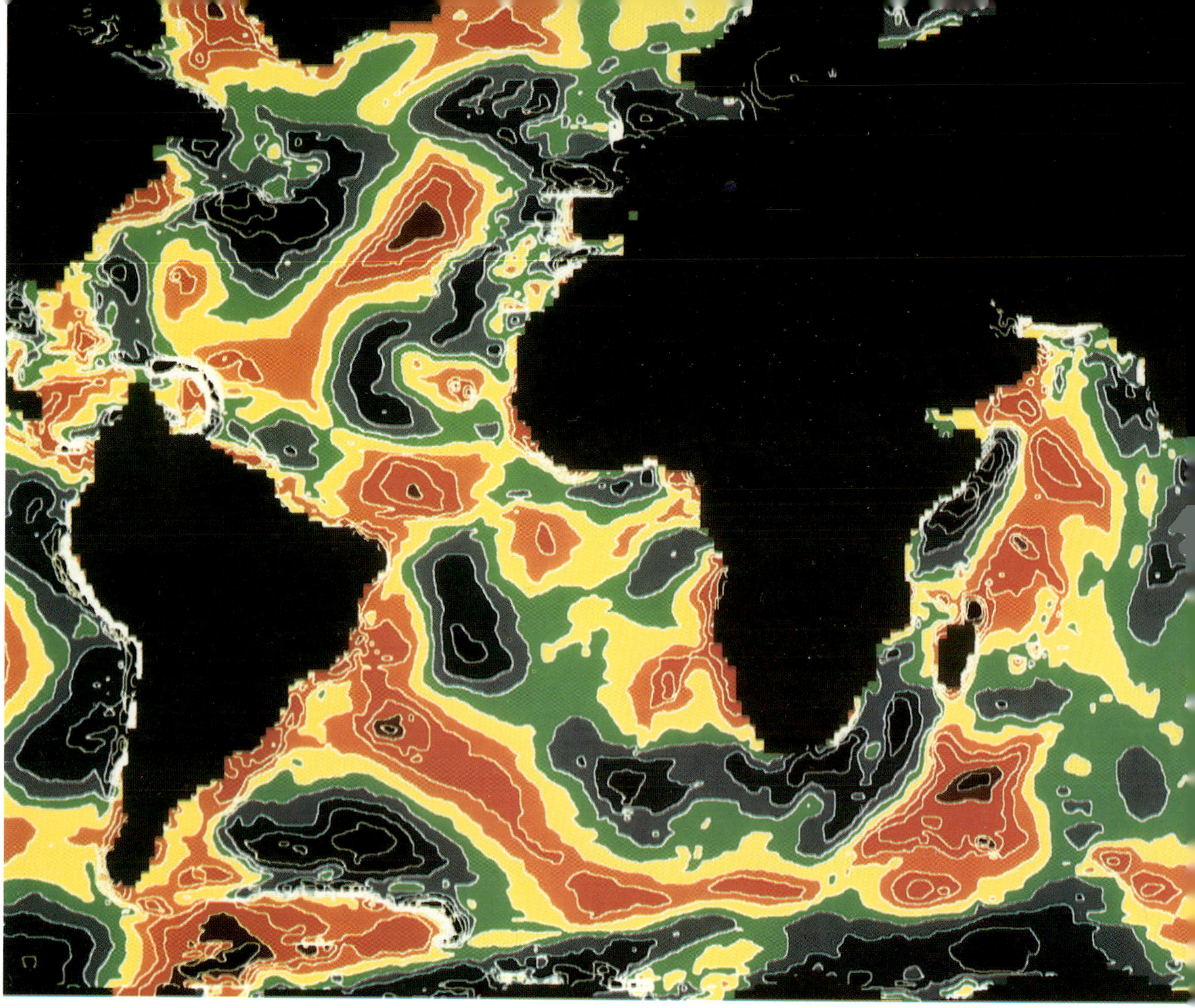

La surface de la mer, où la pesanteur est partout la même, présente des creux et des bosses à grande échelle.

La pesanteur est due à l'attraction gravitationnelle exercée par la masse de la Terre. Comme l'avait vu Newton, elle varie en fonction inverse du carré de la distance à la masse qui attire. La pesanteur diminue donc à mesure qu'on s'éloigne de la surface de la Terre. La Terre est aplatie aux pôles et renflée à l'équateur, ce qui lui donne approximativement la forme d'un ellipsoïde. Si la Terre était parfaitement homogène dans sa constitution interne et uniformément recouverte d'eau, la surface de la mer, qui correspond à une surface d'égale pesanteur, prendrait une forme d'équilibre ellipsoïdale. Mais l'intérieur de la Terre comporte des hétérogénéités de masse. Les surfaces d'égale pesanteur ne sont plus des ellipsoïdes et la surface de la mer présente donc des creux et des bosses qui ne peuvent pas se lisser, car la pesanteur est la même partout. La carte ci-contre a été confectionnée à partir des données des satellites ERS-1 *et* Géosat. *A l'aide d'un radar embarqué, un satellite altimétrique mesure, tout au long de sa trajectoire, son altitude au-dessus de la surface de la mer. La position exacte du satellite sur son orbite est obtenue indépendamment de ces mesures. A partir de ces deux données (altitude et position), on construit la carte*

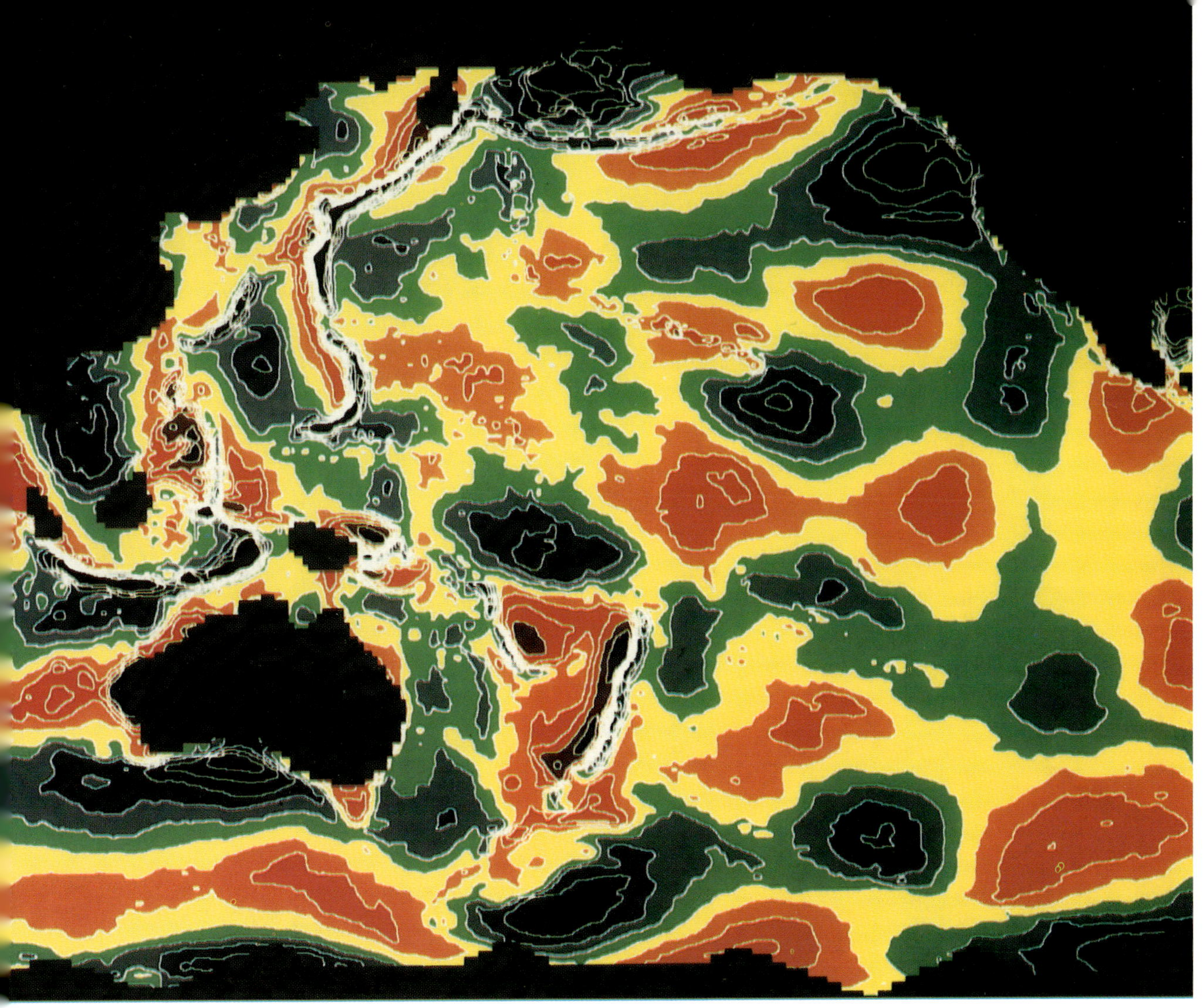

des ondulations de la surface de la mer. La partie permanente dans le temps de ces ondulations (après élimination de la houle et des marées) représente la forme d'équilibre de la surface de la mer, c'est-à-dire la surface d'égale pesanteur. C'est ce que l'on nomme le « géoïde ». Le géoïde présente des creux et des bosses à différentes échelles. Les ondulations de très grande longueur d'onde (supérieure au millier de kilomètres) sont liées à la convection à grande échelle dans le manteau et celles à courtes longueurs d'onde (inférieures à la centaine de kilomètres) reflètent le relief sous-marin. Par un traitement mathématique, la carte ci-contre a été « filtrée » pour éliminer les creux et bosses à grande et petite longueur d'onde ; seuls ceux de moyenne longueur d'onde restent visibles (en rouge les bosses et en noir les creux). A ces longueurs d'onde, situées entre deux cents et mille kilomètres, les ondulations du géoïde reflètent des variations locales de pesanteur résultant de phénomènes dynamiques dans le manteau supérieur terrestre, et des déformations des plaques, comme l'arrivée près de la surface de la matière chaude d'une tête de panache *(voir pp. 28-29).*
Les cellules de convection dans le manteau supérieur sont également visibles : elles correspondent aux alternances de zones rouges et noires dans le Pacifique. Une telle carte fournit donc des renseignements précieux sur la structure thermique et mécanique des plaques océaniques et sur la dynamique du manteau supérieur.

Un ciel piqueté d'étoiles nous est familier, un ciel piqueté de galaxies l'est moins.

C'est pourtant ce que nous offre cette image, prise en 1995 par le télescope spatial Hubble *(voir pp. 68-69). Les objets que l'on y discerne sont presque tous des galaxies, variées en forme et en couleur et comprenant chacune plusieurs milliards d'étoiles, absolument indiscernables à cette distance. La visée est faite vers la constellation de la Grande Ourse, dans une direction approximativement perpendiculaire au plan de la Voie lactée, où se rencontrent donc peu d'étoiles de notre Galaxie : ce petit champ, qui ne couvre que le trentième du diamètre de la pleine Lune, contient très peu d'étoiles proches (telle celle qui est voisine du centre de l'image). La pose a duré près de dix jours, des dizaines de poses indépendantes étant obtenues dans trois couleurs (bleu, rouge et infrarouge) par une caméra CCD (voir pp. 170-171) puis ajoutées numériquement pour obtenir l'image finale sur laquelle les objets qui émettent le plus de rayonnement infrarouge sont codés par la couleur la plus rouge.*

Les objets les plus faibles sont environ quatre milliards de fois moins brillants que les étoiles les plus faibles détectables par notre œil dans le ciel. On a pu déterminer la distance de certains de ces objets en les observant individuellement depuis le sol terrestre par un télescope géant, équipé d'un spectrographe. On sait en effet, depuis Edwin Hubble (1889-1953), qu'une raie spectrale caractéristique d'un élément chimique (par exemple, l'hydrogène, l'élément le plus abondant dans l'Univers) est déplacée en longueur d'onde à proportion exacte de la distance de la source qui l'émet à la Terre : ce phénomène est interprété comme signant l'expansion de l'Univers. Les petites étiquettes accolées à certaines galaxies sont la mesure de leur distance, codée par le paramètre z (z = 0,1 correspond à une distance de quatre cents millions d'années-lumière), distance qui a été déterminée à partir de la position des raies spectrales de l'hydrogène qu'elles contiennent. Les plus lointaines sont observées ici

alors qu'elles n'ont guère été formées qu'un milliard d'années auparavant, juste après le refroidissement initial de l'Univers (voir pp. 26-27).

Les galaxies, orientées au hasard dans l'espace, sont de tous types : spirales, elliptiques ou de formes moins classiques. Elles représentent un bon échantillon du remplissage de l'Univers. Certaines sont plus bleues parce que plus proches ou parce qu'elles contiennent beaucoup d'étoiles jeunes, tandis que d'autres, plus rouges, sont plus éloignées (effet de l'expansion) ou contiennent de vieilles étoiles.

Comment les galaxies se répartissent-elles dans l'espace profond? Au hasard?

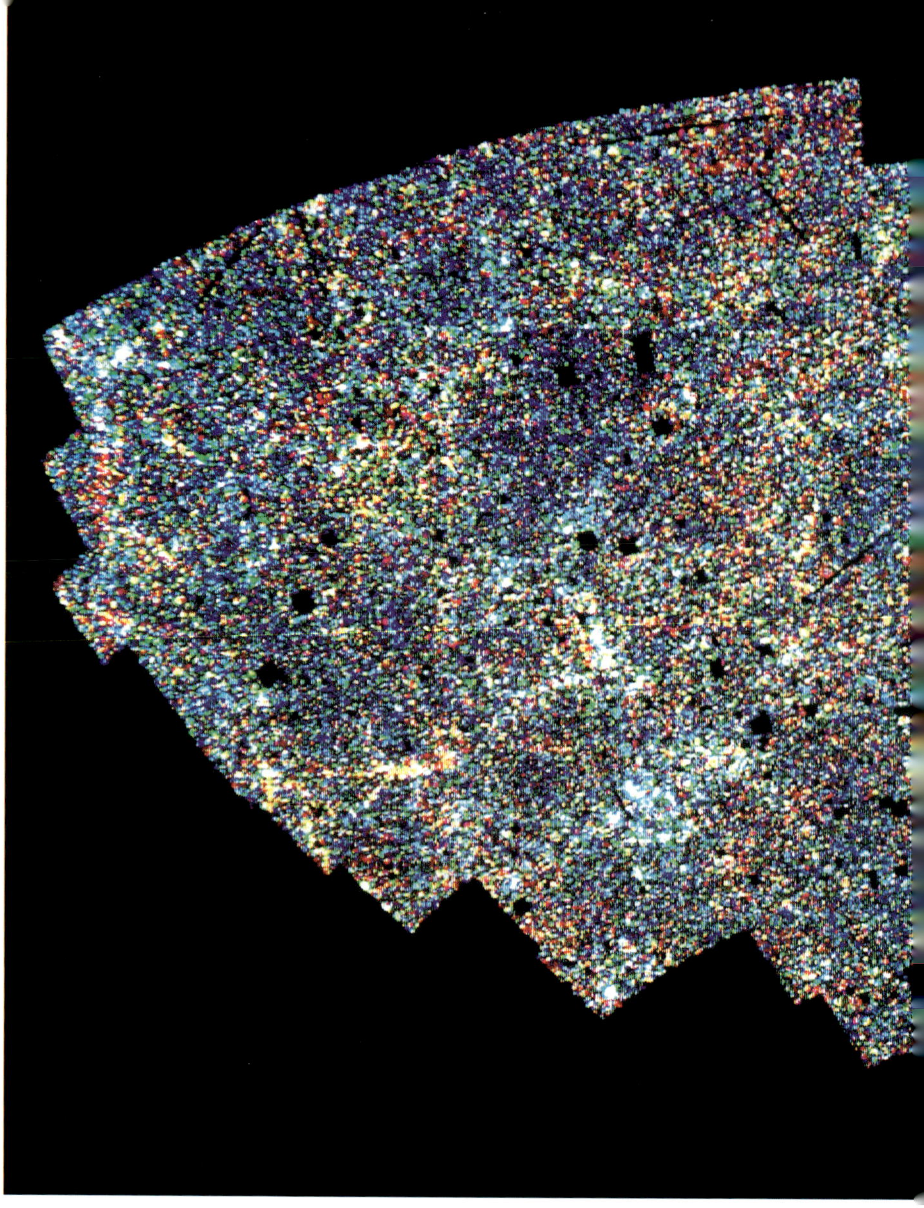

Dans l'image au centre, le « ciel » est fabriqué par un ordinateur qui a simplement placé un point dans chaque direction dans laquelle une galaxie a été détectée par un télescope. Un codage de différentes couleurs permet d'informer sur leur distance (selon la méthode présentée aux pages 42-43) : les plus proches sont codées en rouge, les plus lointaines en bleu. Deux millions d'entre elles sont ainsi présentes sur une surface qui couvre environ dix pour cent de la sphère céleste, au voisinage du pôle galactique Sud (lequel se trouve dans la direction de la constellation australe du Sculpteur). La distance moyenne de ces galaxies à la Terre est d'environ mille cinq cents années-lumière. La photographie ci-dessous nous rappelle toutefois que l'image d'une galaxie

(ici Messier 51 photographiée par le télescope Canada-France-Hawaii*) ne se réduit généralement pas à un point. Ces galaxies se sont-elles disposées rigoureusement au hasard dans l'espace, ou bien existe-t-il une structure d'organisation, comme cette image pourrait le suggérer? Les apparences peuvent être trompeuses et il faut tenir exactement compte de la troisième dimension, celle de la profondeur, mesurée avec précision mais approximativement traduite dans cette image par le codage de couleur. En outre, une analyse statistique soignée est requise pour admettre la conclusion suivante : il semble bien que les galaxies s'accumulent sur les frontières de sortes de bulles, régions vides de galaxies dont la dimension moyenne est de l'ordre de cent cinquante millions d'années-lumière, soit environ un dixième de la largeur du cliché. L'espace ne serait pas uniformément rempli de matière mais aurait une structure ressemblant*

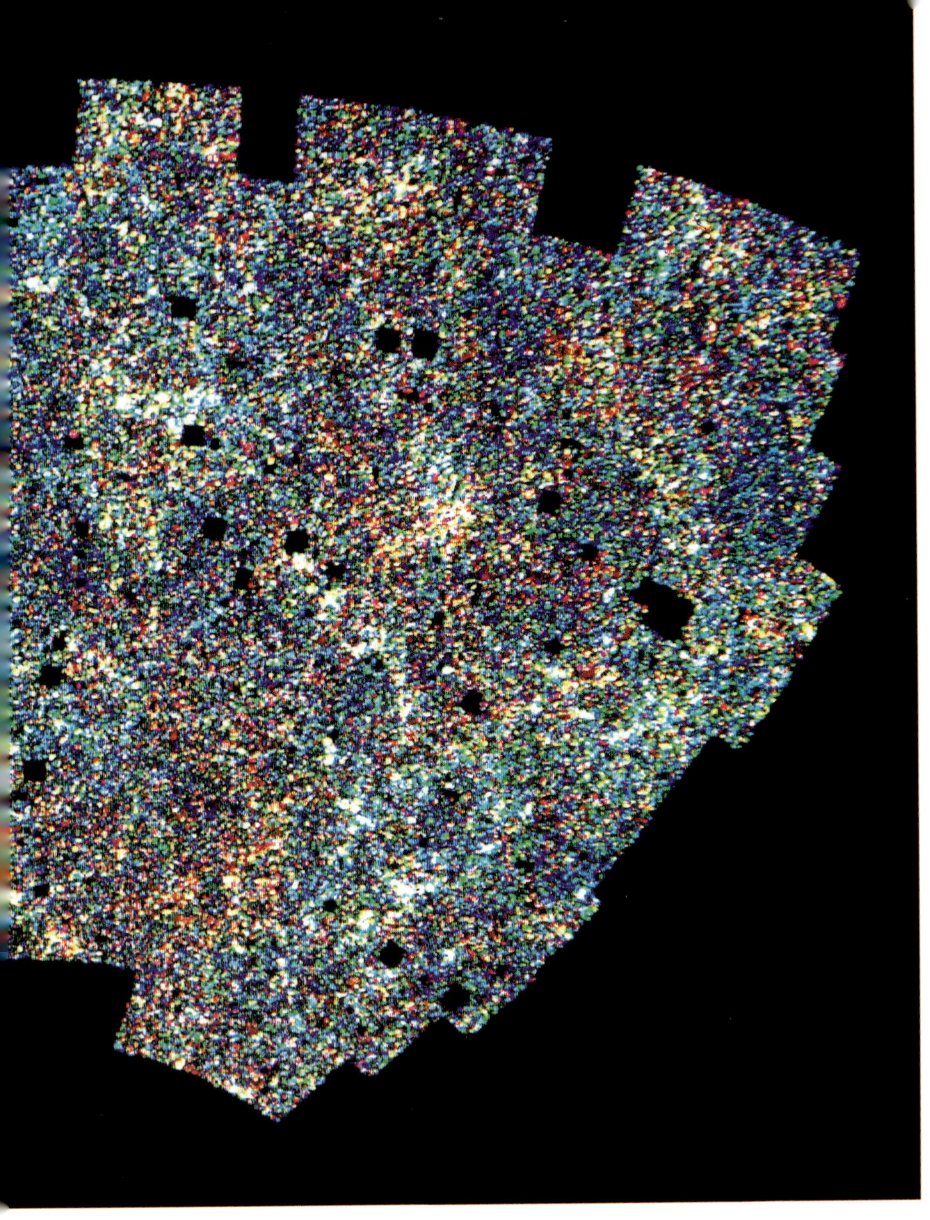

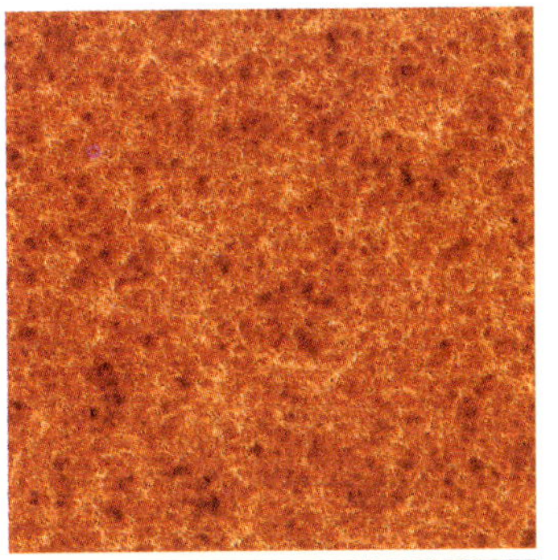

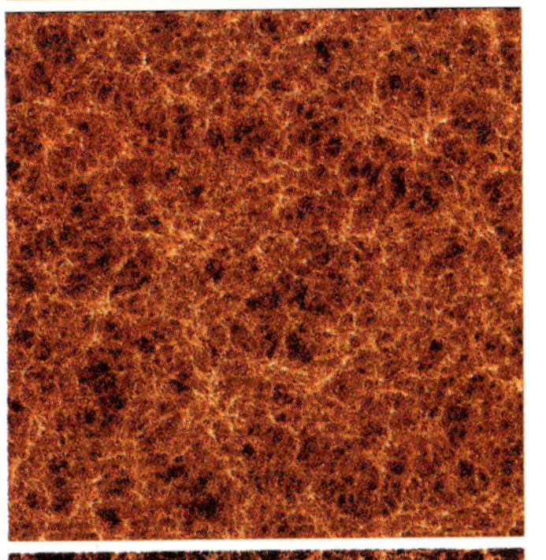

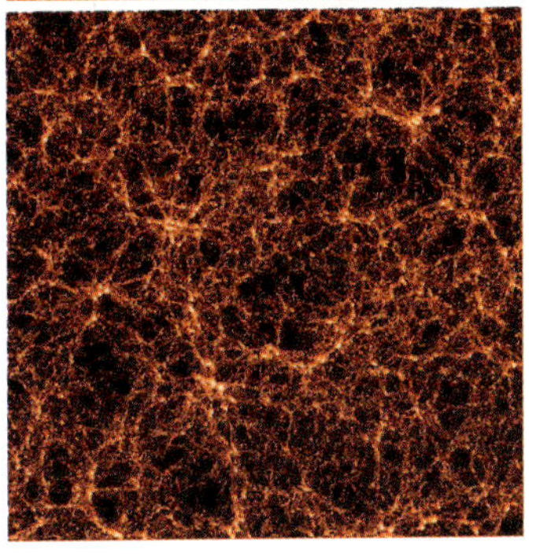

à celle d'une éponge (voir pp. 102-103), avec des pleins et des vides. Comment expliquer ceci ? La simulation de la formation des galaxies, telle qu'elle a pu se produire dans le passé, requiert un puissant ordinateur. Partant d'un état ancien de l'Univers (voir pp. 26-27) dans lequel l'espace-temps, encore dépourvu de galaxies, était uniformément rempli d'hydrogène en expansion, le physicien dans son calcul laisse s'écouler le temps et jouer la force de gravitation. La séquence des trois images orangées à droite montre le résultat tel qu'il se présente à différentes époques, l'Univers ayant respectivement le huitième de son âge actuel, le tiers de celui-ci et enfin son âge actuel, déroulant de haut en bas un film au cours duquel se forme progressivement l'éponge. Chaque point y représente un « grumeau », une concentration locale de matière due à l'effet de sa propre gravitation et apte à former les étoiles qui se rassembleront en une galaxie ; ces grumeaux se regroupent sur les parois des « bulles ». C'est en faisant varier les ingrédients du modèle – par exemple en y ajoutant plus ou moins de « matière noire » (voir pp. 84-85) ou bien des collisions entre ces jeunes galaxies – que la simulation est ajustée pour que son résultat ressemble le plus possible à ce que révèle l'observation, ou bien encore définisse les exigences auxquelles devront satisfaire des observations ultérieures plus précises.

Les vérités de la science n'étant guère immédiates, les scientifiques ont appris à se méfier de l'évidence des images, tout en admettant avoir du mal à se passer d'elles.

« L'image est plus impérative que l'écriture, elle impose la signification d'un coup, sans l'analyser, sans la disperser. » Cette remarque de Roland Barthes dans Mythologies *vaut également pour les images des sciences. L'éloquence brutale de certaines d'entre elles est trompeuse. Elles semblent parler d'elles-mêmes d'un ton clair, alors qu'en réalité, elles reflètent bien autre chose que ce qu'elles montrent. Voyez ces traces curvilignes et arborescentes que laissaient les particules dans les chambres à bulles. Ces détecteurs, aujourd'hui délaissés, reposaient en partie sur le principe de la Cocotte-minute : en maintenant sous pression un liquide que l'on chauffe, on l'empêche de bouillir. Si on relâche brusquement la pression, le liquide ne se met pas aussitôt à bouillir : il reste provisoirement dans un état métastable, dans lequel la moindre perturbation suffit à faire démarrer localement l'ébullition. Lorsqu'une particule chargée traverse un tel liquide, elle laisse donc une traînée de bulles que l'on identifie à sa trajectoire. Quand on veut aller vite, on explique que le mécanisme produisant ces traces est analogue à celui par lequel un avion à réaction dessine sa trajectoire dans le bleu du ciel : l'avion suscite au sein du milieu qu'il traverse des modifications locales visibles à l'œil nu. De cette éloquente métaphore, on déduit que les particules sont, tels les avions, des objets concrets, localisés et se déplaçant selon une trajectoire définie. Bref, on se convainc facilement qu'elles sont analogues en tout point aux corpuscules de la physique classique. Cette conclusion est suspecte. D'abord, rien ne prouve qu'avant leur arrivée dans la chambre à bulles les particules incidentes possédaient une trajectoire. De fait, la physique quantique représente chacune d'elles comme une onde qui se propage, de sorte qu'au départ ces particules*

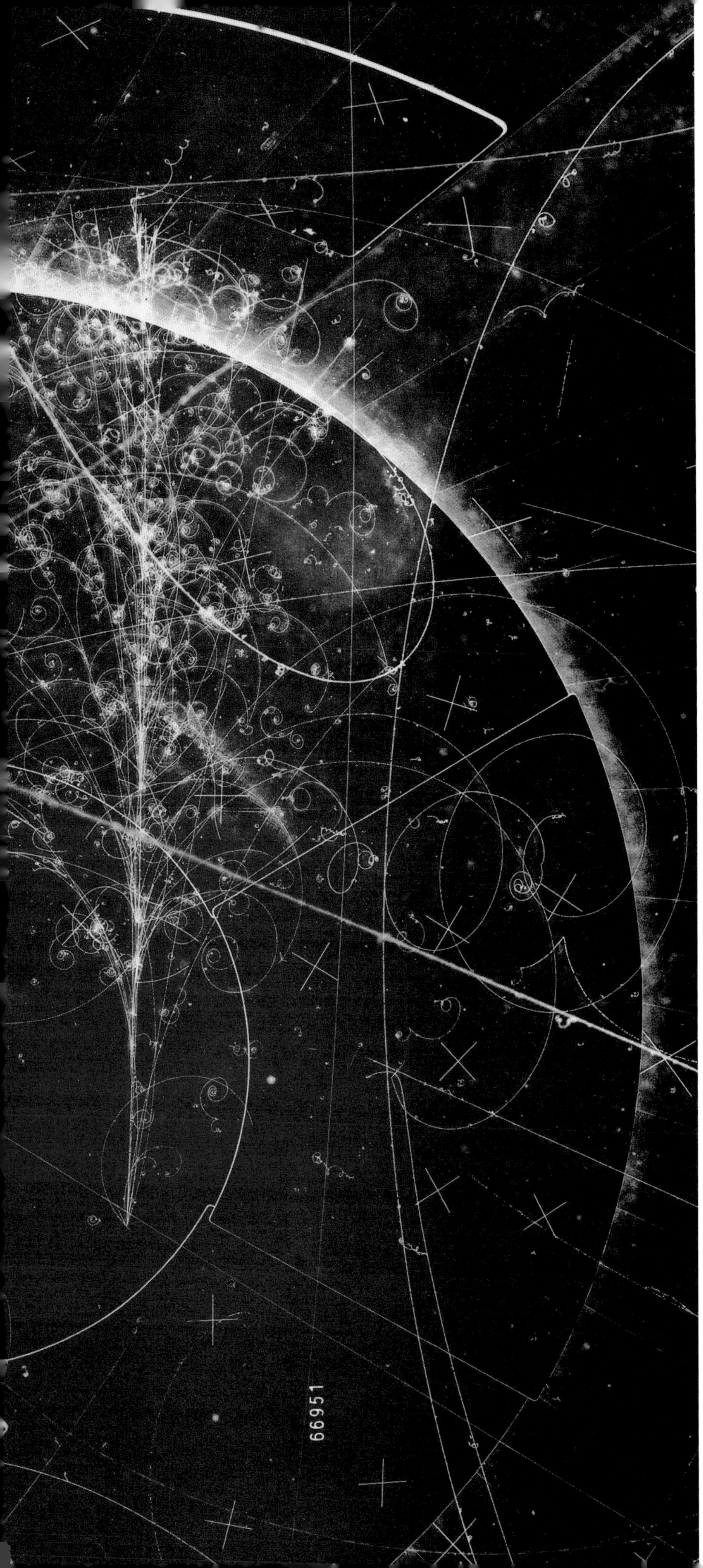

n'ont pas plus de trajectoire que n'en a la houle de l'Atlantique venant frapper les côtes bretonnes. Ensuite, il s'avère que cette représentation ondulatoire des particules – et seulement elle – permet de montrer que les bulles qu'elles font apparaître ont une très forte probabilité de s'établir selon une ligne (courbée par le champ magnétique régnant dans la chambre). Paradoxalement, c'est donc le concept d'onde – et non celui de corpuscule – qu'il est nécessaire d'invoquer pour expliquer l'apparition d'une trace bien nette. L'idée de corpuscule ne permet donc pas, à elle seule, de rendre compte des phénomènes d'apparence corpusculaire. Lorsque l'on veut se former une idée juste des choses, on ne doit accepter qu'avec prudence l'interprétation spontanée que suggèrent les images. Il faut sans cesse garder en tête cet exemple : une trace ressemblant à s'y méprendre à une trajectoire classique fait accroire à tort qu'elle est nécessairement produite par des entités elles-mêmes classiques.

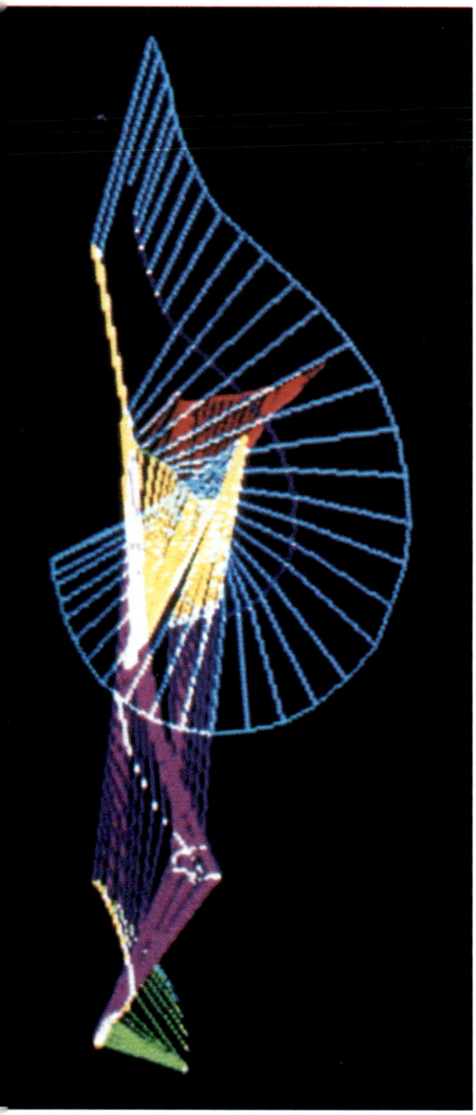

Le traitement numérique des images joint à la chronophotographie, autrement dit à la prise répétée de photographies d'un objet mobile, donne un rendu très fidèle du mouvement.

Comment court-on ? Quelle est la différence entre le trot et le galop d'un cheval ? Que se produit-il exactement sous l'impact d'une balle de pistolet ? Comment les plantes poussent-elles ? Autant de questions auxquelles il n'est pas facile de répondre, bien que les phénomènes correspondants se déroulent sous nos yeux : la trop grande rapidité ou la trop grande lenteur nous empêche de voir et de percevoir l'exact enchaînement des faits. Inventé en 1882 par un médecin et physiologiste français, Étienne Jules Marey (1830-1904), le « fusil photographique », dont le barillet est remplacé par une plaque photographique, fait feu de son obturateur sur tout ce qui bouge... Et les clichés résultants dissèquent le mouvement sur une série temporelle. C'est ce que l'on appelle la « chronophotographie ». Semblables aux décompositions des peintres cubistes, dont le célèbre Nu descendant un escalier *de Marcel Duchamp, les images prises par chronophotographie donnent un rendu précis de la locomotion des poissons, des quadrupèdes et des bipèdes, du vol des oiseaux, de la croissance des plantes ou de la foulée des coureurs de demi-fond. Aujourd'hui, avec le secours des ordinateurs, les séquences photographiques ainsi obtenues sont traitées*

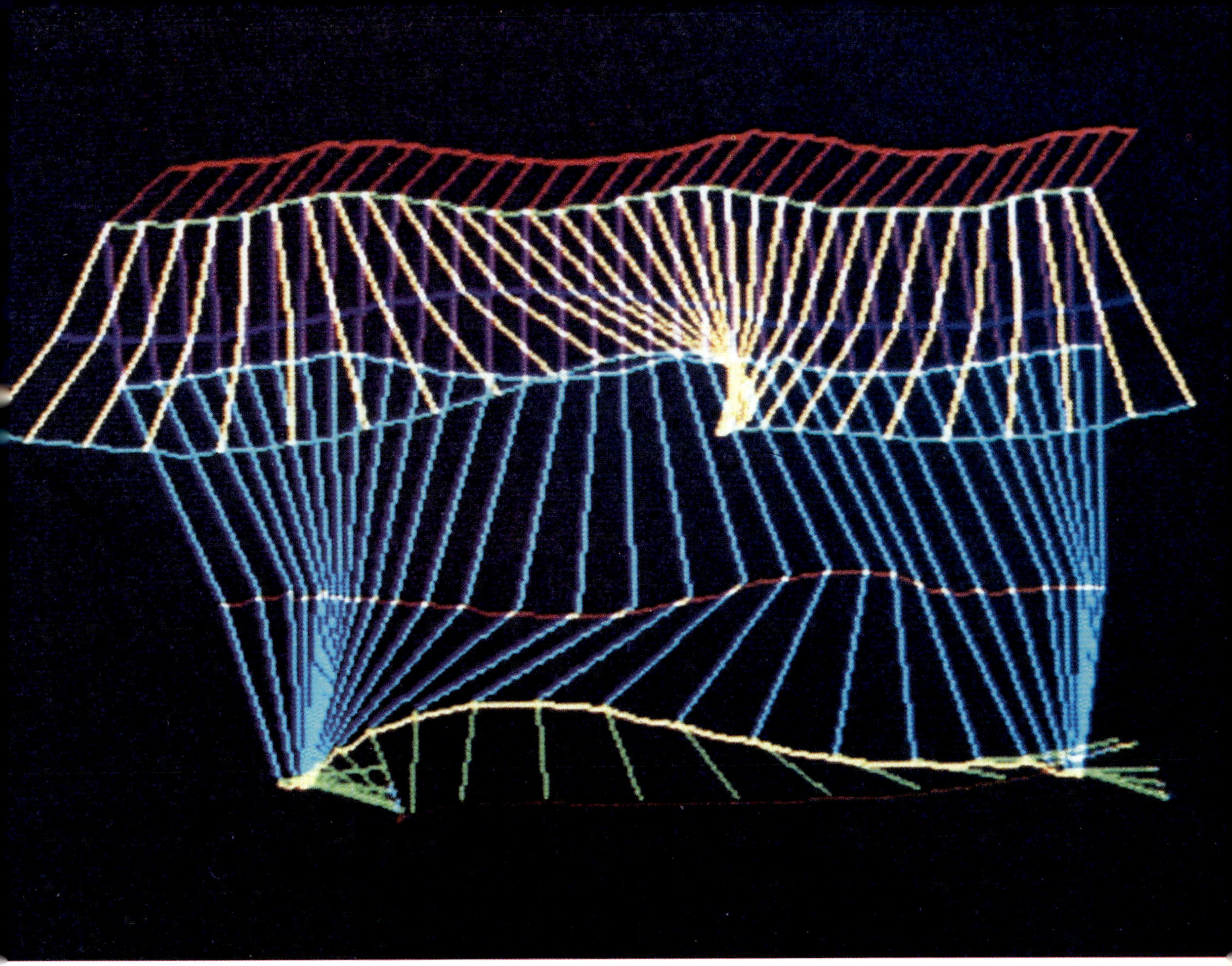

automatiquement.
D'une image à la suivante, on piste les différentes parties en mouvement : il suffit de repérer les ensembles de points dotés des mêmes caractéristiques numériques, autrement dit ceux qui ont même forme, même couleur et même intensité.
De ces morceaux d'images assimilés, en première approximation, à des rectangles ou à des ellipses, on ne conserve que l'axe principal, la longueur et la couleur, en sorte que chaque membre, pied, jambe, cuisse, bras, tronc, cou, tête ou avant-bras, est remplacé par un segment de droite coloré. Les êtres et les choses en mouvement sont alors réduits à des squelettes filiformes qui mettent clairement en évidence les évolutions temporelles de chaque partie.
Et l'enchaînement des photographies ainsi traitées donne une image précise du mouvement où se détachent, avec acuité, les déhanchements, les torsions et les rotations des membres dans la marche, la course à pied, le saut à la perche ou la danse...
Affublé du nom évocateur de SAGA, un programme informatique couplé à une caméra de prise de vues filme des scènes avant d'engendrer automatiquement la schématisation des mouvements qui s'y produisent, qu'il s'agisse de ceux d'un marcheur, comme sur la photographie de gauche, ou de ceux d'une danseuse, sur la droite.
Cela nous renseigne sur la physionomie de l'effort et sur la grâce du geste.

L'idée du plan projectif provient de la perspective des peintres : on considère comme des points les « rayons » issus de l'œil O du peintre.

Ceux de ces rayons qui sont parallèles au plan du tableau correspondent à des points « à l'infini ». Mais, dans la géométrie projective, on décide de les traiter comme les autres points. Ils sont alignés sur une droite à l'infini. Dans la géométrie projective, deux droites du plan se rencontrent toujours, le point de rencontre de deux droites parallèles étant à l'infini. La figure donne une représentation de la topologie du plan projectif : c'est une surface qui a la même « forme » que ce plan, si l'on considère qu'une déformation continue ne change pas la forme (Gilles 8). Chaque rayon OM issu de O rencontre une sphère de centre O en deux points antipodaux et le plan projectif s'obtient donc en identifiant les points antipodaux de la sphère. Pour effectuer cette identification, on peut commencer en choisissant un hémisphère et il ne reste plus qu'à identifier les points diamétralement opposés sur l'équateur de cet hémisphère.

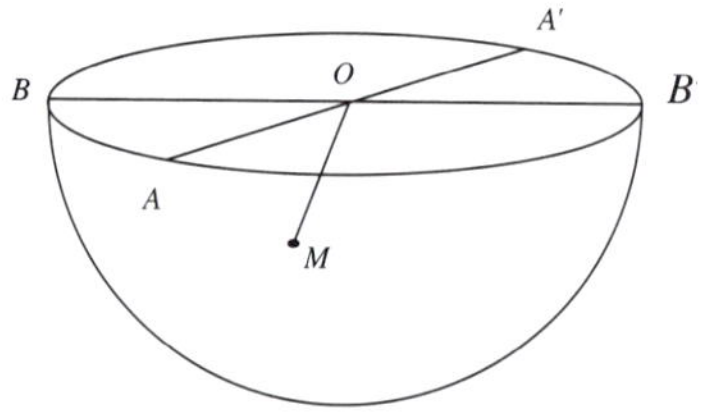

On choisit alors un diamètre de l'équateur, par exemple AA', et l'on replie le plan équatorial autour de ce diamètre en amenant B' vers B tout en rétrécissant AA' vers O.

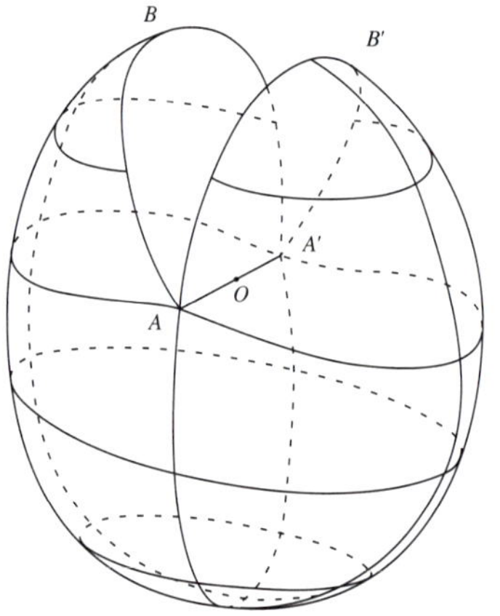

On doit recoller l'arc AB avec A'B' et AB' avec A'B, ce qui ne peut pas se faire sans qu'apparaisse une ligne de croisement qui provient de l'identification de OB avec OB'. Les parallèles rencontrant cette ligne prennent la forme de ∞. La surface obtenue représente le plan projectif, mais celui-ci n'a pas de ligne de croisement. La présence de cette ligne est due au fait qu'on a voulu représenter le plan projectif comme une surface dans l'espace de dimension 3. Le long de cette ligne, l'intérieur et l'extérieur de la surface s'échangent, de sorte que la surface a un seul côté. Les surfaces de ce type ne sont pas « orientables » : si l'on transporte un petit cercle orienté le long d'un parallèle en forme de ∞, il revient à son point de départ avec une orientation opposée. Le ruban de Möbius est un autre exemple bien connu de surface non orientable, mais ce n'est pas une surface fermée ; son bord est un cercle. Le plan projectif est la plus simple des surfaces fermées non orientables ; aucune d'entre elles ne peut être représentée dans l'espace ordinaire sans une ligne de croisement.

B B′
A A′

Grâce aux radars et aux satellites, on peut mesurer exactement les déformations du sol après un tremblement de terre.

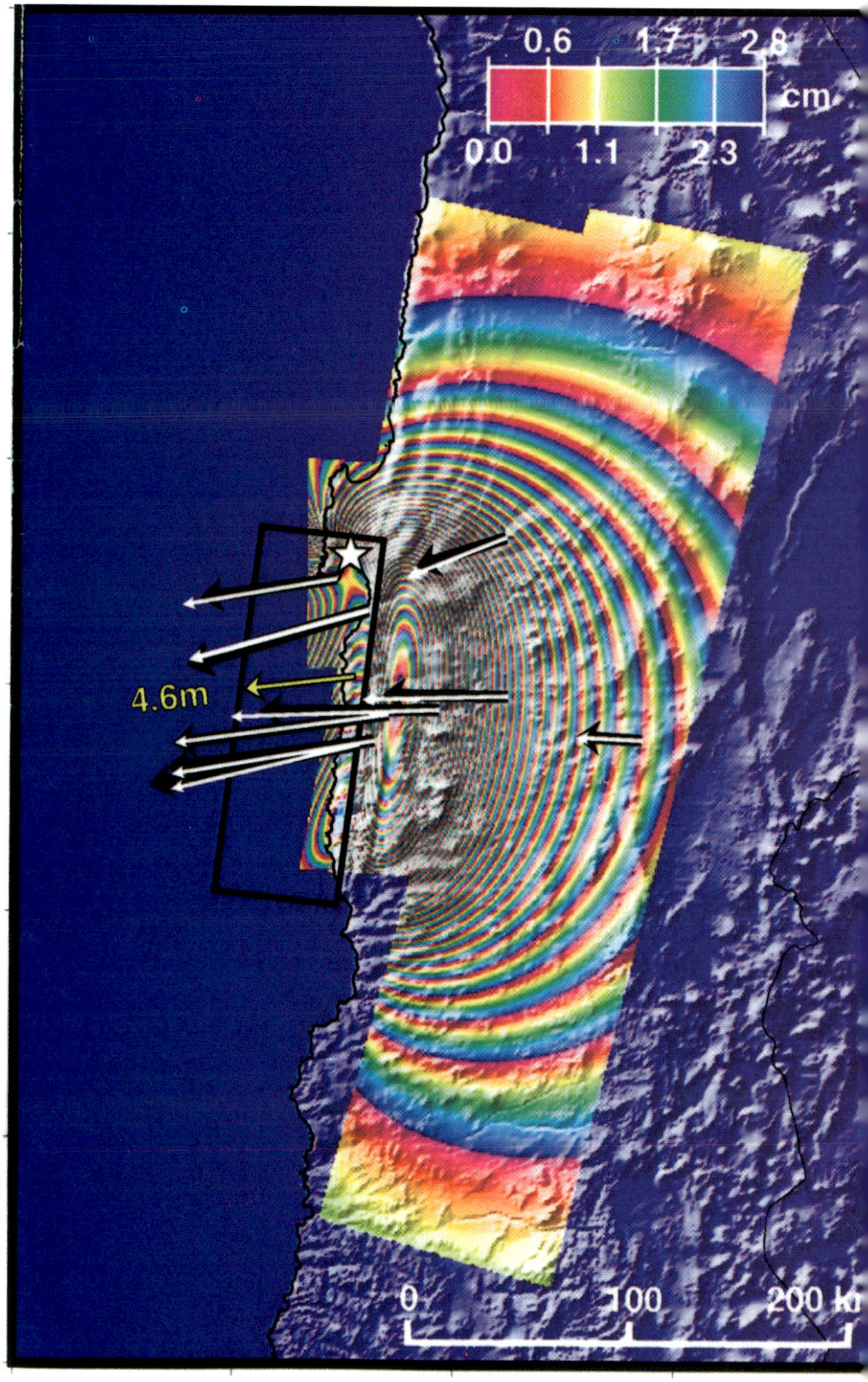

*Le fort tremblement de terre qui s'est produit le 30 juillet 1995 à Antofagasta, dans le désert du Nord-Chili, était « attendu ». En effet, tout le long de la côte d'Amérique du Sud se produisent plus ou moins régulièrement des séismes classés parmi les plus dévastateurs du monde. On en compte en moyenne un par siècle. Ces tremblements de terre se produisent à l'interface entre deux plaques, la plaque océanique de Nazca qui s'enfonce sous la plaque continentale sud-américaine, à la vitesse moyenne d'environ huit centimètres par an. La région du Sud-Pérou/Nord-Chili, frappée par deux grands séismes en 1868 et 1877, et depuis silencieuse, avait donc été identifiée comme site potentiel d'un tremblement de terre. Elle était surveillée de près avec les techniques modernes de la géodésie par satellites. Le séisme d'Antofagasta a provoqué des déformations considérables du sol, qui ont été mesurées avec deux techniques spatiales différentes. La première est le positionnement précis (avant et après séisme), à l'aide du système américain GPS (*Global Positioning System*), d'un nombre limité de marques implantées au sol. La seconde technique, qui donne une image plus complète, est l'interférométrie par « radar à synthèse d'ouverture » ou SAR*

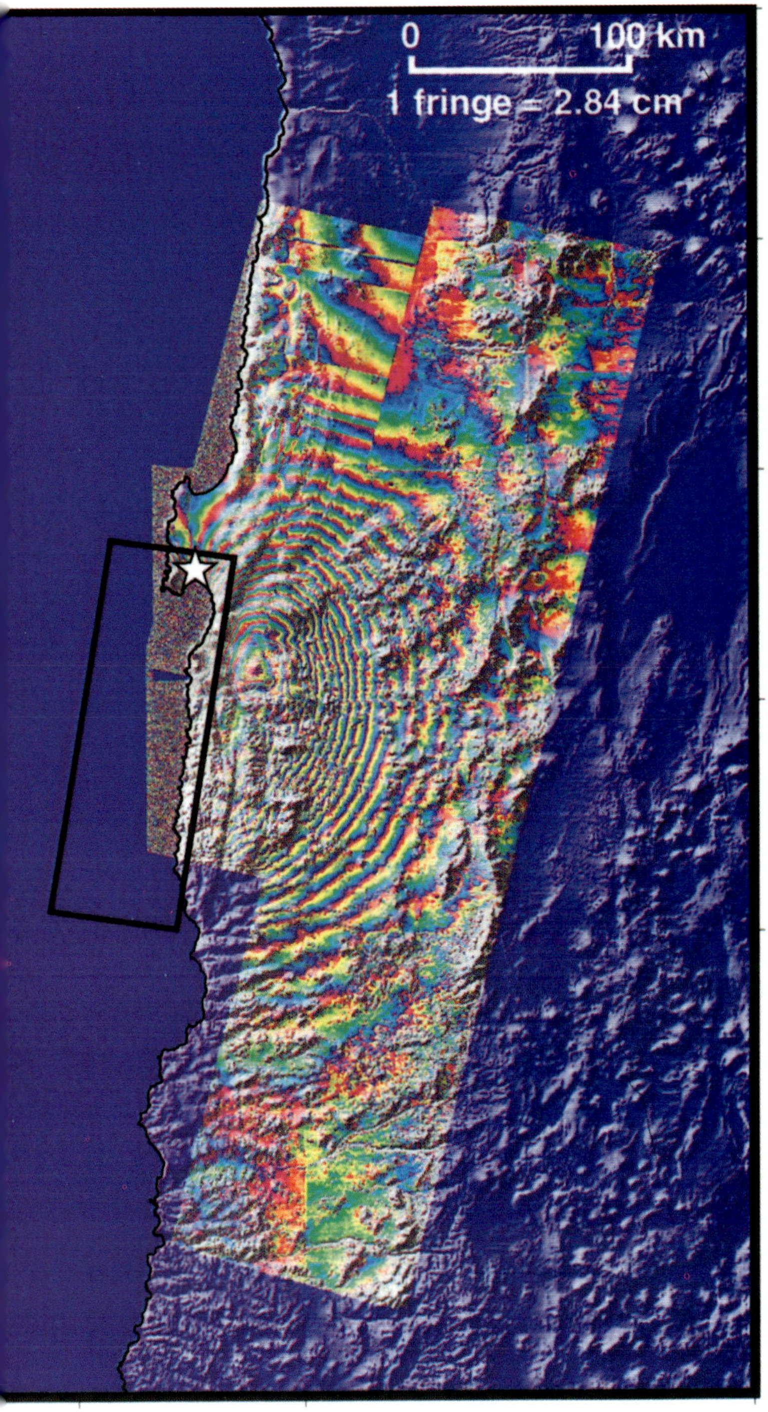

consécutive au séisme, en utilisant la technique SAR. Ce résultat composite, qui couvre entièrement la région déformée au cours du séisme (trois cent cinquante kilomètres par deux cents kilomètres) est obtenu par assemblage d'une dizaine de scènes du satellite ERS, *sur trois passages descendants. La déformation du sol « vue » par le satellite* ERS *augmente vers un maximum (à l'épicentre) situé au centre d'un ensemble de franges concentriques. Chaque frange correspond à une augmentation de la distance entre le satellite et le sol de vingt-huit millimètres. Le réseau de marques GPS est mesuré à nouveau après le séisme et les résultats des mesures sont incorporés dans un modèle élastique simple de rupture d'une faille. Le glissement presque instantané sur la faille est de trois à cinq mètres. On peut alors calculer un interférogramme synthétique de la déformation du sol, à partir de ce modèle basé sur les données GPS (figure de gauche). Cet interférogramme est en bon accord avec l'interférogramme observé par la technique SAR. L'accord entre les deux techniques confirme la validité de la modélisation mécanique simple de la faille en profondeur.*

*(*Synthetic Aperture Radar*). Elle utilise les images radar prises avant et après le séisme par le satellite européen* ERS. *La superposition des deux images, avant et après déformation du sol, produit des interférences. L'interférogramme ainsi obtenu présente des franges (ici en couleur) permettant de mesurer la déformation causée par le séisme. La figure de droite montre l'interférogramme observé de la déformation du sol*

Quel est ce hérisson fluorescent qui semble pris dans la lumière des projecteurs d'un automobiliste? Ce n'est qu'une paramécie vue par ses cils.

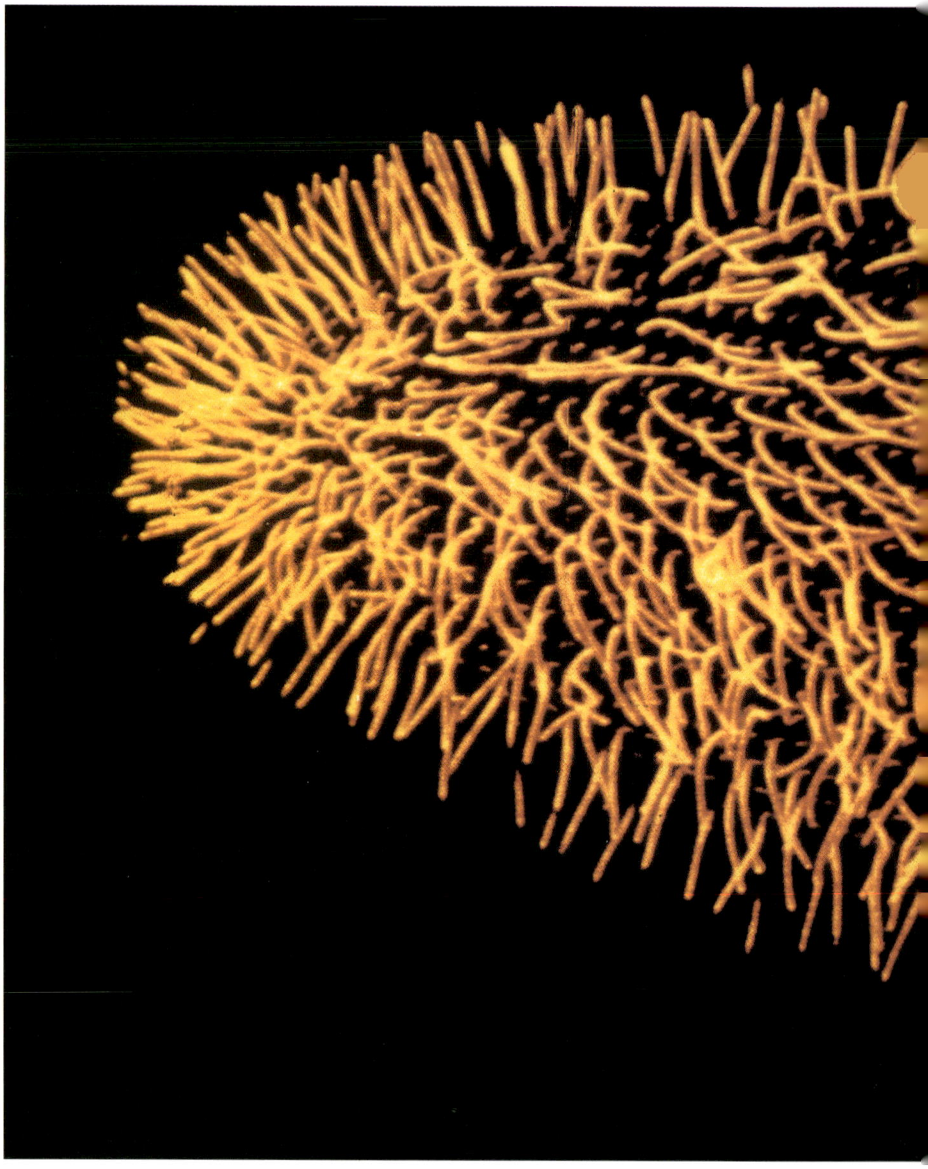

Nous nous souvenons tous de la paramécie de nos mares et de nos premières observations au microscope. Mais où sont sa membrane et son noyau, que nous observions par transparence, et qu'en est-il de ses mouvements bizarroïdes qui ont frappé nos imaginations? On ne les voit pas ici, car cette image représente la paramécie comme on ne l'avait jamais vue auparavant.
La paramécie est un être unicellulaire.
Les spécialistes disent que c'est un protozoaire de la classe des Ciliophores, c'est-à-dire pas tout à fait un animal (mais encore moins une plante), et qu'elle est recouverte de cils sur toute sa surface (j'allais écrire de la tête aux pieds). Cela lui permet de se déplacer avec dextérité et précision. Les cils battent en cadence, parfois dans de jolis mouvements spiralés, la propulsant vers un lieu riche en nourriture.
Par moments, il lui faut échapper à un prédateur : elle pique alors un véritable sprint grâce aux battements suractivés de son appareil ciliaire.
L'importance de cet appareil pour la vie de la paramécie était connue, et l'on pouvait, à l'aide d'un microscope,

le distinguer à la périphérie de la cellule ; mais il restait à le voir dans son ensemble. C'est ce qu'est parvenue à faire, en 1995, Anne Fleury, biologiste au CNRS, qui a produit cette image. Elle a utilisé un anticorps fluorescent qui s'attache spécifiquement aux molécules de tubuline, une protéine qui est l'un des principaux constituants des cils de la paramécie. Puis elle a regardé la surface de cette dernière à l'aide d'un microscope à fluorescence équipé d'un dispositif spécial : il collecte une série d'images en se focalisant dans différents plans, puis reconstruit une image tridimensionnelle à l'aide d'un ordinateur. D'où l'impression de relief de l'image obtenue à l'aide de ce microscope dit « confocal ». On voudrait passer une main (microscopique, bien sûr), pour vérifier si cette toison pique. Rassurez-vous, ses cils sont flexibles, donc doux. Mais attention, il vaut mieux rester sur ses gardes : derrière l'appareil ciliaire d'apparence soyeuse et malgré le caractère débonnaire de notre chère paramécie se cachent des dards acérés, les tricocystes. La paramécie peut les brandir ou les éjecter en un éclair comme des lances pour parer à toute attaque, car certains de ses cils, spécialisés, l'alertent en cas de danger. Alors, comme avec le hérisson, qui s'y frotte s'y pique !

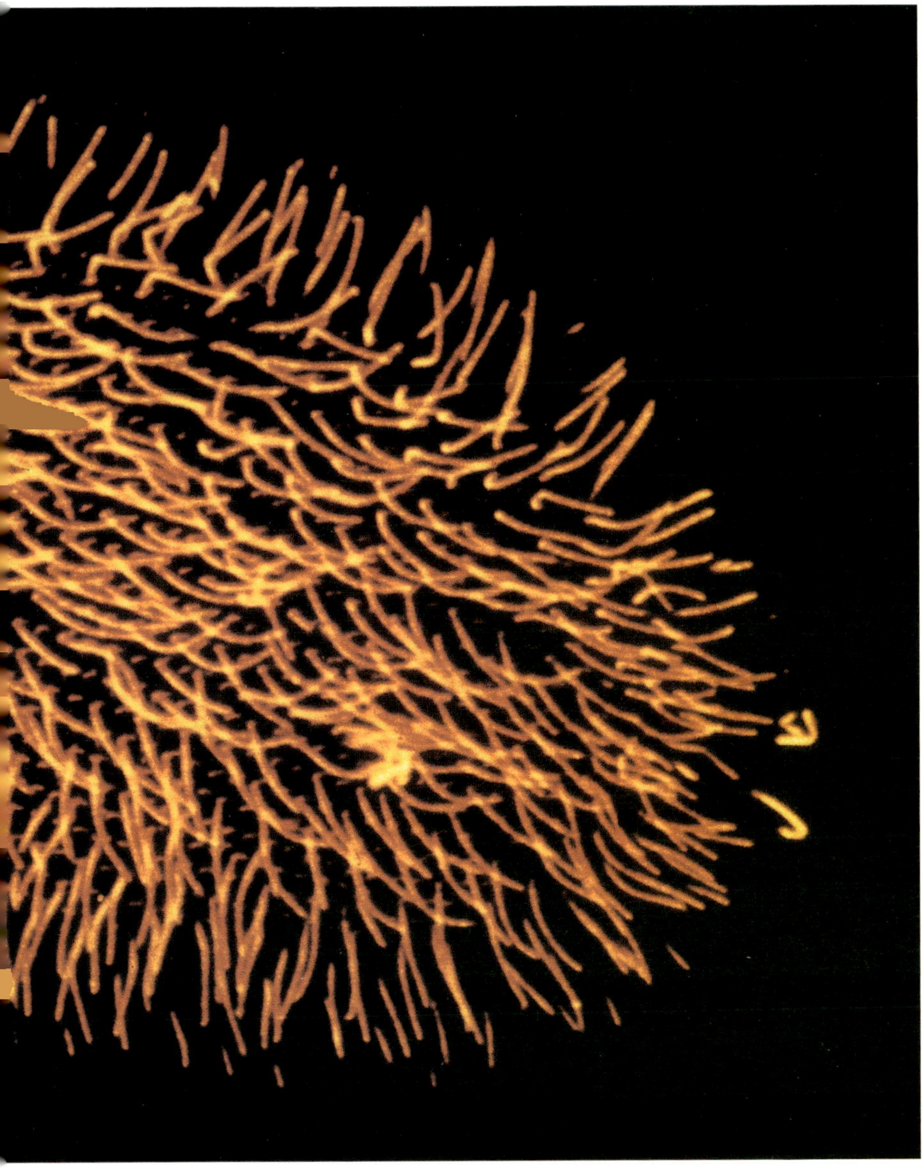

L'enclume a rapetissé : elle ne mesure plus que quelques dizaines de nanomètres (un nanomètre est un millionième de millimètre) et les forgerons modernes s'en servent pour fabriquer des « puces ».

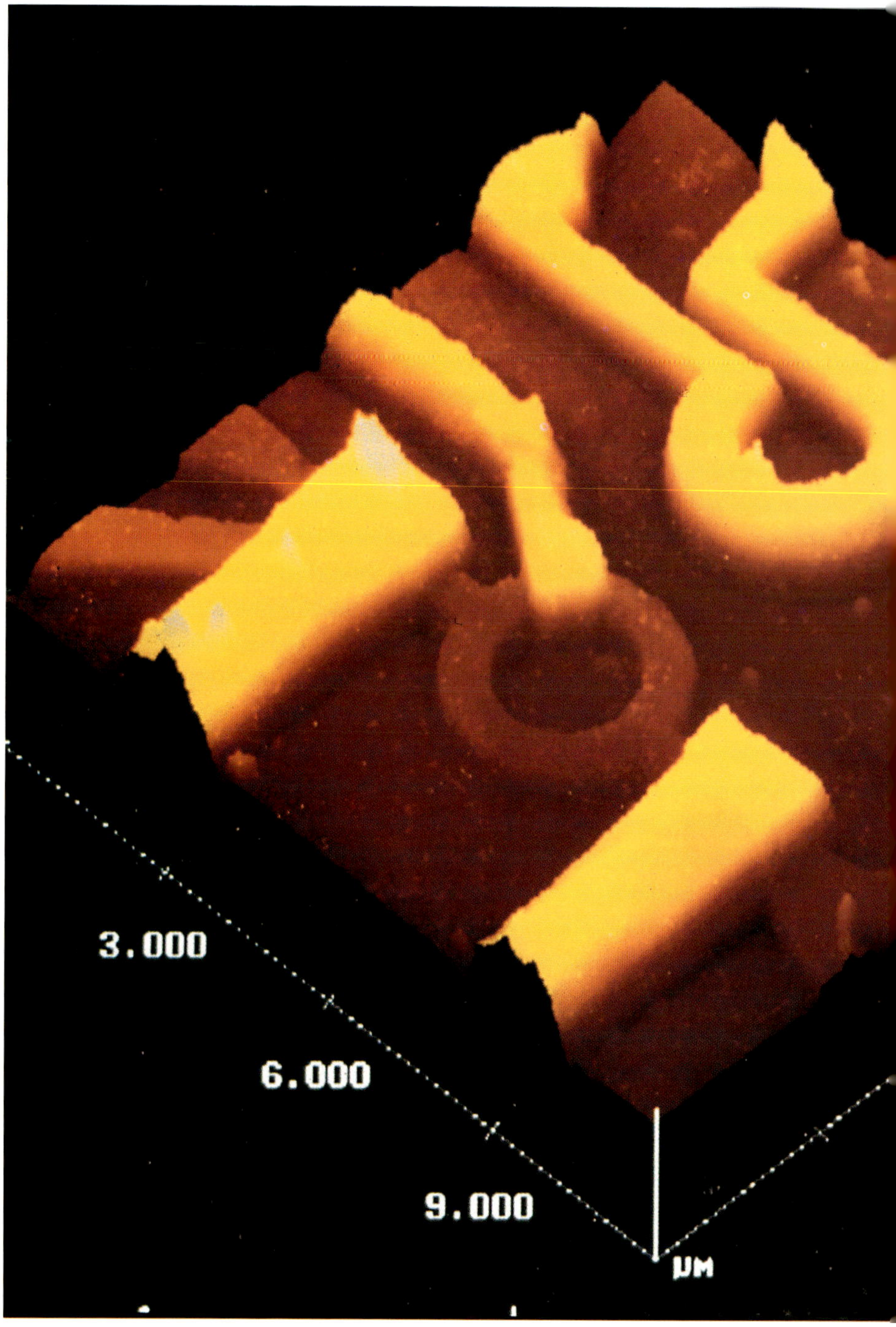

C'est l'un des composants électroniques de l'avenir. L'image est obtenue avec un microscope de proximité (que l'on appelle aussi « microscope de force atomique »). On approche de la surface que l'on veut visualiser une pointe métallique extrêmement fine, ne comptant que quelques atomes à son extrémité. Cette pointe est fixée au bout d'un levier dont un faisceau laser permet de suivre et d'enregistrer les moindres mouvements. Lorsque la pointe est presque

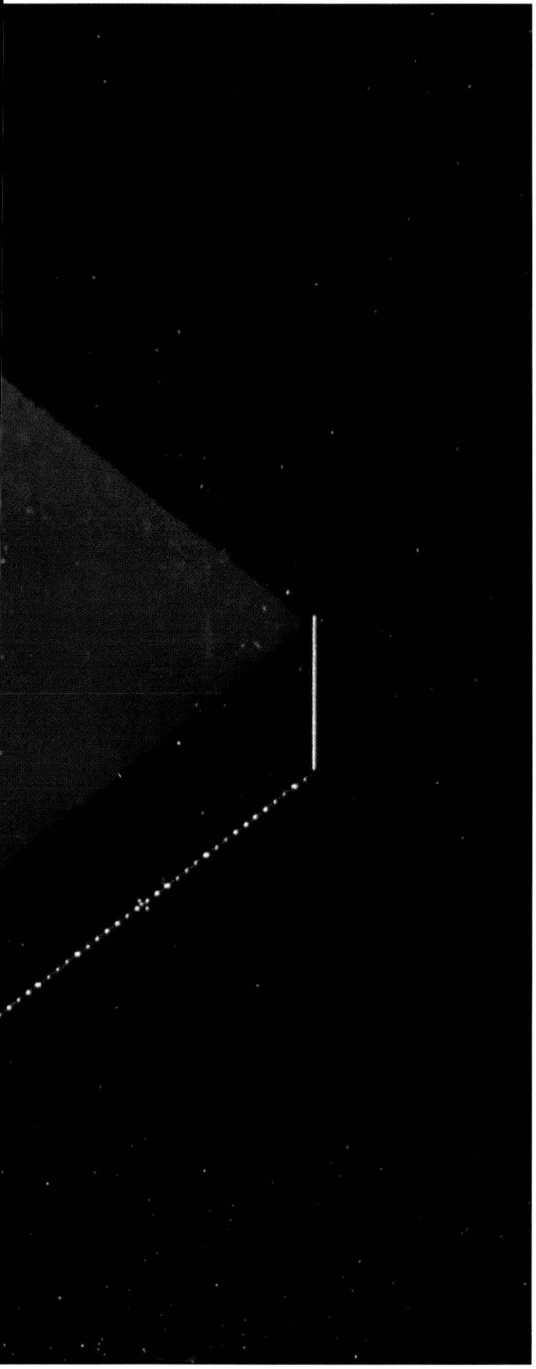

au contact de l'un des atomes de la surface balayée, cela occasionne une force de répulsion, conduisant à une déformation du montage. Lors du balayage de la surface de l'échantillon, qui se fait à quelques dixièmes de nanomètres de hauteur, il suffit d'enregistrer les variations verticales de la hauteur de la pointe pour figurer le relief à l'échelle atomique.
En somme le principe qui est à l'œuvre ici s'apparente en tout point à celui du tourne-disque, si ce n'est que l'échelle a considérablement diminué…
Outre la visualisation, cette technique de microscopie de proximité sert à graver sur la puce de silicium des détails dix fois plus fins que ceux obtenus par photogravure. Ceux-ci atteignant déjà l'échelle du micromètre, on sait donc creuser des trous d'un dixième de micromètre.
On imagine utiliser cette technique pour creuser et lire des petits trous afin de réaliser des mémoires informatiques. Ainsi, on pense pouvoir mémoriser cinq cent milliards d'informations binaires (bits) sur un carré de deux centimètres de côté, alors qu'aujourd'hui on stocke tout au plus onze milliards de bits sur le même carré à l'aide des matériaux magnétiques actuellement en usage.
On espère ainsi fabriquer des disques durs d'ordinateur qui stockeraient un trillion de bits, c'est-à-dire 10^{18} bits, autrement dit un milliard de milliards de bits.
Des expériences de laboratoire prouvent déjà la viabilité de cette technique.
De la même façon, on pense utiliser la pointe du microscope de proximité pour induire l'oxydation locale de certains atomes de la surface explorée.
En obtenant des lignes d'oxyde de silicium sur fond d'atomes de silicium, on réalise des transistors et d'autres composants électroniques miniatures.
Comme, grâce à ces techniques, on sait diminuer la longueur et la largeur des détails gravés d'un facteur dix, on pense multiplier par cent le nombre de composants présents sur les circuits, ce qui laisse espérer encore bien des progrès…

Dictyostelium discoideum *possède, certes, un bien vilain nom mais cet être unicellulaire a un comportement qui provoque l'émerveillement.*

Lorsque tout va bien pour lui, dans un environnement conforme à ses besoins, il mène une vie indépendante. Mais que surgissent des difficultés, manque de nourriture ou baisse de la température, par exemple, et les individus dispersés s'envoient un message chimique qui les fait se regrouper et constituer un ensemble organisé. Les uns s'assemblent en une « tête », d'autres en un long « corps », d'autres enfin en un « pied », formant un nouvel « être » que présente cette photographie. Ainsi structuré, cet ensemble dispose de possibilités de réaction et est capable de performances refusées à la cellule isolée. Il peut adopter une stratégie collective qui lui permet de passer ce cap difficile. Lorsque les conditions s'améliorent, cette mise en commun n'est plus nécessaire, les cellules reprennent leur liberté et se dispersent jusqu'à la prochaine alerte. En perdant leur autonomie, en sacrifiant leur intérêt individuel immédiat, les cellules ont amélioré leur chance de survie. Il n'y a là aucun miracle, simplement une évidence : un ensemble est riche non seulement des éléments qui le constituent, mais aussi des interactions que leur appartenance à cet ensemble engendre entre eux. Notre regard nous trahit, il nous montre l'objet global. Nos microscopes nous trahissent, ils nous montrent les différentes parties de cet objet. Or ce qui est le plus décisif est ce qu'induit en chacune de ces parties sa coexistence avec les autres. Ce qui est vrai pour des cellules est vrai à tous les niveaux d'intégration, qu'il s'agisse d'individus, de collectivité ou d'espèces. Le tas de pierres qu'est une ruine est fait des mêmes éléments que la cathédrale qui a été détruite. Il ne manque pas un atome, il manque l'organisation entre ces atomes. La leçon de Dictyostelium discoideum *est particulièrement importante pour les hommes : agglutinés, ils forment une foule incapable de choisir une direction, prête à toutes les aventures ; organisés, ils peuvent constituer un peuple. Tout l'art de la politique est de mettre en place des rapports entre individus qui enrichissent chacun de son appartenance à l'ensemble. Si ces rapports sont simplement hiérarchiques, cet ensemble n'est plus qu'une pyramide soumise à la volonté de celui qui occupe le sommet ; s'ils réalisent des confrontations respectant l'égalité, ils font émerger une personnalité collective : c'est cela, la démocratie.*

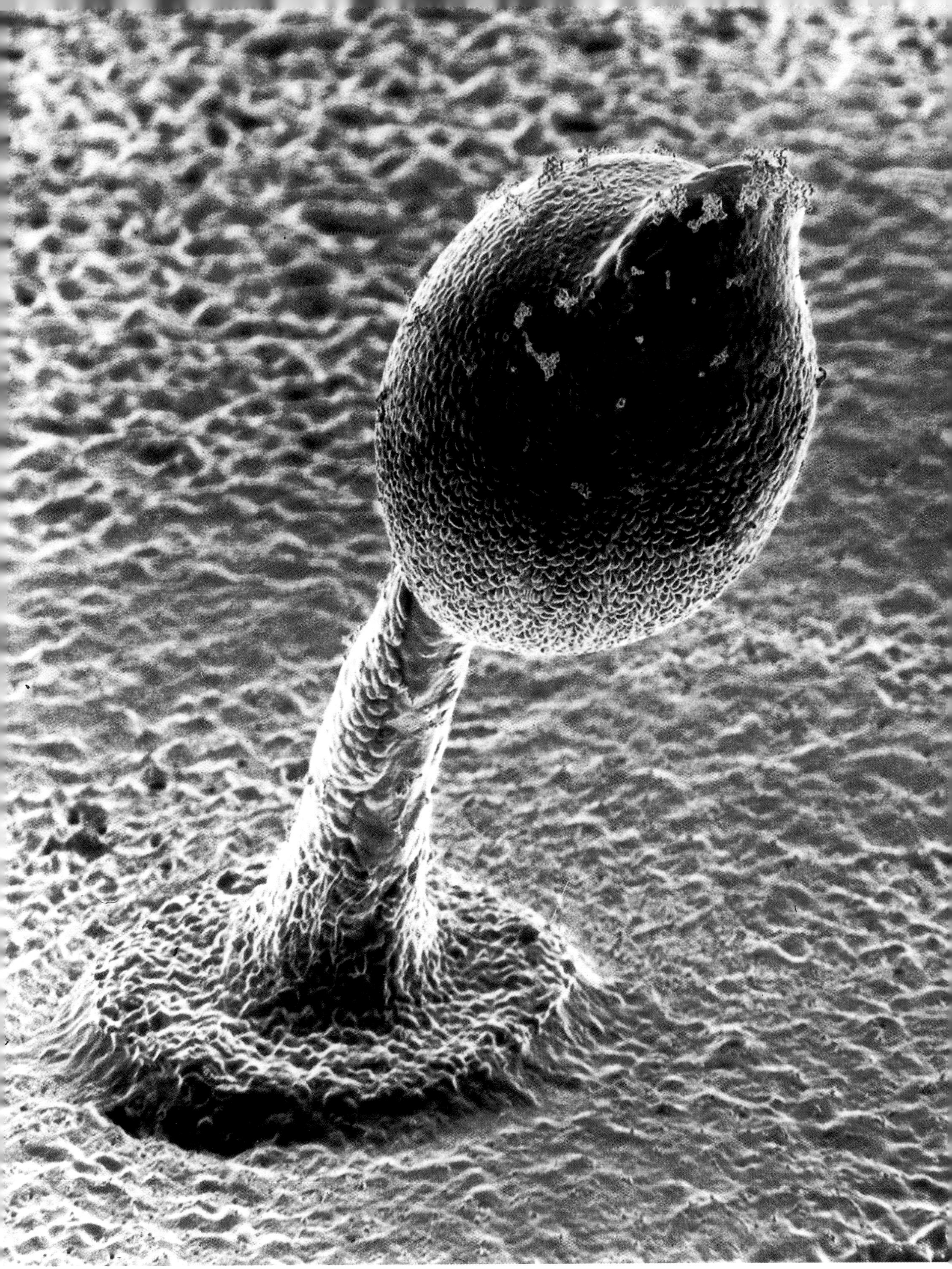

Il est des lois, parfaitement vérifiées dans la vie courante, qui perdent vraiment pied dans le monde microscopique.

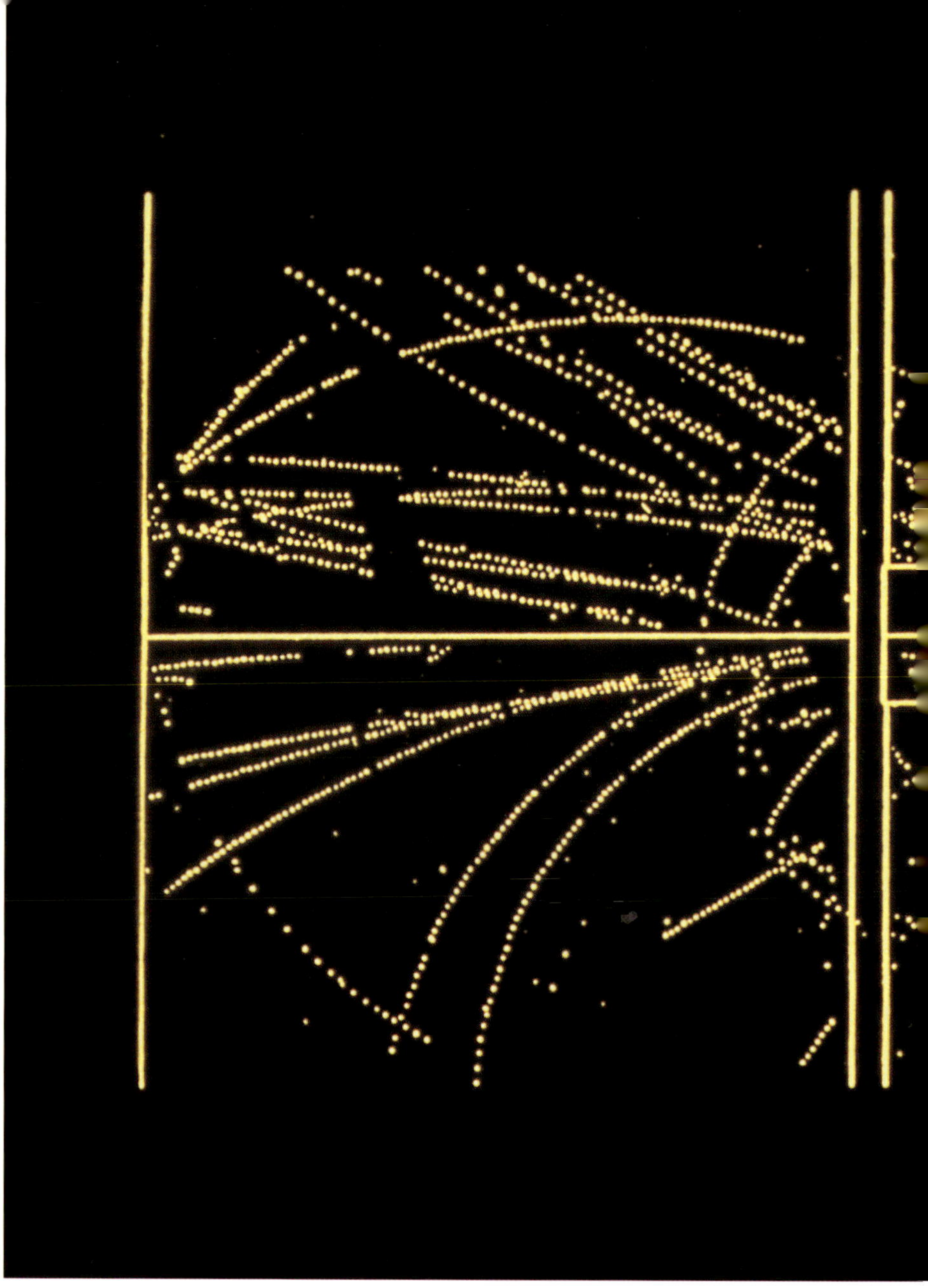

On dit souvent que « la matière est ce qui se conserve ». Cela signifie que ce qui est matériel ne peut ni disparaître dans le néant, ni être créé à partir de rien. Bien sûr, la matière peut se transformer : un glaçon devient eau liquide au Soleil, une bûche qu'on embrase devient cendre. Mais, au gré de ces changements de forme ou d'apparence, elle ne cesse jamais d'exister en tant que matière.
La matière n'a pas la possibilité de disparaître sans laisser de traces, faute de quoi on pourrait enfermer dans une boîte un bloc de matière et découvrir un peu plus tard qu'il a disparu. Lorsque nous constatons qu'un objet n'est plus à sa place, nous pouvons être certains qu'il n'a pas disparu : quelqu'un l'a forcément pris, déplacé ou volé. C'est donc grâce à la conservation de la matière que l'on est en droit d'établir une déclaration de vol lorsqu'on ne retrouve plus sa bicyclette à l'endroit où on l'avait laissée.
Lorsque deux verres se percutent, ils volent en éclats. Si nous avons de la patience et un peu de colle, nous pouvons ramasser les débris, les recoller et reconstituer les verres. Une telle opération est possible parce que les éclats sont formés des fragments issus des deux verres entrés en collision. Nulle matière n'est apparue qui n'était présente au départ.
Cette règle n'est pas vraie à l'échelle des particules. Grâce à de grands accélérateurs au sein desquels circulent des particules de haute énergie, à des vitesses proches de celle de la lumière, on peut refaire l'expérience des verres avec des objets beaucoup plus petits et beaucoup

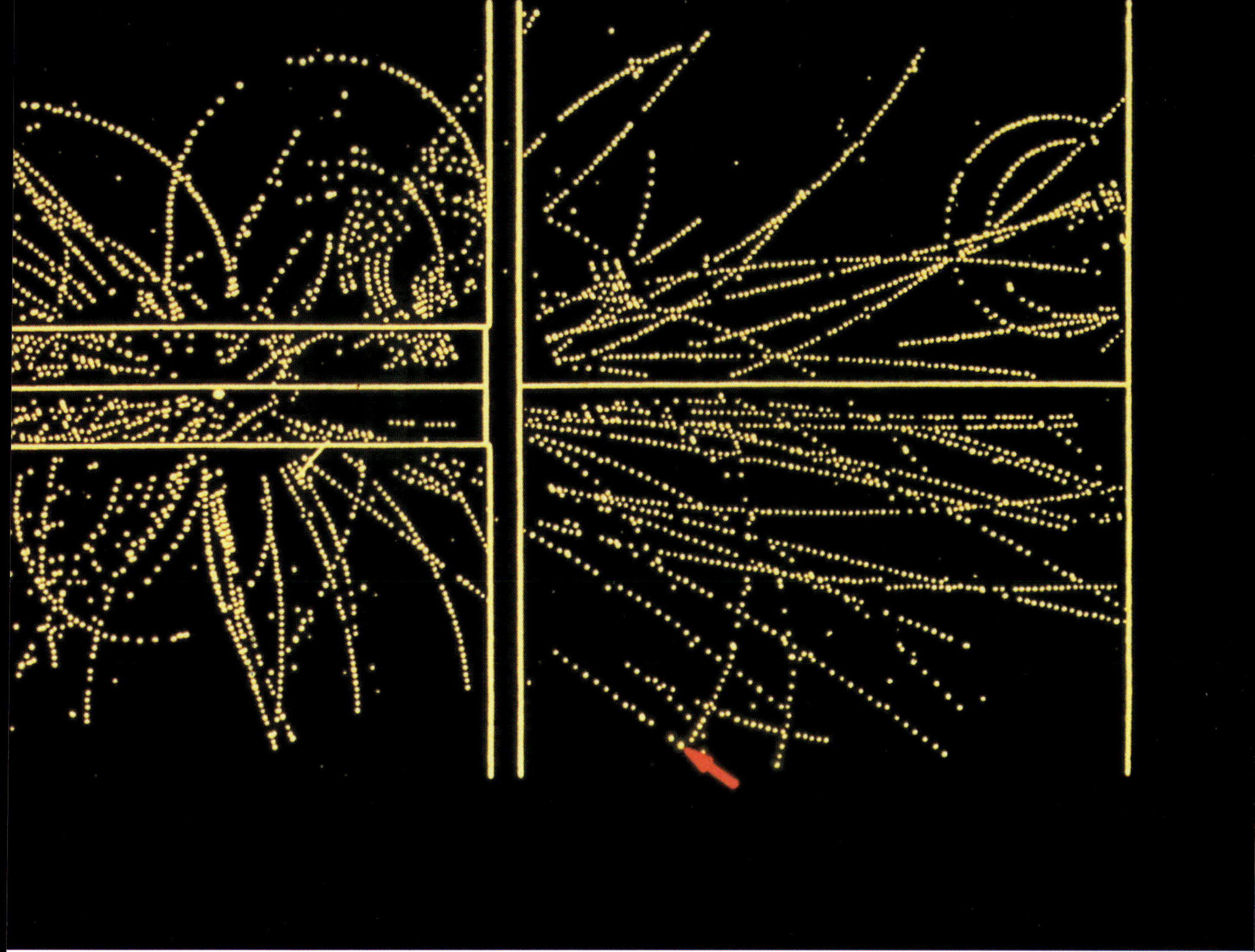

plus rapides, ce que montre la photographie : un proton venant de la gauche (que l'on ne voit pas) heurte violemment au centre un antiproton venant de la droite (que l'on ne voit pas non plus). De très nombreuses particules nouvelles, c'est-à-dire différentes des particules entrées en collision, apparaissent brutalement, comme sorties du néant, s'échappant dans toutes les directions selon des trajectoires courbées par le champ magnétique dans lequel baigne le détecteur. Certaines de ces nouvelles particules sont plus lourdes que les particules incidentes, ce qui peut surprendre. C'est un peu comme si notre collision entre deux verres donnait naissance à une carafe et deux bouteilles ! Dans cette affaire, on ne peut plus dire que les particules issues d'un choc entre deux particules de haute énergie étaient déjà là avant la collision. Elles ne sont pas des débris des particules initiales. La matière n'est pas conservée. En fait, c'est l'énergie même du choc qui s'est transformée en matière. Plus précisément, l'énergie liée au mouvement des particules s'est convertie en masse, c'est-à-dire en nouvelles particules. Dans ces violents processus, ce n'est pas la matière mais l'énergie qui s'est conservée.

Lorsque les conditions de vie deviennent insupportables pour les bactéries, elles se mettent en état de dormance en formant des spores.

Il existe de très nombreux genres de bactéries qui colonisent tous les milieux, y compris les plus extrêmes (profondeurs des océans, sources thermales, marais salants). Mais si l'eau vient à manquer, ou si la température devient trop chaude ou trop froide, elles ne peuvent survivre très longtemps. Certaines ont développé un mécanisme de protection qui leur permet de se mettre à l'abri en attendant des jours meilleurs. Il s'agit de la sporulation, ou formation de spores très résistantes, dans lesquelles le matériel génétique de la bactérie est encapsulé. Dans de bonnes conditions, les spores se développent et la bactérie retrouve sa forme d'origine. Il s'agit en quelque sorte d'une nouvelle naissance, qui peut survenir des années voire des milliers d'années après la sporulation. Entre-temps, la spore se trouve dans un état de dormance, ses réactions biochimiques étant stoppées. Sur cette photographie, on voit des bactéries du genre Clostridium botulinum, *observées au microscope électronique et agrandies plusieurs dizaines de milliers de fois, en train de former des spores. Dans la bactérie colorée en jaune au milieu de la photographie, une spore*

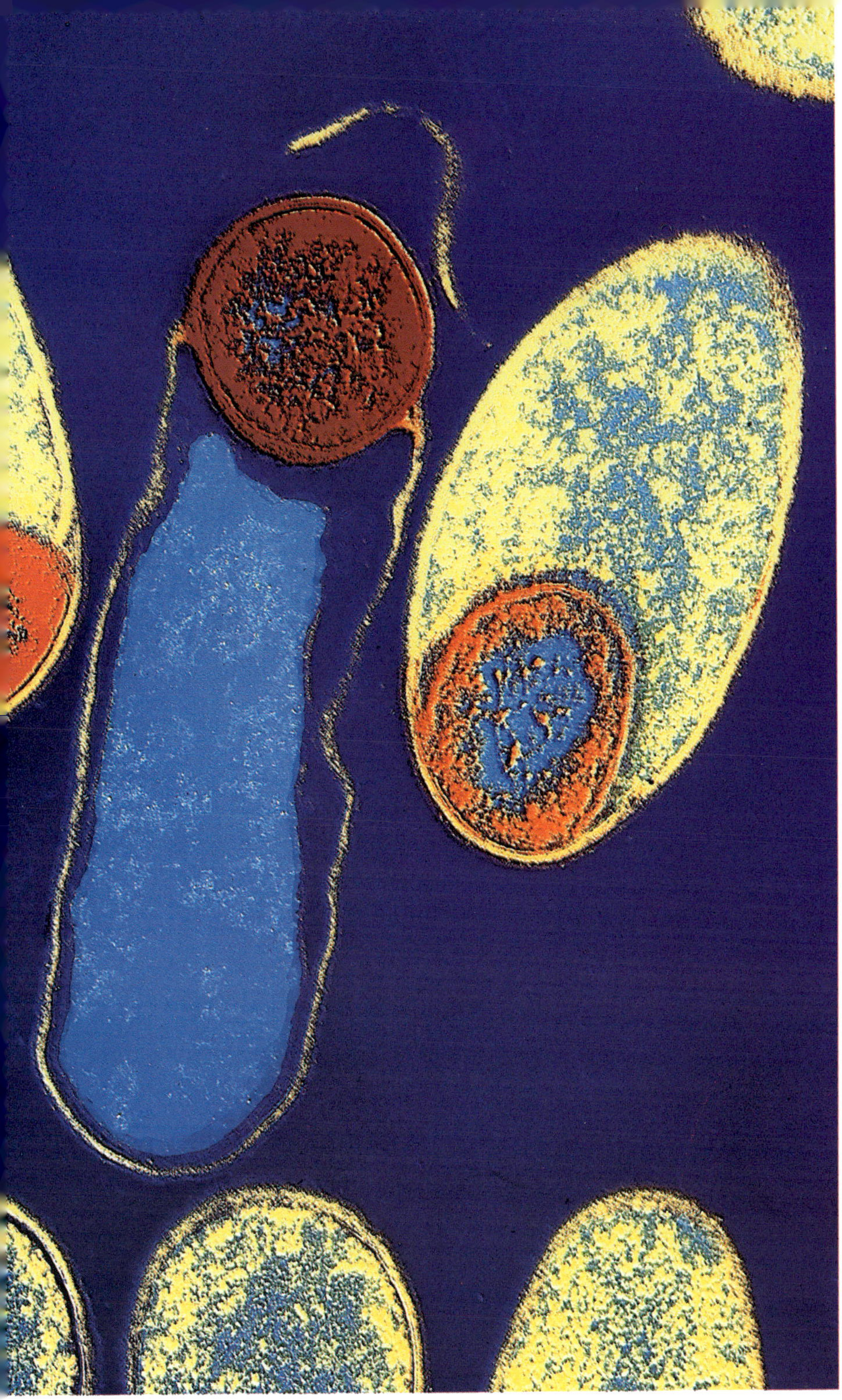

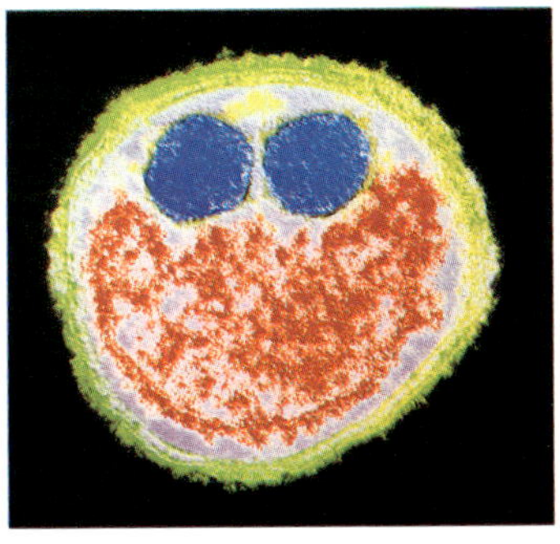

est colorée en rouge : elle se trouve au début de sa formation, qui est plus avancée dans l'autre bactérie jaune à droite. La bactérie située entre les deux premières a fini de sporuler, la spore est en train de se libérer et le reste de la bactérie se désagrège, libérant son contenu coloré en bleu. Ce processus est terminé dans la bactérie de gauche de la photographie. Ces bactéries ont la particularité de se développer très rapidement en l'absence d'oxygène. De plus, elles produisent une toxine mortelle pour l'homme à très faible dose : un microgramme ou millionième de gramme de toxine botulique suffit pour provoquer un décès. Ces particularités font que la moindre contamination d'aliments par Clostridium botulinum *peut être à l'origine d'intoxications alimentaires sévères ; on leur fait donc la chasse dans les contrôles sanitaires bactériologiques. D'autres bactéries stockent provisoirement des réserves dans des granules sans former de spores. C'est le cas des bactéries du genre* Fusobacterium nucleatum *que l'on trouve dans la plaque dentaire et qui sont à l'origine des caries. Celle que l'on voit ici en coupe dans le médaillon contient deux granules colorés en bleu, et son milieu intérieur, le cytoplasme, apparaît en rouge. Compte tenu de sa capacité à induire la formation de caries, on est prié de ne pas céder au charme de son sourire et de se brosser les dents efficacement.*

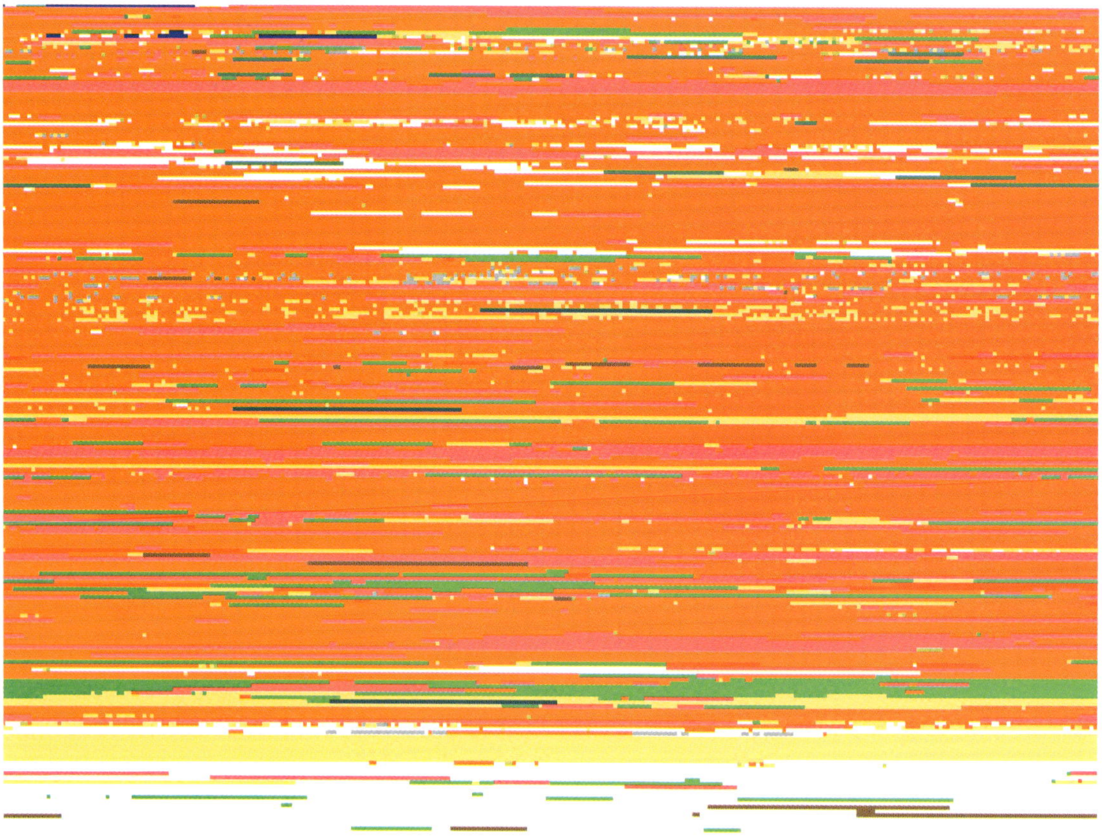

Parfois, les machines réorganisent leur mémoire pour mettre fin au désordre qui s'y installe immanquablement.

A force de travailler, d'écrire et d'effacer, les mémoires informatiques se retrouvent dans un grand désordre ; les souvenirs, c'est-à-dire les données, s'enfilent à la suite sans entretenir aucun rapport entre eux, tandis que certains, tout en se rapportant à des épisodes consécutifs, se retrouvent épars. Bref, l'organisation des données n'obéit plus à aucune logique. Ce phénomène, qualifié de fragmentation, provient de la structure des mémoires informatiques et de la nature des opérations mimant la mémorisation et l'oubli. Rappelons, tout d'abord, que ces mémoires sont faites de petites cases stockant chacune un élément indivisible d'information appelé le « bit », mot-valise tiré de l'anglais BInary digIT, *« nombre binaire » en français. Placées en séquences et numérotées, ces petites cases sont ensuite réunies par groupes de huit que l'on appelle des « octets » et qui stockent des caractères typographiques ou des nombres. Ces octets sont eux-mêmes regroupés en séquences de longueur fixe correspondant à des mots ou à des nombres ou encore à des instructions de programmes. Enfin, les mots sont mis bout à bout dans des fichiers qui mémorisent des textes, des dessins, des sons, des programmes informatiques, etc. Ces fichiers sont de longueur variable. Ils peuvent être très longs et, lorsqu'on amorce la rédaction de l'un d'entre eux, on ne sait jamais quelle en sera la longueur finale. Tant que la mémoire demeure presque vide, du moins tant que les zones constituées de cases contiguës disponibles s'avèrent grandes, cela ne pose pas de problème. Mais, après de nombreuses*

modifications sur la mémoire, lorsque les cases ont toutes été utilisées au moins une fois avant d'être libérées, les séquences de cases deviennent trop étroites pour autoriser le rangement de gros fichiers. On doit alors procéder au ravaudage de la mémoire et recoudre entre elles les zones disponibles…

Ainsi, lorsqu'on commence à écrire au début d'une zone trop étriquée pour mémoriser l'ensemble d'un fichier, la suite du fichier doit se trouver ailleurs, sur une autre zone. De la sorte, il arrive que des gros fichiers soient découpés en de nombreux petits morceaux : on dit alors que ces fichiers sont « fragmentés ».

Il existe des logiciels qui colorent différemment les zones occupées par des fichiers de types différents, afin d'apprécier visuellement l'état d'une mémoire et de sa fragmentation. Par exemple, le blanc correspond aux espaces libres, le jaune aux fichiers du système d'exploitation, l'orange aux autres fichiers (textes, images, etc.) et, de façon moins visible, le vert foncé au répertoire des fichiers, le bleu au catalogue du disque, le gris aux fichiers temporaires et à la poubelle, le rose indien aux applications, le rouge au tableau de bord, le marron aux polices de caractères…

Lorsque la mémoire est très fragmentée, son image ressemble à un kilim oriental (figure de gauche), car tous les types de fichiers sont mélangés. Il est alors possible de réorganiser la mémoire en sorte que les fichiers soient tous d'un seul tenant et que ceux qui relèvent d'une même catégorie soient stockés sur des zones contiguës. La mémoire ainsi réaménagée devient plus rapide d'accès, bien que son image se révèle moins jolie (figure de droite).

La lumière est honnête et accepte la monnaie : quand on lui donne dix pièces d'un franc, elle en rend une de dix exactement.

La matière sous ses diverses formes, gazeuse, liquide ou solide, se trouve en général dans la nature dans son état d'énergie minimale. Si l'on bombarde cette matière avec des photons, des ions ou des électrons, on peut y déposer une grande quantité d'énergie en des temps très courts, allant de la picoseconde (10^{-12} s) à la femtoseconde (10^{-15} s). Ce faisant, on « excite » le cortège électronique des atomes de la cible (qui n'est donc plus dans son état d'énergie minimale), ce qui peut donner lieu à de nouveaux phénomènes. Par exemple, les sources laser intenses permettent d'étudier le comportement de la matière dans des conditions extrêmes, notamment celles où les forces électriques induites par un faisceau laser dépassent les forces de cohésion des atomes. Les atomes absorbent une énergie lumineuse qu'ils réémettent rapidement sous la forme d'une lumière comportant de nouvelles fréquences. Ce phénomène se produit lorsqu'un faisceau laser très intense est focalisé dans un jet atomique de gaz rare, par exemple de néon. Dans un premier temps, ce déferlement de lumière « secoue » les électrons qui absorbent l'énergie des photons reçus et s'éloignent du noyau auquel ils sont liés. Dans un second temps, ces électrons retournent à leur niveau d'énergie de départ en réémettant l'énergie supplémentaire qu'ils ont absorbée. Mais les photons ainsi restitués ne sont pas semblables aux photons d'origine : leur énergie est un multiple entier de celle des photons incidents. Il en va de même pour leur fréquence, puisque la fréquence associée à un photon est toujours proportionnelle à son énergie. Les atomes se sont comportés en définitive comme des convertisseurs de fréquence : leurs électrons

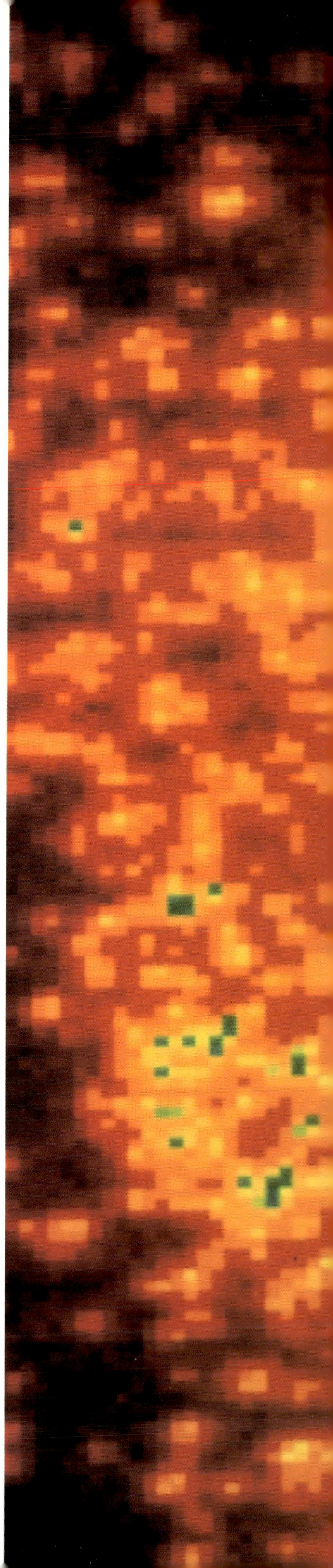

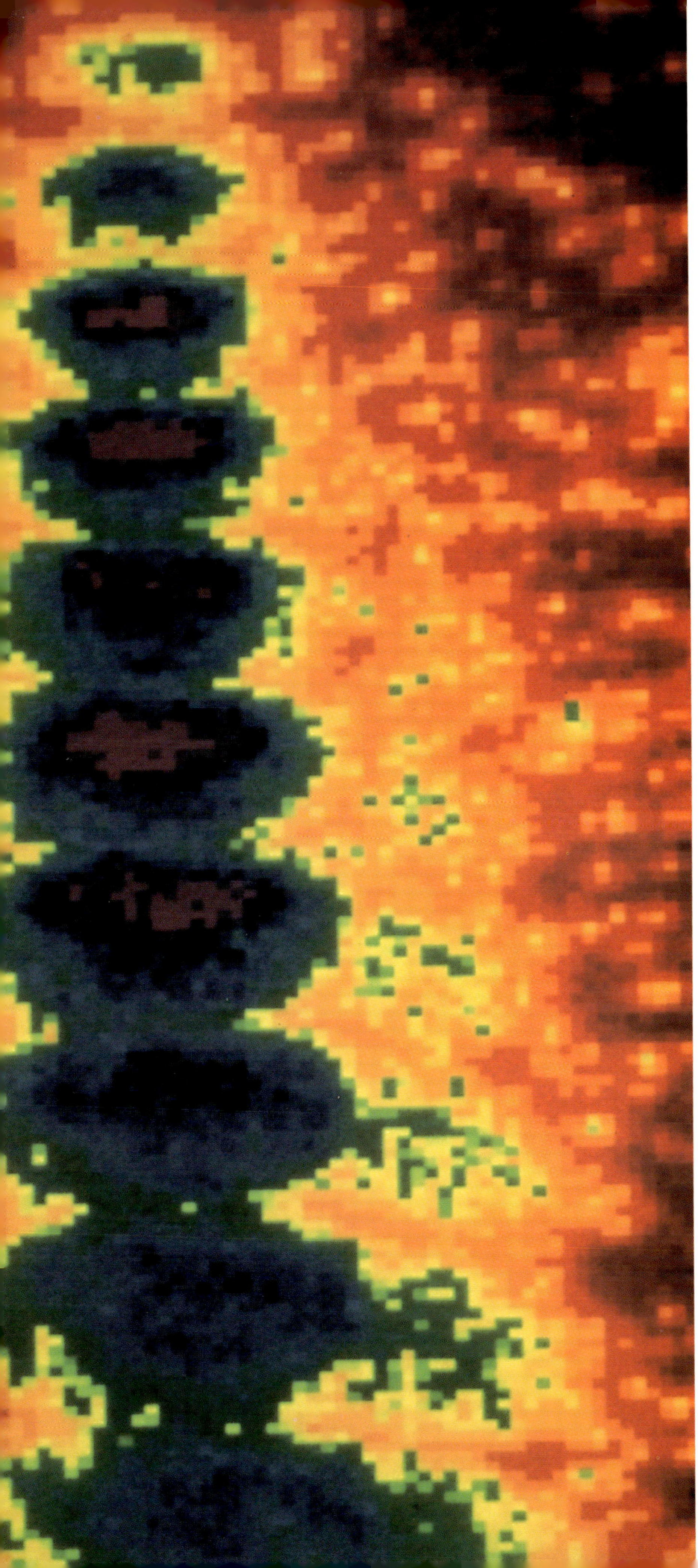

ont absorbé chacun un grand nombre de photons incidents, mais chacun de ces électrons ne réémet qu'un seul « gros photon » plus énergique, de la même façon qu'on peut échanger vingt pièces d'un franc contre un billet de vingt francs. Ces « gros photons », dont la fréquence ν *est un multiple entier de la fréquence* ν_0 *des photons incidents, correspondent à ce que l'on appelle des « harmoniques », en référence au terme musical qui désigne un son dont la fréquence est un multiple entier d'un son de référence. On peut donc écrire* $\nu = n\,\nu_0$ *où* n *est un nombre entier désignant « l'ordre » de l'harmonique. La production d'harmoniques d'ordre élevé (*n *de l'ordre de 100) a ceci d'intéressant qu'elle permet d'atteindre des fréquences proches de celles des rayons X. La photographie montre les harmoniques engendrées à partir d'un faisceau laser infrarouge à impulsions très brèves se propageant dans un jet constitué d'atomes de néon. Séparées les unes des autres grâce à un élément dispersif (de la même façon que de la lumière blanche révèle ses couleurs à la traversée d'un prisme), elles forment une sorte d'arc-en-ciel.*

Certaines images ont véritablement une ampleur cosmique… une fois que l'on sait ce qu'elles représentent.

*Il faut les faire parler pour dépasser l'impression esthétique ou l'étrangeté des formes qu'elles contiennent. La photographie de droite (en vraies couleurs, réalisée à partir de trois images monochromes) a été prise par le télescope spatial Hubble, en orbite à six cents kilomètres d'altitude au-dessus de la Terre. L'objet n'est pas très lumineux parce que le diamètre de cet « objectif » est de deux mètres quarante. Cette image témoigne de la collision de deux galaxies. L'objet figurant à gauche est observable dans le ciel sous un angle modeste, comparable à la moitié de l'angle sous-tendu par la pleine Lune. Connaissant sa distance (soixante-trois millions d'années-lumière), on calcule sa dimension, près de deux cent mille années-lumière. C'est un objet formé de deux galaxies (NGC4038 et 4039) accouplées et étrangement prolongées de filaments, d'où le nom d'*Antennes*. La partie centrale est agrandie à droite. La lecture d'une telle image n'est pas aisée. Pour l'interpréter correctement, il faut avoir examiné beaucoup d'images de galaxies, étudié leurs spectres, reconstitué leur histoire et leurs mouvements, et compris la physique des phénomènes qui s'y déroulent. La présence d'étoiles est aisément reconnaissable, de même que leur organisation selon des formes que l'on appelle les « bras spiraux », visibles sur l'une et l'autre galaxie. D'autres aspects intriguent davantage : les grandes traînées obscures sont dues à de la poussière, formée de grains de silicates ou de glace répandus entre les étoiles. Ces grains diffusent la lumière des étoiles ; ils l'absorbent aussi, créant ces sombres filaments, ou peuvent la rougir comme le font les aérosols de notre atmosphère au soleil couchant. Des halos violacés, dus à la fluorescence de l'hydrogène interstellaire, entourent d'autres étoiles très chaudes, rassemblées en paquets le long des bras spiraux. Un examen attentif*

de la forme des deux galaxies suggère qu'elles sont entrées en collision. D'abord, on perçoit une déformation de leurs formes, résultat de l'attraction gravitationnelle mutuelle de ces immenses masses de matière : ce que l'on appelle des « effets de marée », par analogie avec l'effet de l'attraction lunaire sur les océans terrestres. Ces marées sont la cause de ces deux grandes « antennes » de l'image de gauche, ainsi que de ce bras spiral démesuré et déformé qui, à droite, relie les deux galaxies. Seul un calcul peut convaincre que cette interprétation est correcte. Autre effet, l'éblouissant feu d'artifice d'étoiles brillantes, anormalement abondantes ici par comparaison avec d'autres galaxies « normales » : c'est la collision qui a provoqué la coalescence en chaîne des ténus nuages de gaz épars dans ces galaxies et les a transformés en étoiles brusquement allumées. Image fugitive, puisqu'elle nous révèle un « instantané » vieux de soixante-trois millions d'années, le temps pour la lumière émise là-bas de cheminer dans l'espace intergalactique jusqu'à nos télescopes et d'y venir à leur foyer s'enregistrer sur un détecteur d'image.

Les nœuds intéressent de nombreux domaines, de la marine à la biologie moléculaire et même les mathématiques.

Les nœuds des mathématiciens sont des courbes fermées, comme le cercle, plongées dans l'espace de dimension 3 ; ils correspondent donc à des nœuds, au sens courant du terme, dont on recolle les deux extrémités libres. Au XIXe siècle, W. Thomson avait eu l'idée que les atomes avaient la forme de tels nœuds et que les molécules étaient des entrelacs de nœuds ; certains physiciens avaient entrepris la classification des nœuds possibles. L'étude des singularités des surfaces a ensuite amené les mathématiciens à s'intéresser au même problème. Deux nœuds appartiennent à la même classe (on dit qu'ils sont « isotopes ») lorsqu'on peut passer de l'un à l'autre par une déformation continue sans jamais faire traverser un brin par un autre et sans couper aucun brin. On représente les nœuds en les projetant sur un plan ; on ne peut pas éviter que les projections de certains brins se croisent et l'on indique alors quel brin est au-dessous de l'autre en l'interrompant à l'endroit du croisement. Les déformations admissibles des nœuds opèrent sur ces projections comme des successions de transformations élémentaires de trois types :

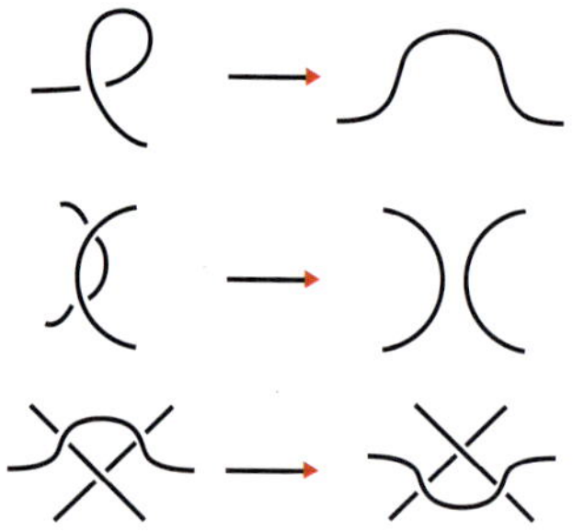

*On cherche à associer à chaque nœud des « invariants » de nature algébrique (comme des nombres ou des polynômes) calculables à partir de la représentation plane. Ce sont des invariants au sens qu'ils prennent la même valeur pour des nœuds isotopes, ou encore qu'ils ne changent pas lorsque l'on fait les transformations élémentaires ci-dessus. Si deux nœuds donnent des valeurs différentes pour un invariant, on est sûr qu'ils ne sont pas isotopes. Un exemple classique d'invariant est le polynôme d'Alexander, introduit en 1928 par James Alexander. Depuis, on a inventé d'autres invariants, dont certains ont une interprétation liée à la mécanique statistique, mais on ne connaît aucun invariant complet qui permettrait d'affirmer que deux nœuds lui donnant la même valeur seraient isotopes. Les nœuds se combinent par une opération analogue à la multiplication des nombres : pour obtenir le nœud composé A * B*

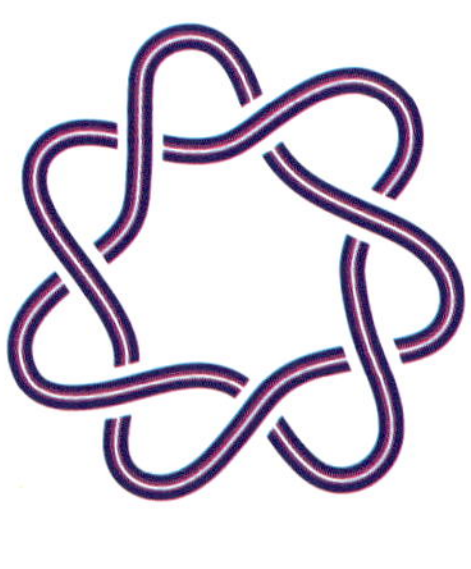

7_1 $\triangle(\tau) = \tau^6 - \tau^5 + \tau^4 - \tau^3 + \tau^2 - \tau$ -

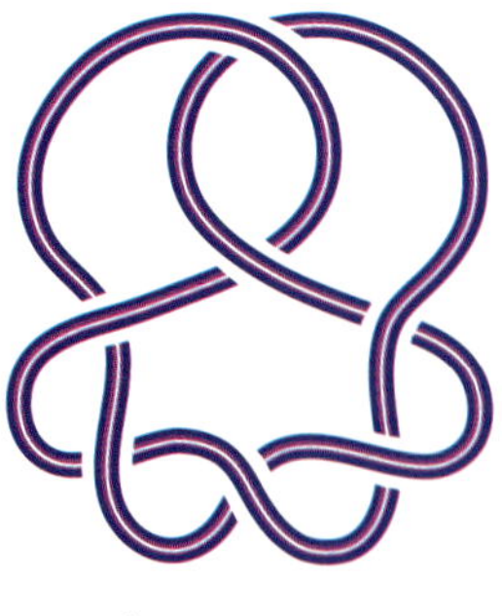

7_2 $\triangle(\tau) = 3\tau^2 - 5\tau + 3$

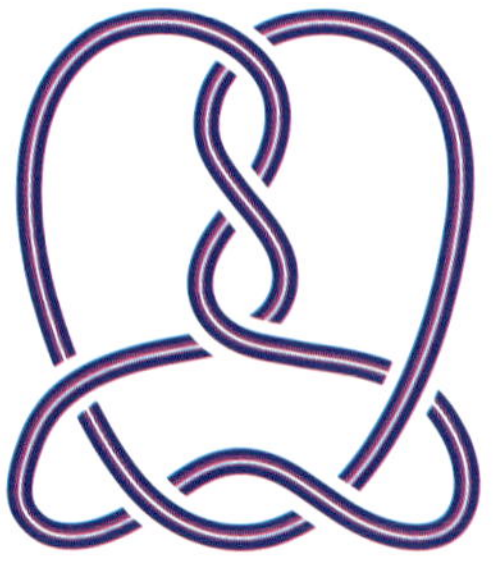

7_3 $\triangle(\tau) = 2\tau^4 - 3\tau^3 + 3\tau^2 - 3\tau + 2$

*de deux nœuds A et B,
on coupe un brin
de chacun d'entre eux
et l'on recolle les extrémités
ainsi obtenues pour A
à celles obtenues pour B.*

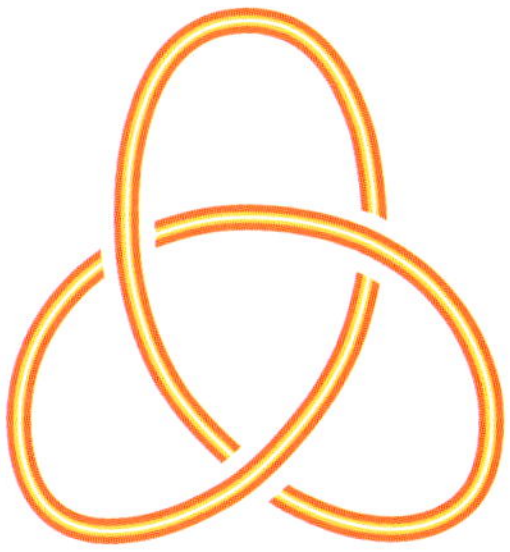

3_1 $\triangle(\tau) = \tau^2 - \tau + 1$

*L'opération de composition
est associative
et commutative ; le nœud
trivial identique au cercle
joue le rôle d'élément
neutre. Les nœuds
« premiers » sont ceux
qui ne peuvent pas
se décomposer et l'on
démontre que tout nœud
se représente d'une manière
unique comme composé
de nœuds premiers.
Les figures représentent
les différends nœuds
premiers dont*

*la représentation plane
a au plus sept croisements ;
on les a accompagnés
de leurs polynômes
d'Alexander.*

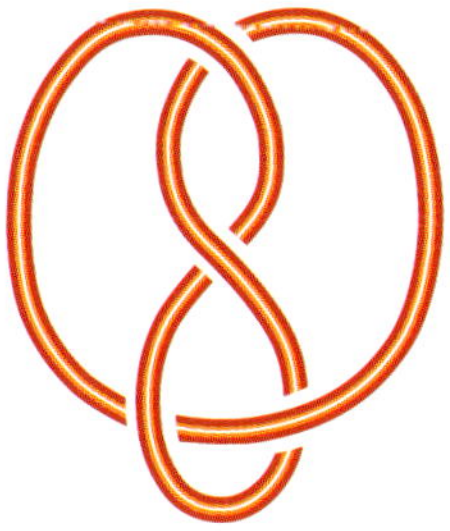

4_1 $\triangle(\tau) = \tau^2 - 3\tau + 1$

5_1 $\triangle(\tau) = \tau^4 - \tau^3 + \tau^2 - \tau + 1$

5_2 $\triangle(\tau) = 2\tau^2 - 3\tau + 2$

6_1 $\triangle(\tau) = 2\tau^2 - 5\tau + 2$

6_2 $\triangle(\tau) = \tau^4 - 3\tau^3 + 3\tau^2 - 3\tau + 1$

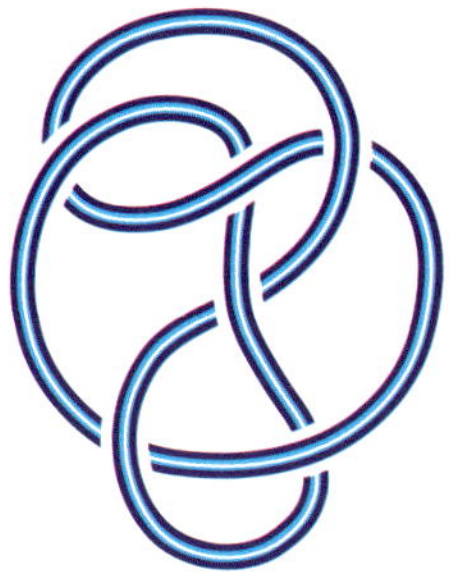

6_3 $\triangle(\tau) = \tau^4 - 3\tau^3 + 5\tau^2 - 3\tau + 1$

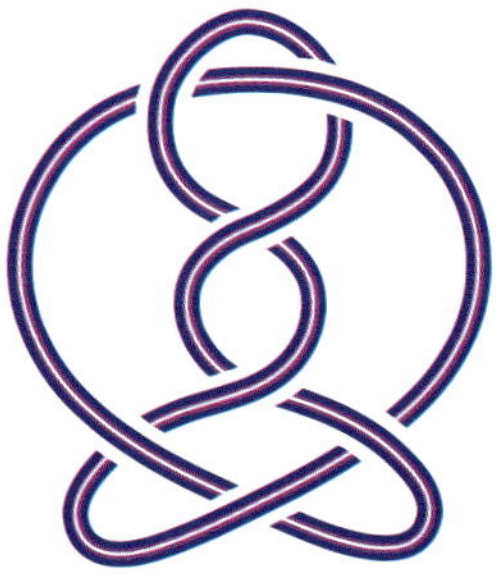

7_5 $\triangle(\tau) = 2\tau^4 - 4\tau^3 + 5\tau^2 - 4\tau +$

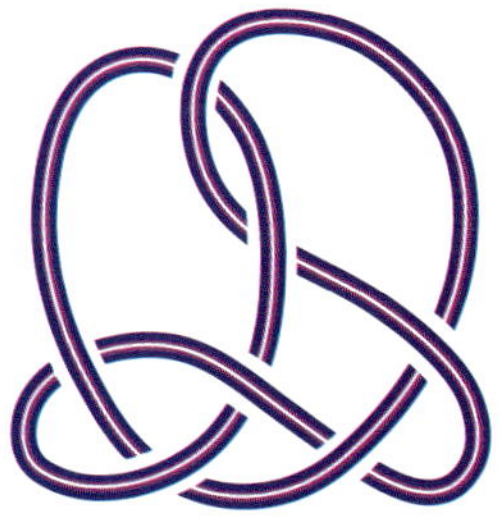

7_6 $\triangle(\tau) = \tau^4 - 5\tau^3 + 7\tau^2 - 5\tau + 1$

7_7 $\triangle(\tau) = \tau^4 - 5\tau^3 + 9\tau^2 - 5\tau + 1$

Là où les équations, si mystérieuses dans leur austère et cryptique formulation, demeurent insolubles, des ordinateurs simulent des phénomènes tourbillonnaires jusqu'à en produire de belles images.

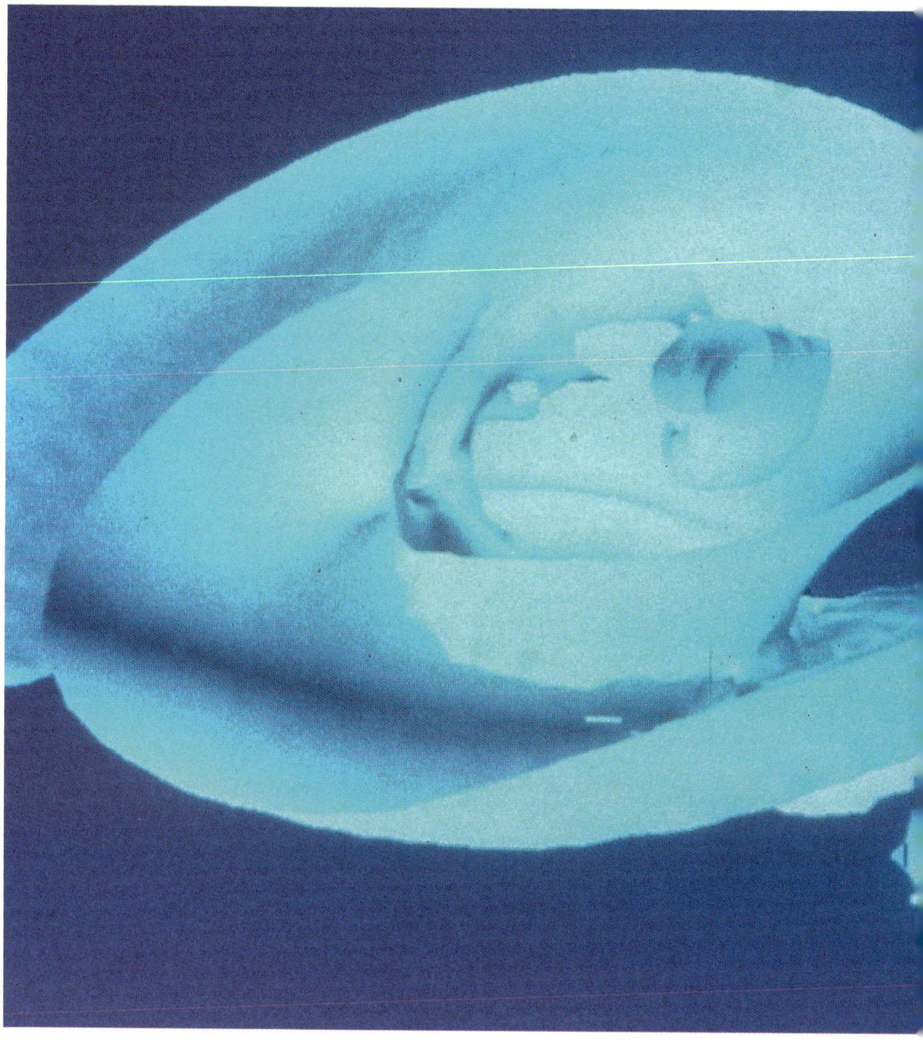

$$\rho(\partial u/\partial t + \Sigma_j u_j \partial u/\partial x_j)$$
$$\nabla \mu \Delta u = \Delta\, grad\, p + f$$

Merveille de concision et de brièveté, voici la formule dite de Navier-Stokes, qui résume en une simple équation mathématique toutes les lois d'écoulement des fluides incompressibles (comme l'eau et, plus généralement, les liquides, mais pas les gaz). Un livre d'illustrations se doit de souligner la vertu iconique d'une telle expression : figure impénétrable, elle retient sous forme codée les principes qui gouvernent remous, turbulences, siphons, vortex, maelströms et autres phénomènes tourbillonnaires.

De même qu'elle reste opaque à l'œil du profane, de même ne livre-t-elle pas aisément ses secrets au mathématicien qui, la plupart du temps, ne parvient pas à en construire les solutions effectives. Il procède alors par tâtonnements successifs, en attribuant des valeurs numériques aux différentes grandeurs, puis en s'assurant localement de la validité empirique de cette équation. Or cette méthode s'avère trop fastidieuse pour les maigres capacités de calcul des hommes ; seule l'apparition d'ordinateurs puissants l'a rendue viable. Une telle approche ne construit pas de fonctions mathématiques ; elle en donne seulement une estimation numérique : c'est ce que l'on a coutume d'appeler une « simulation ». Les résultats obtenus dessinent une image assez fidèle des phénomènes observés. Ici, on a simulé les phénomènes qui se produiraient entre deux liquides non miscibles – ce pourrait être de l'huile et de l'eau – que l'on aurait agités pour essayer de les mélanger... Et l'on voit apparaître, en bleu clair, les remous qui se forment sur leur surface de séparation. Cette coupe, obtenue à partir des résultats de la simulation numérique, visualise les phénomènes présents à la frontière de deux liquides dont on peut faire varier à loisir la viscosité. D'autres équations régissent les phénomènes tourbillonnaires dans les fluides compressibles comme les gaz. Elles servent de support à des simulations numériques assez semblables quant à leur principe, ce qui permet d'apprécier l'aérodynamisme d'une aile d'avion, d'une carrosserie automobile, ou les phénomènes thermiques qui se produisent à la sortie d'une tuyère de fusée, sans avoir à construire effectivement cette aile d'avion, cette carrosserie de voiture ou la tuyère correspondante.

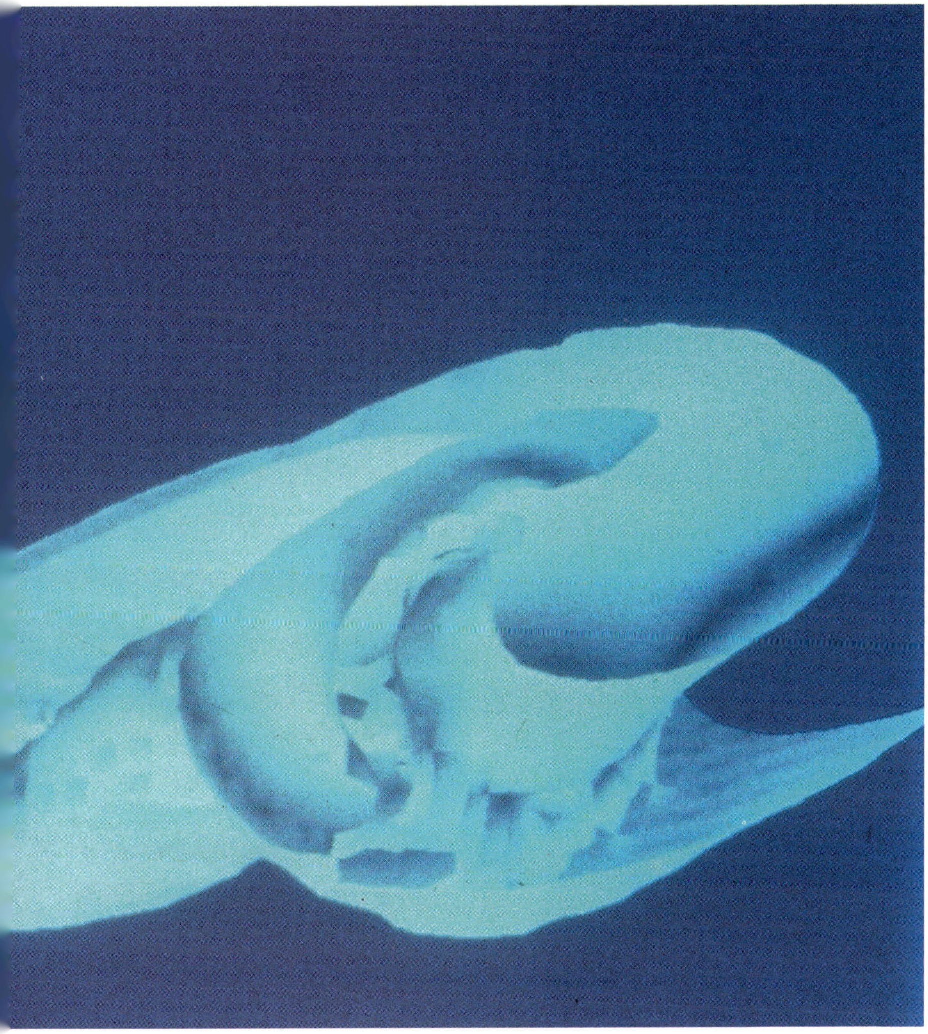

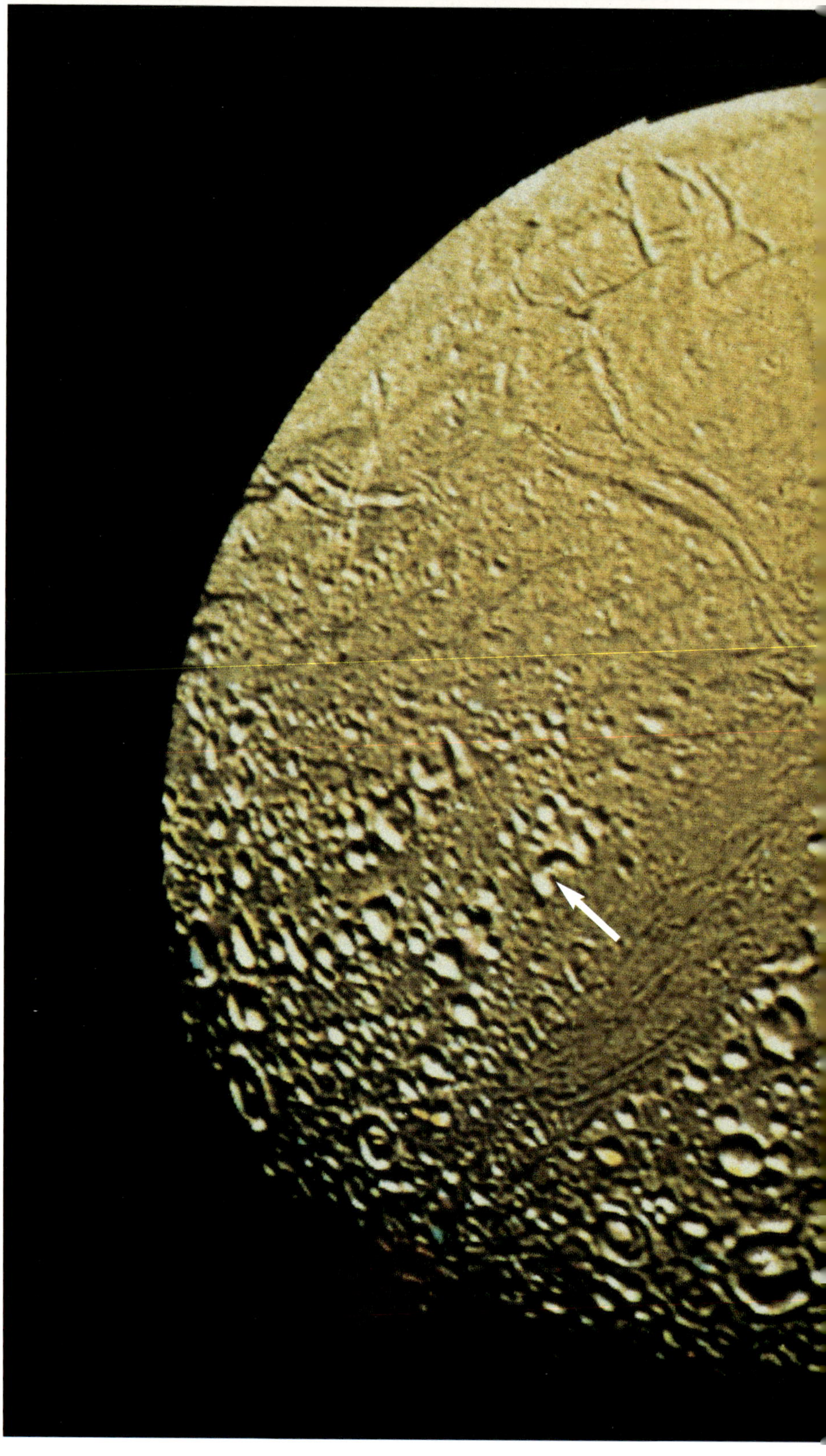

Un petit satellite de Saturne est actif : la lave de ses éruptions volcaniques est de la glace fondue...

Cette image d'Encelade, petit satellite de glace de Saturne (environ cinq cents kilomètres de diamètre), prise à la distance de cent dix-neuf mille kilomètres, a été envoyée sous forme codée en 1981 par l'émetteur radio de la sonde Voyager 2. Les ondes électromagnétiques qui la transportaient, se propageant à la vitesse de la lumière, ont mis près d'une heure et demie pour parvenir jusqu'aux récepteurs de la NASA. Le signal, très faible, était noyé dans le « bruit » et il fallut un savant traitement d'image pour restituer le remarquable document que nous voyons, qui révèle des détails de l'ordre du kilomètre sur cet objet distant de la Terre de près d'un milliard et demi de kilomètres.

On voit que la surface d'Encelade est grêlée de nombreux cratères. On sait maintenant que ces derniers ne sont pas volcaniques, mais sont dus à l'impact de grosses météorites. Les missions Voyager *nous ont révélé que la plupart des planètes et des satellites du Système solaire portent ces cicatrices. L'étude des cratères fournit aux planétologues*

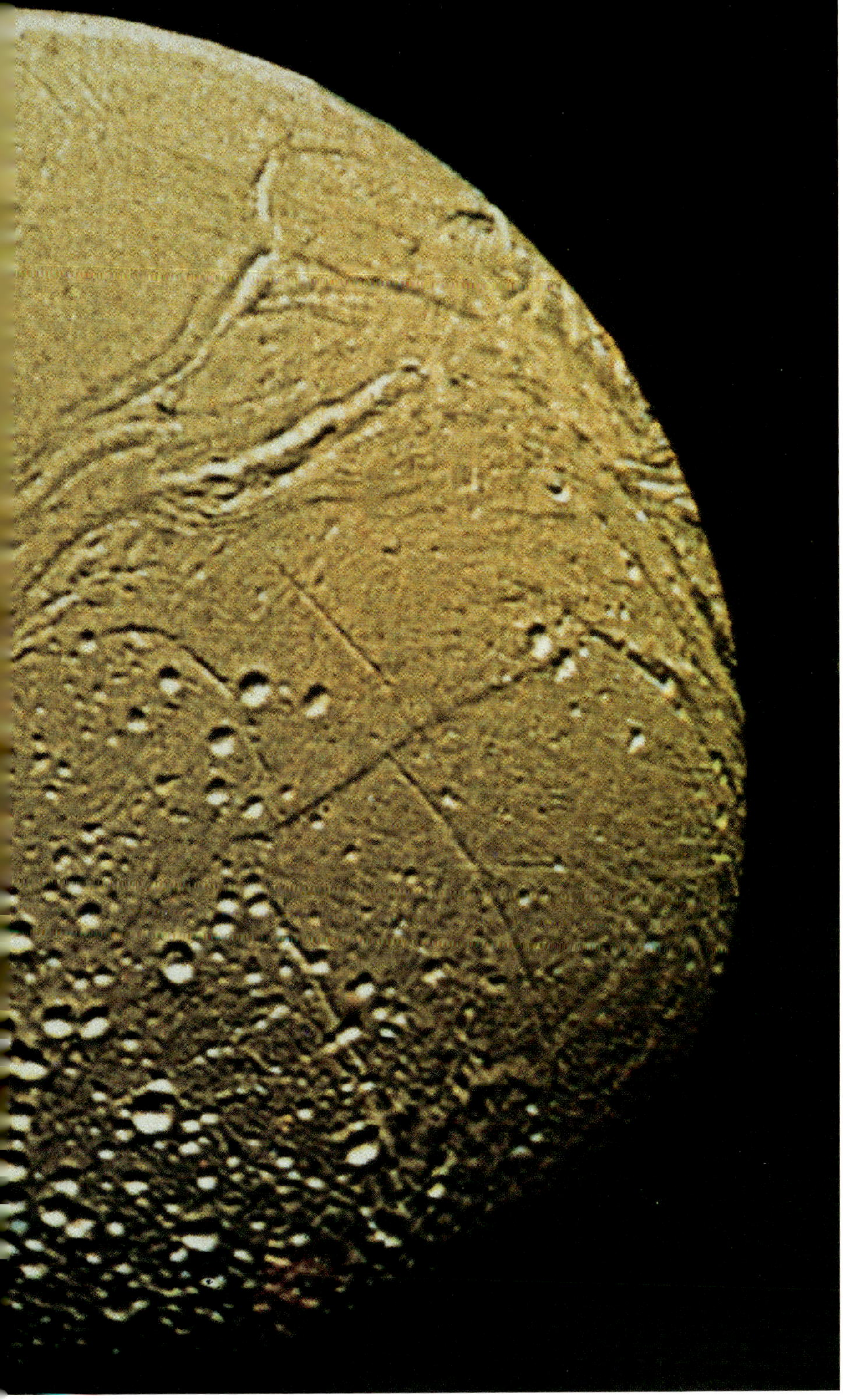

d'occasions de chocs au début de la formation du Système solaire. Si la Terre présente peu de cratères d'impact – et encore souvent très effacés – c'est que notre planète est active et qu'une grande partie de sa surface s'est renouvelée par le jeu de la tectonique des plaques.

On peut donc, par l'étude de la cratérisation, dater relativement les terrains. Dans le cas d'Encelade, on voit que certains d'entre eux sont quasiment vierges de tout cratère et recouvrent des terrains cratérisés plus anciens. On remarque même un endroit, désigné par une flèche, où le terrain jeune a recouvert à moitié un cratère. Il ne peut donc s'agir que d'une coulée, semblable à une coulée de lave ; mais comme Encelade est constitué de glace, cette lave était de l'eau ou peut-être une solution d'ammoniaque !

L'étude des cratères permet donc d'affirmer qu'Encelade est actif et que des phénomènes énergétiques comme des éruptions volcaniques peuvent y avoir lieu, ce qui est surprenant pour un si petit corps.

de précieux renseignements sur l'activité des planètes et des satellites, et sur l'évolution dans le temps de leurs surfaces. Plus les terrains sont cratérisés, plus ils sont anciens, car ils ont eu le temps de recevoir davantage d'impacts de météorites ; de plus, les planètes s'étant formées par la collision de corps plus petits, il y avait évidemment bien plus

Pour disposer d'un bon système de défense, mieux vaut ne pas mettre tous ses œufs dans le même panier.

Les animaux à vertèbres ont développé un système immunitaire très sophistiqué qui leur permet de reconnaître ce qui est propre à leur corps (le soi) de ce qui lui est étranger (le non-soi). Ce système est constitué de différents types cellulaires comme les lymphocytes et les macrophages qui participent à la détection et à l'élimination des corps étrangers. Ils sont produits à partir des cellules souche de la moelle osseuse, se développent dans des organes comme le thymus ou la rate, puis circulent dans le sang pour rejoindre les tissus et les ganglions lymphatiques.
Le système immunitaire met en œuvre des molécules capables de reconnaître les corps étrangers de manière spécifique : il s'agit des anticorps, protéines appartenant à la famille des immunoglobulines, qui sont produites par une catégorie de lymphocytes B : les plasmocytes. A priori, *dans la nature, il existe une infinité de substances étrangères à un organisme donné. Chaque espèce n'ayant qu'un nombre limité de gènes, elle ne pourrait fabriquer les molécules capables de la défendre contre toutes les agressions si elle ne disposait d'un mécanisme particulier permettant de produire une multitude d'anticorps distincts. Ce mécanisme repose sur la combinaison de plusieurs types de segments d'ADN pour former un gène encodant un anticorps. Comme il existe de nombreux segments de chaque type, les combinaisons possibles sont très nombreuses. Ainsi, chaque lymphocyte B synthétise un type particulier d'anticorps, et sa multiplication peut être stimulée s'il rencontre le corps étranger correspondant. Après s'être différencié en plasmocyte, il se met à produire de grandes quantités de son anticorps.*
Les immunoglobulines font partie des protéines dont la structure a été étudiée de manière extrêmement détaillée, dans le but de comprendre ce que reconnaît un anticorps sur un corps étranger, qu'on appelle l'« antigène ». De nombreux anticorps

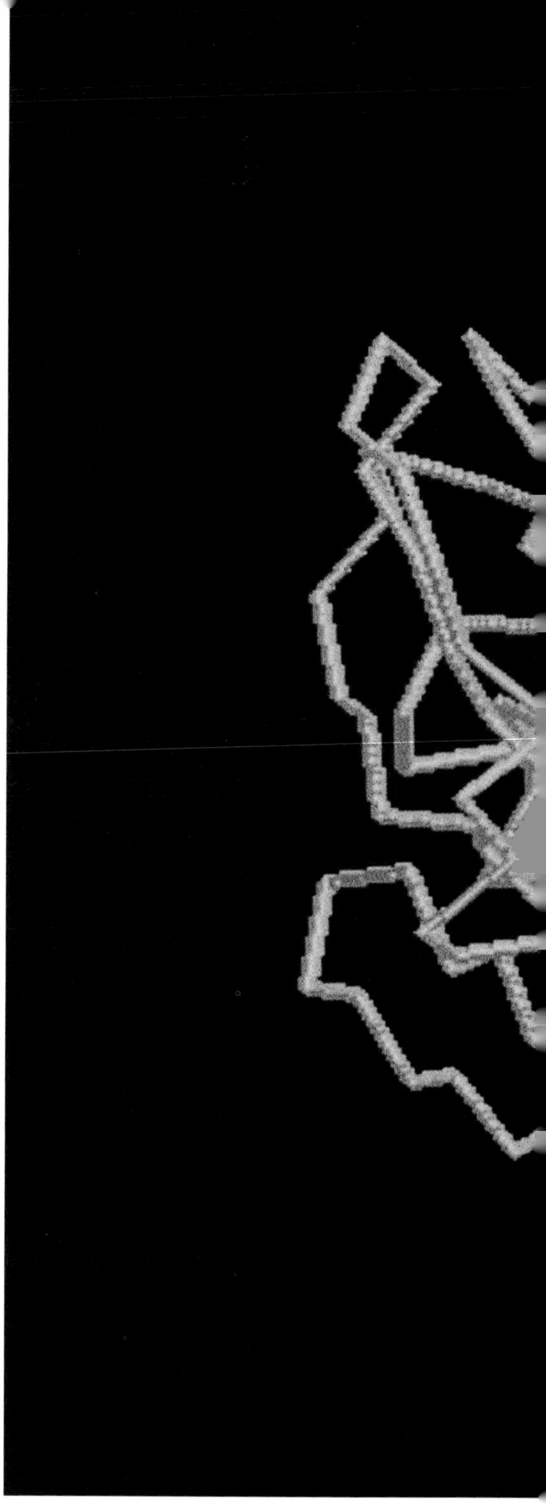

ont été purifiés, cristallisés puis étudiés par diffraction des rayons X. On a ainsi pu déterminer leur structure dans l'espace. Sur cette photographie, on voit le détail de la structure de la partie d'un anticorps qui entre en contact avec l'antigène dont il est

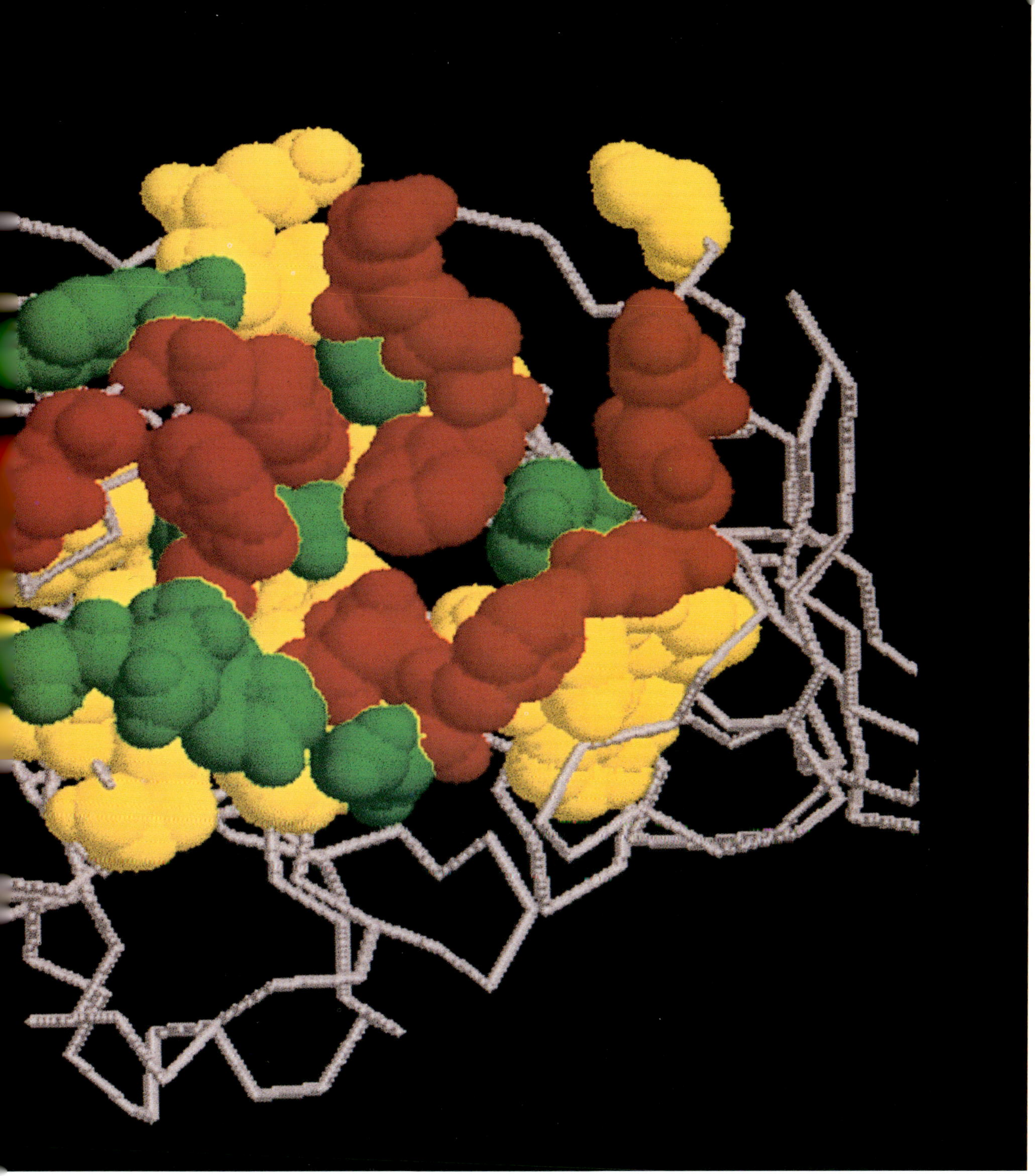

spécifique. La partie de l'anticorps qui n'intervient pas directement dans la liaison avec l'antigène est représentée sous forme de bâtonnets dans ce modèle obtenu à l'aide d'un ordinateur. Comme toute protéine, l'anticorps est formé d'un enchaînement d'unités élémentaires, les acides aminés. Ceux qui entrent en contact avec l'antigène sont représentés par des boules rouges et vertes, reposant sur une charpente d'acides aminés représentés en jaune. La connaissance de telles structures permet de programmer, grâce aux méthodes du génie génétique ou de la synthèse chimique, la fabrication de nouveaux anticorps et antigènes dans le but de développer des tests de diagnostic plus spécifiques et des vaccins plus efficaces.

Prise sous le feu d'une invisible lumière, la matière révèle son moi profond. Il ne s'agit pas de psychanalyse mais de « radiométrie ».

La radioactivité provient de la transformation des noyaux d'atomes, transformation qui entraîne la création de nouveaux noyaux avec émission de particules et d'ondes électromagnétiques de haute énergie. Les particules émises peuvent être des électrons, des particules α (noyaux d'hélium) ou, plus rarement, des neutrons. Quant aux ondes électromagnétiques de haute énergie, elles sont constituées de photons γ. Ces divers rayonnements sont invisibles à l'œil mais, paradoxalement, ils peuvent révéler ce qui est caché au regard. Ils sont utilisés aujourd'hui dans les chaînes de fabrication industrielle comme moyens d'analyse et de contrôle. Ils permettent des mesures sans prélèvement ni contact avec le matériau contrôlé, dont l'invisible intérieur est dévoilé.
Le phénomène de base de ces techniques dites radiométriques est l'interaction des particules émises par la source radioactive avec le matériau sur lequel elles sont dirigées. Lorsqu'il s'agit de photons γ, plusieurs phénomènes sont possibles. Le premier est l'absorption du photon γ par un électron : à l'issue d'une brève rencontre, l'énergie du photon est intégralement transférée à un électron d'un atome, ce qui se traduit par la disparition dudit photon. Le deuxième phénomène, moins destructeur que le premier, est un processus de diffusion par lequel le photon γ cède une partie seulement de son énergie à un électron et voit du même coup sa propre trajectoire modifiée. Enfin, si son énergie est très élevée, le photon γ peut se « matérialiser », c'est-à-dire se transformer en particules massives. L'effet global de ces interactions est une altération de l'énergie des photons incidents. L'analyse de cette modification fournit donc des informations sur le matériau traversé. Pour une énergie donnée, la probabilité d'interaction des photons γ dépend du nombre de sites dans le matériau dans lequel les phénomènes que nous venons de décrire

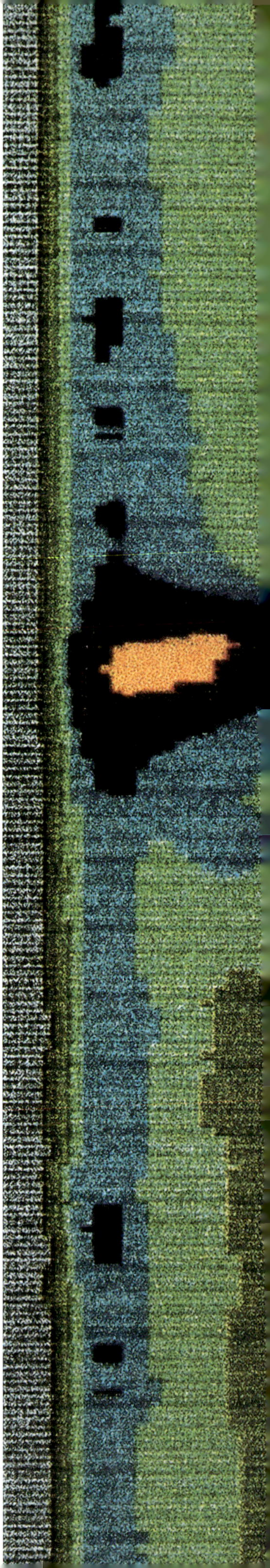

*peuvent se produire :
plus un matériau est dense,
plus son interaction
avec les rayonnements
qu'il reçoit est forte.
Prenons l'exemple
d'une planche de bois.
L'industrialisation des métiers
du bois a conduit
à la définition d'une norme
de qualité qui tient compte
du nombre de défauts
présents dans les planches
par unité de surface.
Différents examens
permettent en principe
de localiser et de quantifier
cette densité superficielle
de défauts. Il peut toutefois
arriver qu'une planche
apparemment saine contienne
des défauts rédhibitoires
invisibles à l'œil, tels
des nœuds ou des départs
de branches. Un faisceau
de photons γ envoyé sur
la planche permet de localiser
ces défauts. En effet,
de l'analyse des perturbations
qu'il subit on déduit
la variation de densité
entre le cœur de la planche,
l'aubier (qui est la partie
tendre qui se forme chaque
année entre le bois dur
et l'écorce d'un arbre)
et les zones d'insertion
des branches. Cette méthode,
dont les résultats sont
indiqués ici en fausses
couleurs, a l'avantage d'être
non destructive : elle préserve
l'intégrité de la planche
de bois qui, prise sous un feu
d'invisible lumière,
reste de marbre.*

En commettant une faute d'orthographe dans l'écriture du mot moléculaire hémoglobine, la nature produit des globules rouges aux formes étranges.

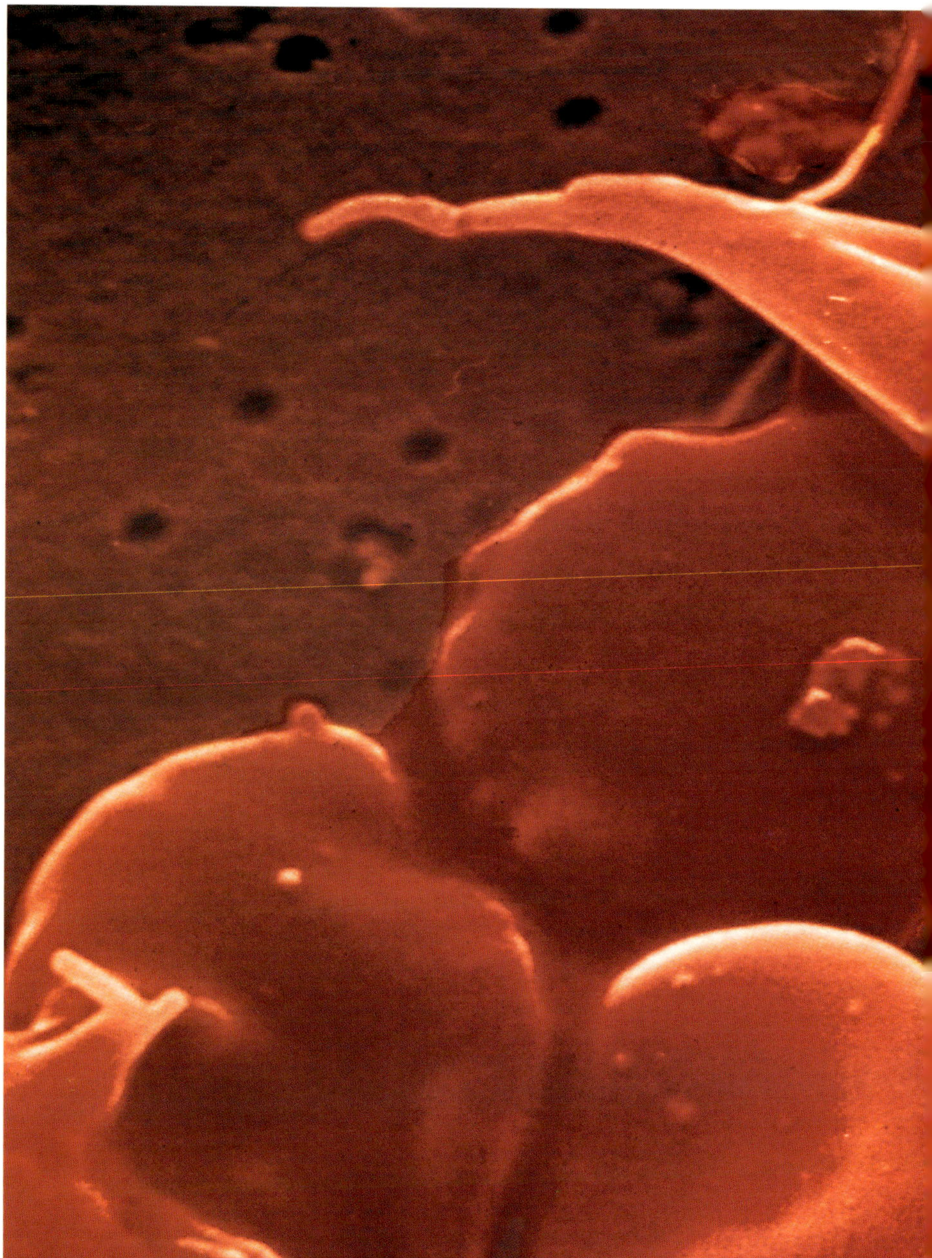

Sur cette image, certains globules sont ronds, d'autres en croissant. Ce sont pourtant bien tous des globules rouges. Ceux qui apparaissent ronds sont normaux, et l'hémoglobine qu'ils contiennent est un efficace transporteur d'oxygène vers les tissus de tout l'organisme, cerveau compris. Ceux qui ont une forme de croissant sont anormaux ; ils sont symptomatiques d'une maladie héréditaire : l'anémie falciforme. Comme son nom l'indique, les personnes qui en sont victimes souffrent d'une oxygénation insuffisante : elles sont anémiques. En effet, l'hémoglobine que contiennent ces globules rouges est un piètre transporteur d'oxygène. Cette maladie touche principalement les Noirs-Américains, pour lesquels on dispose de bonnes statistiques (0,25 % d'entre eux est concerné), ainsi que les populations africaines. Y sont sujets aussi Grecs et Indiens (de l'Inde). Les victimes de l'anémie falciforme – cet adjectif vient de la forme « en lame de faux, ou de faucille » des globules rouges – vivent rarement au-delà d'une quarantaine d'années. Ce défaut est lui-même la conséquence d'une erreur dans l'information génétique qui commande la réalisation de l'hémoglobine : une base modifiée sur

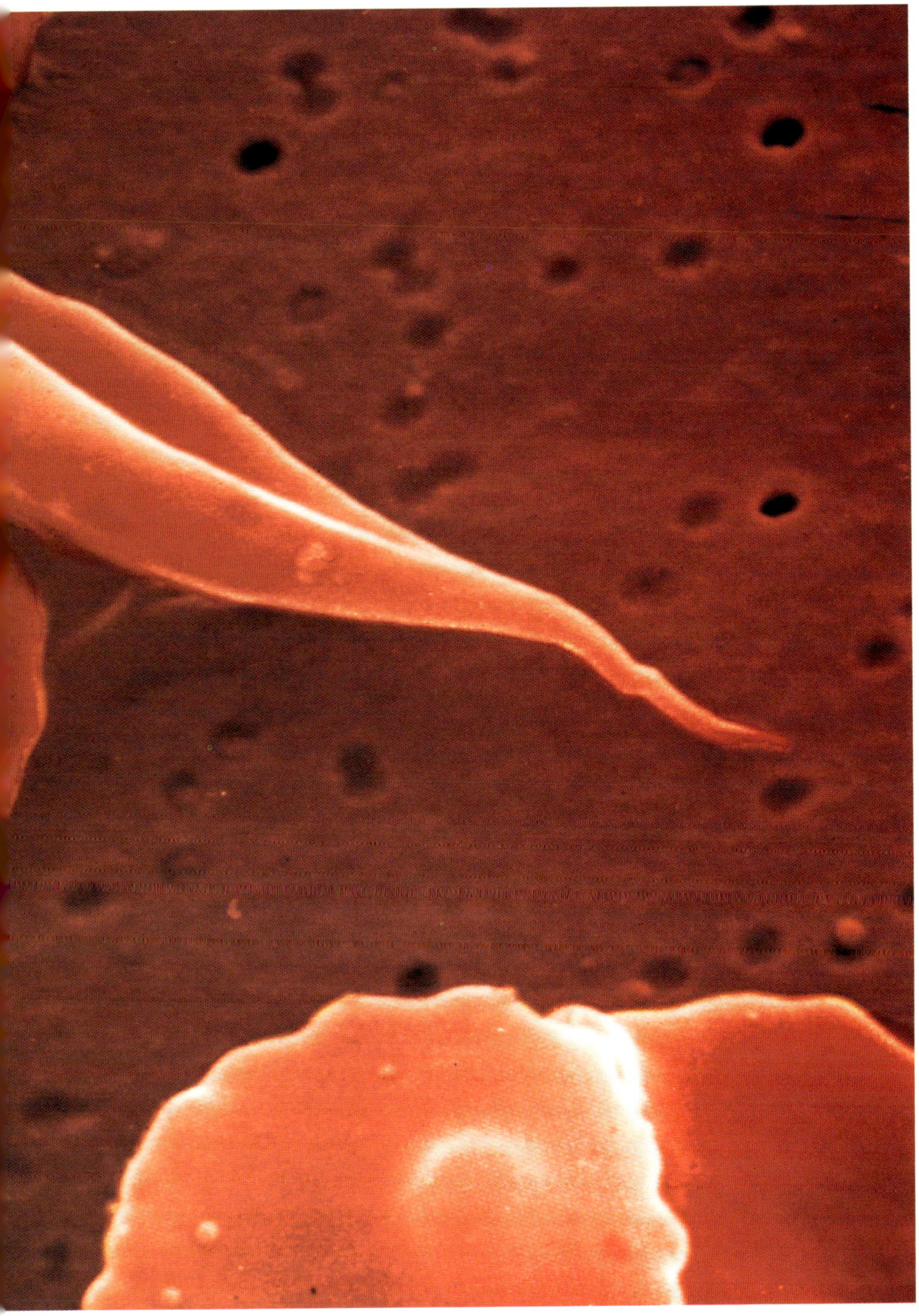

la chaîne de l'ADN entraîne le changement d'un acide aminé. Or cette information génétique est double : pour cette caractéristique, chaque individu reçoit deux gènes. Ceux-ci peuvent être deux gènes « normaux », ou un gène « normal » et un gène « anormal », ou encore deux gènes « anormaux ». Seuls ces derniers cas provoquent une anémie mortelle. Les seconds produisent certes des hémoglobines non fonctionnelles, mais en quantité insuffisante pour engendrer une anémie. En revanche, la présence de ces hémoglobines gène le développement dans le sang du Plasmodium falciparum, un parasite vecteur du paludisme ; les individus porteurs d'un seul gène muté sont donc protégés contre cette maladie sans souffrir d'anémie. Ce gène est donc bénéfique pour ceux qui n'en reçoivent qu'un exemplaire. Bien qu'il entraîne la mort de nombreux enfants, il est pourtant un bienfait pour la population puisqu'il lui permet de survivre dans une région impaludée. Aussi parlante que soit cette image pour un médecin hématologue, elle est muette pour le chimiste, comme le sont pour lui, en règle générale, les images de science ; leur grossissement est insuffisant pour déceler, à l'échelle de la molécule et des atomes qui la constituent, la véritable racine du mal. Celle-ci est en effet une anomalie des molécules d'hémoglobine, sortes de petits sacs contenus dans les globules rouges. Normalement, l'hémoglobine est présente sous forme d'une solution liquide mais, dans les cas d'anémie falciforme, elle prend la forme d'un précipité solide. L'anémie falciforme est la première maladie génétique pour laquelle on a pu relier la pathologie à une structure moléculaire défectueuse. Linus Pauling en eut le premier l'intuition.

Certaines informations se structurent naturellement sous la forme d'un graphe, c'est-à-dire d'un ensemble de points, appelés « sommets », reliés entre eux par des segments, appelés « arêtes ».

Par exemple, dans une chaîne de montage de voitures, certaines opérations doivent être effectuées avant d'autres. Dans le domaine appelé « recherche opérationnelle », on représente ces informations sous la forme d'un graphe. Chaque opération est représentée par un sommet du graphe et les arêtes indiquent les contraintes sur l'ordre dans lequel ces opérations doivent se succéder. De même, la généalogie d'une personne se structure naturellement sous forme d'un graphe particulier appelé « arbre » dans lequel chaque ancêtre est représenté par un sommet et les arêtes indiquent les relations de parenté entre ces personnes.
Ces informations peuvent s'exprimer d'une manière symbolique : la liste des sommets du graphe et la liste de ses arêtes. C'est la bonne manière d'exprimer un graphe s'il est destiné à être traité par un programme informatique. Mais un être humain comprend mieux la situation quand on représente ce graphe de façon… graphique, car une telle représentation nous permet d'utiliser notre capacité de perception globale des images.
Imaginons un processus – la réalisation d'un produit industriel ou d'une recette de cuisine – dans lequel il est nécessaire d'effectuer plusieurs opérations en respectant les contraintes suivantes : l'opération A doit être effectuée avant B et C, les opérations B et C doivent être effectuées avant D, qui doit elle-même être effectuée avant E, l'opération F doit être effectuée avant G, qui doit elle-même être effectuée avant H. Il est naturel de représenter ces informations par un dessin. Si l'on trace ce graphe d'une manière naïve, en choisissant aléatoirement des points du plan pour les sommets du graphe, on obtient un dessin difficile à lire, comme celui de la figure ci dessous. Notre capacité de perception globale n'est pas efficace sur un dessin aussi embrouillé.

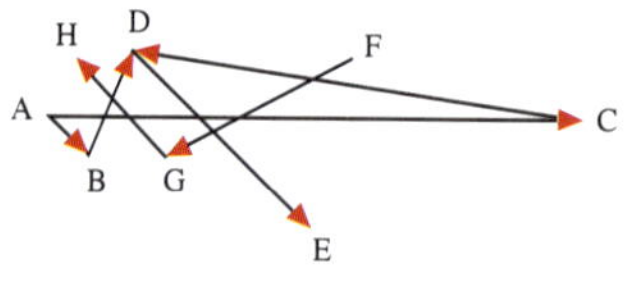

En revanche, le dessin suivant est beaucoup plus clair.

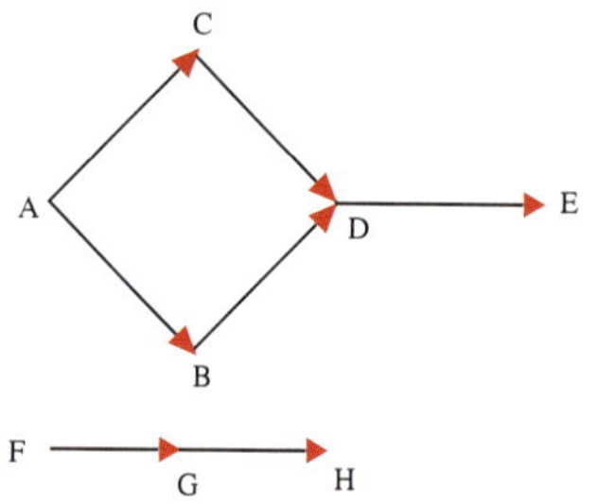

Il s'agit d'un petit graphe, qui ne contient que huit sommets. On voit ce que peut donner une situation plus complexe, comme celles représentées sur ces images dessinées par des programmes informatiques.
Le but que poursuivent ces logiciels est de dessiner les graphes de façon à les rendre les plus lisibles possible, ou encore les plus proches de la manière dont nous les dessinerions à la main. Ces programmes tentent de minimiser le nombre d'intersections entre arêtes ou les différences de longueur entre ces arêtes, de traduire les symétries logiques par des symétries géométriques, etc.
Mais dessiner des graphes lisibles demande de définir a priori *un critère de lisibilité, lequel dépend beaucoup des propriétés de notre œil et de notre cerveau. Néanmoins certaines approximations qui minimisent des critères objectifs, comme le nombre d'intersections entre arêtes, donnent déjà des résultats intéressants… en attendant une meilleure compréhension des mécanismes de la perception.*

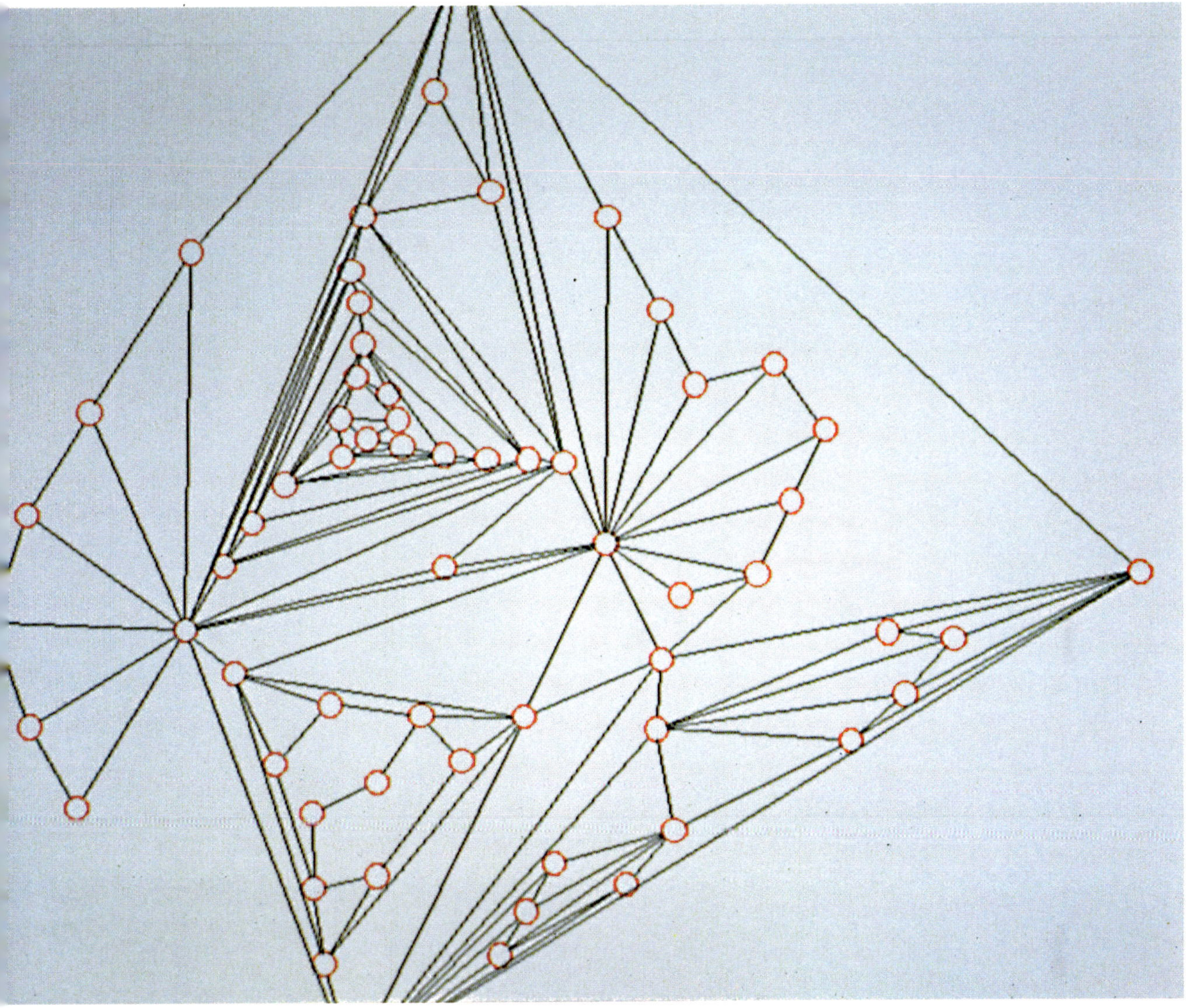

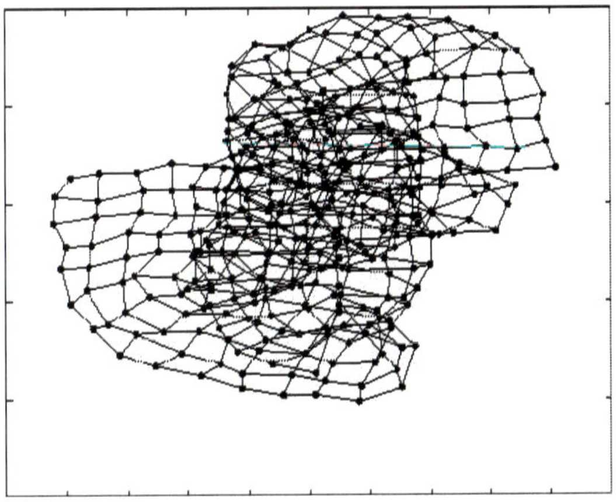

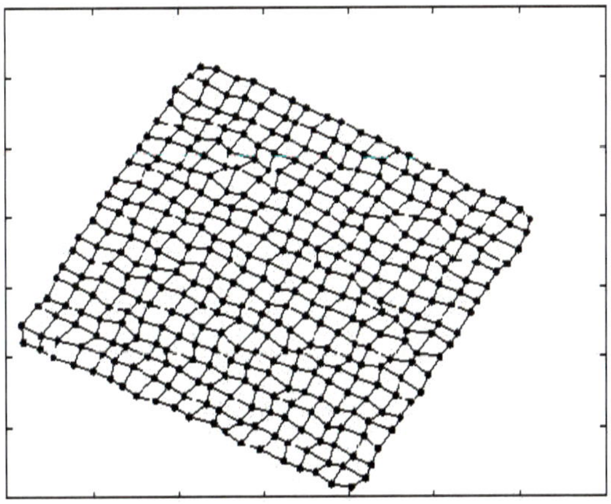

La lumière se propage en ligne droite, chacun sait cela qui a observé des ombres ou une gloire au soleil couchant ! Le bel arc de cette image en est pourtant un magnifique contre-exemple.

Prise en 1998 avec le télescope Antu *et son miroir de huit mètres vingt de diamètre, le premier des quatre télescopes géants qui forment le* VLT *(*Very Large Telescope*) de l'Observatoire européen austral situé au Chili, cette image superpose trois clichés (d'une quinzaine de minutes de pose chacun, dans le jaune-vert, le rouge et l'infrarouge, ce dernier avec une caméra spéciale, sensible à cette longueur d'onde). Le champ est grand : un vingtième de la Pleine Lune. Le léger flou des images stellaires (bien circulaires), est causé par le* seeing *(voir pp. 130-131). Rien dans ce champ n'est à première vue surprenant, ni les étoiles, ni les nombreuses galaxies (ovales flous) plus ou moins brillantes qu'il contient, rassemblées en un amas (nommé CL2244-02) au sein duquel elles sont liées par leur gravitation mutuelle (voir pp.42-43) et dont la spectroscopie permet d'établir la distance de quatre milliards d'années-lumière. On y note pourtant un étrange arc bleu et quelques petits arcs très rouges, moins visibles. Ce sont des arcs dits gravitationnels, dont la prédiction remonte à 1936 et les premières observations à 1988. La lumière, issue d'une galaxie située bien au-delà de l'amas, effleure pour nous parvenir le bord de ce dernier, au voisinage duquel elle subit l'attraction gravitationnelle due à l'immense quantité de matière qu'il contient. Cette attraction courbe vers la Terre la trajectoire des rayons et l'ensemble de ceux-ci forme un arc. La spectroscopie de chacun de ses éléments révèle une origine commune à leur lumière ; les détails de ce spectre commun sont caractéristiques d'une galaxie située près de huit fois plus loin que l'amas. Cet arc est ainsi une « image » aberrante (c'est-à-dire fortement déformée) de cette lointaine galaxie, image due à l'alignement chanceux entre celle-ci, l'amas et la Terre. Que nous apprend-elle ? Cette galaxie serait trop lointaine, trop peu lumineuse pour être observable même par le VLT. Mais le « télescope gravitationnel » naturel que réalise l'amas, en reconcentrant la lumière vers la Terre, nous la rend détectable. En outre, l'effet d'arc permet de calculer la masse de matière de l'amas, car la courbure de la lumière lui est proportionnelle : cette masse est bien supérieure à ce que permet d'inférer l'éclat des galaxies de l'amas. Il faut une masse de matière largement supérieure (d'un facteur dix ?), source du champ gravitationnel déflecteur mais n'émettant aucune lumière. La nature de cette masse « cachée » est encore inconnue. L'interprétation de cette image est subtile. Nous avons employé le terme de « courbure » pour qualifier la trajectoire lumineuse, mais c'est l'espace lui-même qui est courbé par la présence de l'amas. Dans cet espace courbe, la lumière suit toujours le chemin le plus court, qui se trouve n'être plus la familière ligne droite.*

Les diverses espèces proviennent toutes d'une origine commune : l'unicité du code génétique en est désormais une preuve rigoureuse.

Cette illustration, inspirée d'un dessin figurant dans un ouvrage d'Ernst Haeckel datant de 1868, L'Anthropogénie ou Histoire de l'évolution humaine, *tente, avec les données de l'époque, une représentation de leur différenciation au cours de l'évolution. Cet arbre ne correspond pas seulement à un classement. Il raconte une histoire dont les divers événements peuvent être approximativement datés. Aujourd'hui, ce sont surtout les informations génétiques recueillies sur diverses espèces peuplant la Terre qui permettent de comparer ces dernières et de caractériser leurs ressemblances et leurs dissemblances au moyen d'une « distance génétique ». Certaines protéines sont en effet présentes chez nombre d'entre elles. C'est le cas, en particulier, de l'hémoglobine des globules rouges, constituée, chez presque tous les vertébrés, de quatre chaînes d'acides aminés (voir pp. 18-19). Lorsqu'on compare ces chaînes chez des espèces différentes, on constate que certains acides aminés sont analogues et d'autres différents. Les différences apparaissent en seize points dans la comparaison homme-bovin et en soixante-huit points dans la comparaison homme-carpe. Des recherches semblables peuvent être effectuées pour de multiples protéines. L'ensemble de ces résultats permet de calculer des « distances », d'autant plus grandes que les dissemblances sont nombreuses. Moyennant quelques conventions, il est toujours possible de représenter les espèces étudiées au moyen d'un arbre de classement. Cette fois, le « chemin » reliant deux espèces passe par un « embranchement » d'autant plus élevé que leur distance est plus grande. Les mutations sont des variations aléatoires que subit l'ADN de l'organisme considéré. Il suffit qu'une mutation ait lieu sur un gène qui code une protéine donnée pour que cela entraîne une variation des acides aminés composant la protéine. En admettant que le rythme des mutations provoquant des différences entre les acides aminés ait été sensiblement constant dans l'histoire, les longueurs des diverses branches de l'arbre seraient proportionnelles aux durées écoulées entre les bifurcations successives. Ainsi, l'observation de la réalité aujourd'hui, pourvu qu'elle soit assez fine pour atteindre le niveau des molécules, nous permet de plonger notre regard dans une histoire qui a commencé peu après celle de notre planète, l'histoire de la vie et de son évolution.*

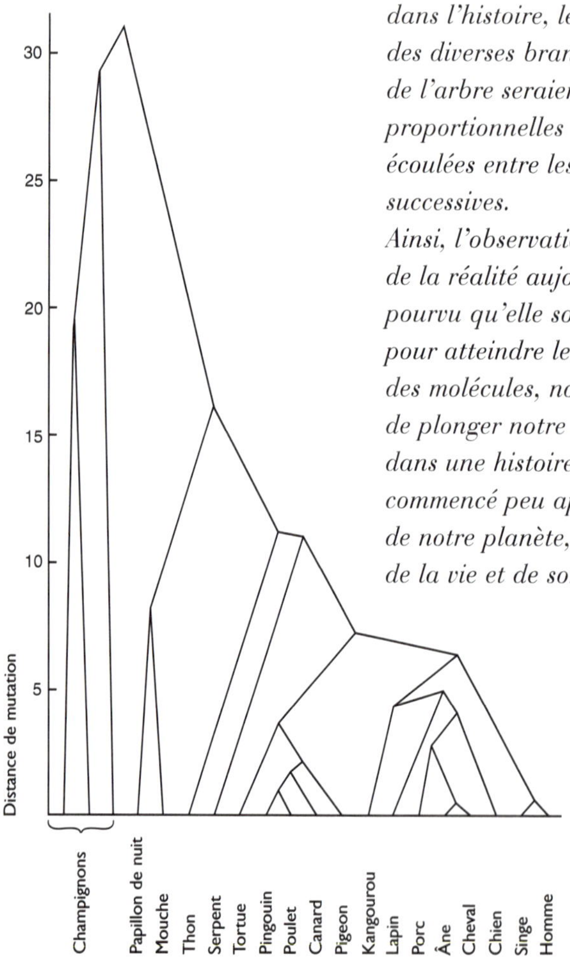

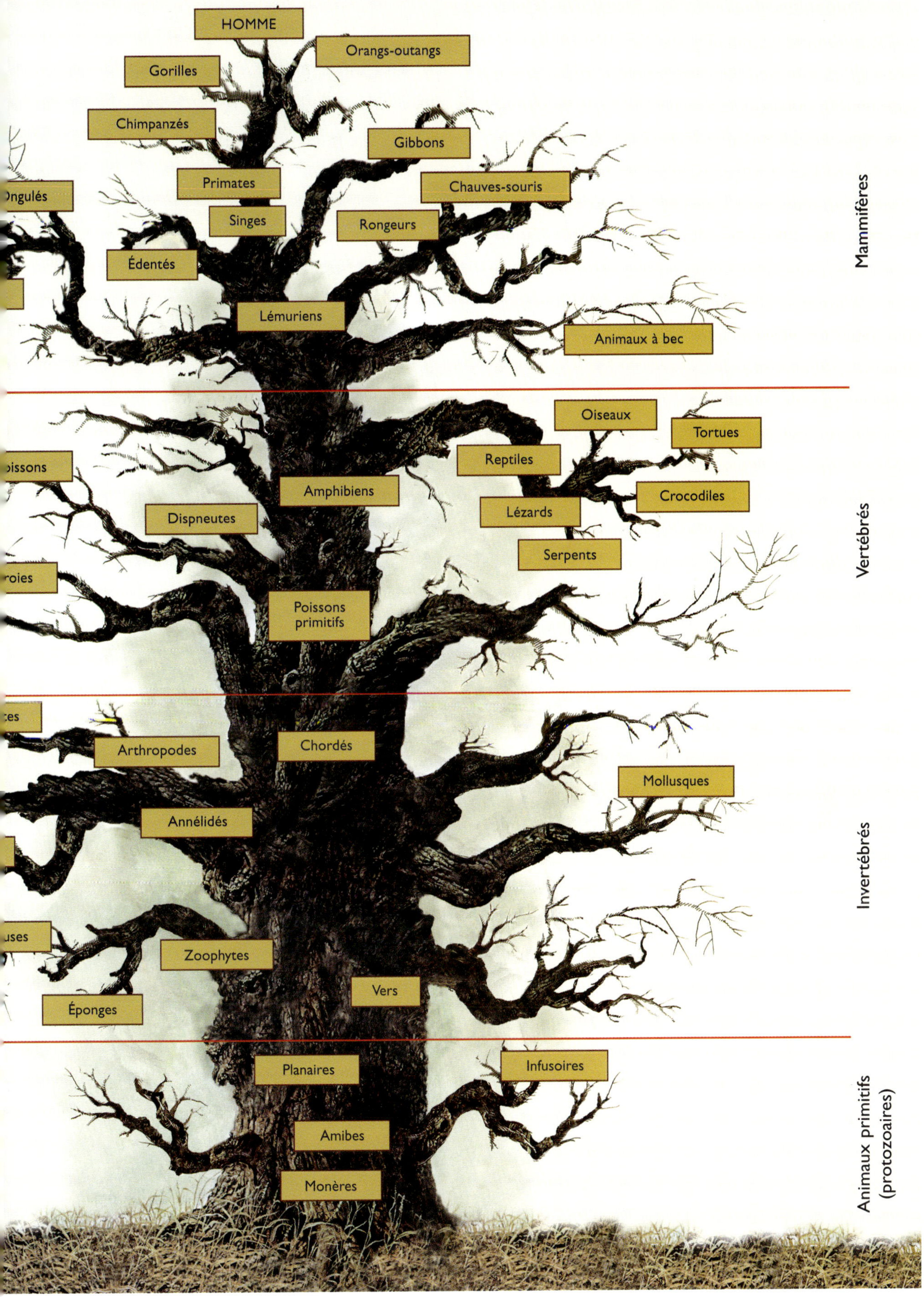
HOMME
Orangs-outangs
Gorilles
Chimpanzés
Gibbons
Primates
Chauves-souris
ngulés
Singes
Rongeurs
Édentés
Lémuriens
Animaux à bec
Mammifères
Oiseaux
Tortues
oissons
Reptiles
Amphibiens
Crocodiles
Dispneutes
Lézards
Serpents
roies
Vertébrés
Poissons primitifs
es
Chordés
Arthropodes
Mollusques
Annélidés
Invertébrés
uses
Zoophytes
Vers
Éponges
Planaires
Infusoires
Amibes
Monères
Animaux primitifs (protozoaires)

La lumière
n'est pas le contraire
de l'obscurité
puisqu'elle est capable,
par elle-même,
de se porter ombrage.

La lumière est souvent associée à une notion de clarté et de simplicité dont elle reste le symbole. La Genèse affirme que la lumière fut créée le premier jour du temps, précédant ainsi largement la complexité sans cesse accrue du monde. Pourtant, ce phénomène directement associé à la perception visuelle se révèle bien mystérieux. La lumière a elle aussi sa part d'ombre. « Nous saurions beaucoup de choses, affirmait le physicien Louis de Broglie, si nous savions ce qu'est un rayon lumineux. » De fait, la prétendue simplicité primitive de la « lumière du premier jour » a bouleversé à plusieurs reprises les fondements mêmes de la physique. Au lieu d'envisager l'ombre et la lumière sur le mode de l'opposition, comme nos paroles continuent de le faire, la physique les conçoit plutôt sous la coupe de l'unité. Elle prend acte du fait que de la lumière ajoutée à de la lumière peut produire de l'obscurité, c'est-à-dire l'apparence d'une absence locale de lumière. Cette curieuse façon qu'a la lumière de faire des additions est à l'origine des « interférences » lumineuses. Pour comprendre ce phénomène, revenons sur l'optique « géométrique », qui permet de déterminer la trajectoire des rayons lumineux. Selon elle, les zones d'ombre correspondent aux endroits où les faisceaux lumineux n'arrivent pas. Pourtant, lorsqu'un faisceau lumineux rencontre un écran percé d'un petit trou, l'image qu'il laisse sur un autre écran placé dans son prolongement n'est pas le simple reflet du trou. Elle présente une structure d'autant plus étalée que le trou est petit : on observe un étalement de l'impact du faisceau. Ce processus s'appelle la « diffraction ». Pareil phénomène, incompréhensible

dans le cadre de l'optique
géométrique, révèle l'aspect
ondulatoire de la lumière,
c'est-à-dire sa capacité
à se superposer à elle-même.
Cette propriété permet
d'expliquer les interférences
lumineuses, découvertes
par Thomas Young,
au début du XIXe siècle,
grâce à une expérience
consistant à percer un écran
opaque de deux petites fentes,
à éclairer l'écran et
à observer l'image obtenue
sur un second écran placé
à la suite du premier.
Chacune des deux fentes
diffractant la lumière,
on s'attend à voir sur l'écran
deux bandes élargies avec,
dans la zone où les deux
bandes se chevauchent,
une intensité lumineuse égale
à la somme des intensités
de chacune des bandes.
Au contraire, dans la zone
de recouvrement apparaissent
des franges d'interférences :
en certains points,
les faisceaux s'ajoutent
de façon constructive
et forment les franges claires ;
en d'autres points,
les faisceaux s'ajoutent
de façon destructive, de sorte
que ces points paraissent
sombres, comme
s'ils baignaient dans un halo
d'impossible lumière.

Depuis l'aube des temps, la navigation des astronomes dans le ciel ne saurait se passer de cartes.

Une vaste portion du ciel dans la constellation du Sagittaire, faisant environ douze fois la pleine Lune dans la dimension horizontale, est présentée ici de deux manières. En arrière-plan et en négatif, pour une meilleure lisibilité, figure un cliché photographique pris avec un filtre isolant la lumière rouge, tandis qu'en avant-plan et en superposition est reproduite une grille de coordonnées célestes (appelées « ascension droite » horizontalement, et « déclinaison » verticalement) qui permettent de repérer précisément la position de chaque objet céleste. L'ensemble des repères et signes identifient, selon la légende de droite (partiellement reproduite ici), les différents objets astronomiques de ce champ : étoiles principalement, mais aussi grandes nébuleuses gazeuses appartenant à notre galaxie (donnant des formes sombres sur le négatif), galaxies. La « résolution » ou finesse des détails de cette carte n'est pas plus infinie que ne le sont les détails d'une carte routière qui ne représente pas chaque arbre ou la largeur de chaque chemin. Ici, la résolution est limitée par l'étalement des images dû à la traversée de l'atmosphère terrestre par la lumière (voir pp. 130-131). Cette carte ne fournit aucune indication à des échelles plus petites que la seconde d'angle (soit environ un soixantième de millimètre à l'échelle de la page). Deux télescopes différents peuvent ainsi s'assurer qu'ils observent le même objet et comparer ultérieurement leurs résultats en repérant la position de cet objet par rapport à d'autres objets connus de la carte, ou bien en vérifiant avec précision l'affichage de ses coordonnées. La multiplication d'observations faites aux longueurs d'onde les plus

variées, depuis les rayons X jusqu'aux radiofréquences, par des instruments nécessairement différents rend nécessaire le « recalage » des images obtenues afin de déterminer les propriétés du rayonnement émis précisément par tel objet ou telle région de celui-ci : la carte fournit un repérage universel accepté de tous. Le Palomar Sky Survey dont est extrait ce document est une cartographie photographique précise d'une partie du ciel, celle observable depuis l'observatoire du mont Palomar, en Californie. Il a été complété depuis le Chili par un travail similaire. L'un et l'autre ont utilisé un télescope de Schmidt, une configuration particulière d'instrument qui fournit un champ de grande taille avec une image de très bonne qualité. C'est non loin de cette région du ciel qu'est observé, minuscule à cette échelle, le gros plan de la page suivante : c'est l'objet Messier 16, la nébuleuse de l'Aigle observée par Charles Messier (1730-1817) et figurant dans son catalogue.

SYMBOL TABLE

SYMBOL	MEANING	(NUMBER ON PLATE)
N	NEBULA	(25)
⊙	PLANETARY NEBULA	(33)
◈	ABSORPTION NEBULA	(106)
Ⅱ	H II REGION	(27)
✳	SUPERNOVA REMNANT	(3)
∫	STAR CLUSTER	(36)
△	PRECESSED CENTER	(4)
+	STAR	(425)

*Nurserie d'étoiles,
Piliers de la création,
Œufs de l'Aigle,
autant
de noms poétiques
donnés depuis 1995
à cette petite région
du ciel, située
à sept mille
années-lumière
de la Terre,
dans la constellation
boréale du Serpent.*

Cette image provoque d'abord un choc esthétique par ses formes insolites, ses couleurs très pures, le mouvement qu'elle suggère. Mais sa complexité même l'empêche de parler. Seul un immense corpus de connaissances, acquis pendant des décennies par des générations d'astrophysiciens, permet d'interpréter ces formes et ces couleurs. L'image a été faite par la caméra du télescope spatial Hubble *(voir pp. 68-69), successivement avec trois filtres colorés sélectionnant les raies spectrales (voir pp. 14-15) caractéristiques de la présence de trois éléments chimiques : le rouge est dû à des atomes de soufre S, le vert à l'hydrogène H et le bleu à l'oxygène O. Puis les trois images ont été superposées numériquement.*

A cette échelle et vu à cette distance, notre Système solaire occuperait environ un millimètre sur l'image. La scène se déroule dans notre galaxie, au sein du milieu interstellaire, ce vaste espace situé entre les étoiles, qui est le plus souvent empli de gaz (de l'hydrogène surtout, mais aussi des traces des autres éléments chimiques, tel le soufre ou le carbone) et de poussières microscopiques (silicates comme dans nos roches terrestres, molécules d'hydrocarbures). Ces immenses nuages (voir pp. 90-91) sont plus ou moins denses et affectent donc inégalement la lumière qui les entoure, lumière résultant de la présence d'étoiles, qu'elles soient extérieures aux nuages ou immergées en leur sein : les poussières qu'ils contiennent absorbent fortement cette lumière, ce qui produit un effet de silhouettes obscures dès que la densité du nuage est importante. Le gaz, quant à lui, produit ces belles couleurs, caractéristiques de sa température, ce qui permet de la mesurer. L'essentiel de la matière de ces piliers est de l'hydrogène sous forme moléculaire qui, de ce fait, n'émet pas de lumière : ce n'est qu'au bord du pilier que les molécules H_2, brisées par le rayonnement ambiant dû aux chaudes étoiles voisines, se transforment en atomes H et émettent alors une lumière verte. Cet intense rayonnement stellaire érode progressivement le nuage, à la lisière duquel on note la présence de fins piliers obscurs qui s'en détachent. Chacun d'eux est surmonté d'un petit globule dense qui le protège de l'érosion et maintient derrière lui, dans son ombre, une colonne de gaz : comment ne pas évoquer les « cheminées de fées » bien connues sur Terre, ces colonnes friables protégées de la pluie par un rocher qui demeure à son sommet. Ces globules denses contiennent des étoiles en formation, ou tout juste formées, peut-être entourées d'un cortège de planètes naissantes (voir pp. 152-153). Le cocon de poussières sera progressivement expulsé par le rayonnement lumineux du jeune soleil qu'il contient et le système deviendra alors observable (voir pp. 152-153).

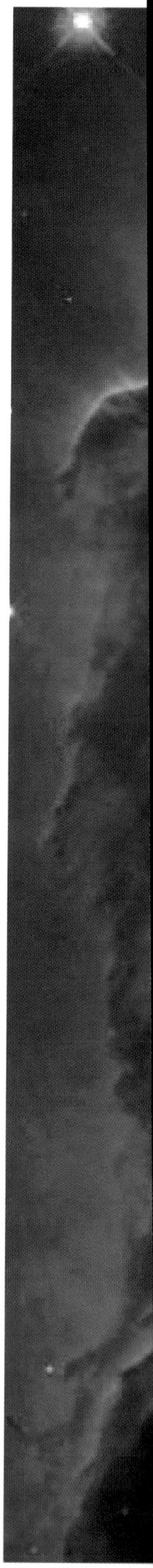

L'arrangement des atomes, révélé par la microscopie électronique, permet de comprendre comment une céramique se forme.

L'arrangement périodique d'atomes qui constitue le réseau cristallin des minéraux diffracte (dévie dans plusieurs directions) un faisceau d'électrons qui traverse une mince lame de cristal. En recombinant les faisceaux diffractés (microscopie électronique en transmission à haute résolution), on obtient une image de la position des atomes dans un plan perpendiculaire au faisceau d'électrons incident. Cette technique permet d'observer les structures cristallines et leurs modifications à l'échelle atomique. On voit ici la micrographie à haute résolution d'un cristal de sillimanite, minéral de formule Al_2SiO_5*, que l'on peut aussi écrire (*Al_2O_3*,* SiO_2*). Cette notation signifie que l'on pourrait synthétiser la sillimanite à partir d'alumine* Al_2O_3 *et de silice* SiO_2 *en parties égales (mais sa structure cristalline est différente de celle de l'alumine et de celle de la silice). Les points blancs correspondent à l'emplacement des atomes, distants les uns des autres de 74,8 nm (nanomètres ou millionièmes de millimètre) dans une direction et de 76,7 nm dans la direction perpendiculaire. A haute température, la sillimanite perd de la silice et se transforme en un autre minéral, la mullite,*

de formule ($3Al_2O_3$, $2SiO_2$). C'est une réaction importante dans la fabrication de la porcelaine et des céramiques réfractaires. On voit ici une étape du processus de formation de la mullite à partir de sillimanite recuite pendant trente minutes, sous une pression de dix mille atmosphères, à 1 675 °C. La silice précipite à partir du réseau de la sillimanite ; le précipité germe le long de plans contenant une grande densité d'atomes et s'épaissit en prenant une forme rectangulaire. En grossissant, le précipité s'arrondirait et finirait par prendre une forme globulaire. La silice précipitée étant amorphe, les atomes y sont désordonnés, donc ne diffractent pas les électrons. Lorsqu'il rencontre le précipité, le faisceau d'électrons traverse donc la lame mince sans être dévié et ce précipité apparaît comme un rectangle blanc dans lequel on ne voit pas d'atomes en contraste. La région qui entoure le précipité a perdu la silice qui s'est rassemblée dans ce précipité. Elle est constituée de mullite, mais elle ne se distingue pas de la sillimanite sur la micrographie, car la mullite et la sillimanite ont la même structure cristalline et des distances interatomiques très voisines.

Ce cliché de diffraction aux rayons X d'un cristal d'ADN a joué un rôle essentiel dans la détermination de la structure en double hélice de cette molécule fondamentale de la vie.

Les êtres vivants ont comme particularité d'être constitués d'un grand nombre de molécules organiques, dont certaines sont de grande taille : les macromolécules comme les protéines, les lipides, les sucres et les acides nucléiques. La détermination de leur structure dans l'espace, essentielle pour comprendre leur fonction biologique, est rendue difficile en raison du grand nombre d'atomes qui les constituent (des milliers). Une des méthodes les plus utilisées consiste à les purifier et à en obtenir une forme cristalline dans laquelle les différents exemplaires de la molécule étudiée sont disposés de manière régulière dans l'espace. Le cristal de la substance pure est ensuite placé dans un faisceau de rayons X. Ces rayons ont une grande énergie et traversent facilement le cristal. Ceux qui passent à proximité des atomes sont diffractés d'une manière caractéristique, révélatrice de la disposition relative des atomes dans l'espace. La cristallisation des macromolécules n'obéit pas à des règles simples, chaque cas est particulier. C'est tout un art d'obtenir des cristaux de qualité et de taille suffisante pour une étude par diffraction. Dans le cas de l'acide désoxyribonucléique ou ADN, constitué d'un enchaînement de nucléotides, Maurice Wilkins, au King's College *de Londres, a d'abord eu le mérite d'établir les règles empiriques qui permettent d'obtenir des cristaux d'ADN comme ceux que l'on voit à droite. Cette image obtenue au microscope optique en lumière polarisée ressemble à celles que l'on obtient en observant des minéraux, les couleurs révélant les orientations des zones cristallisées. L'étape suivante, tout*

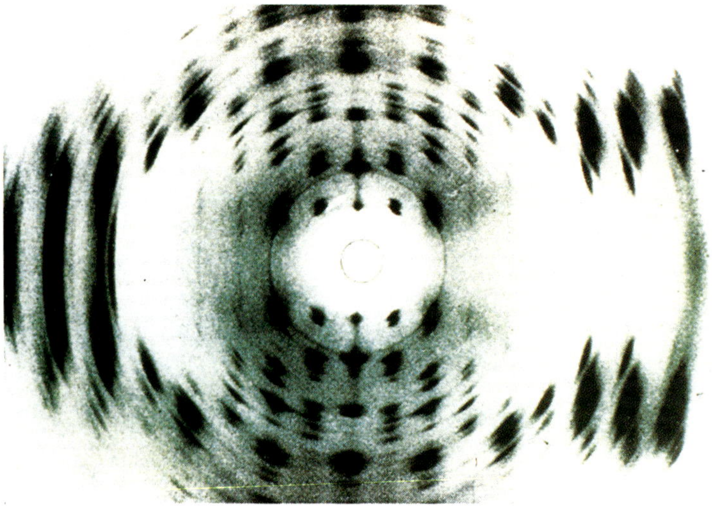

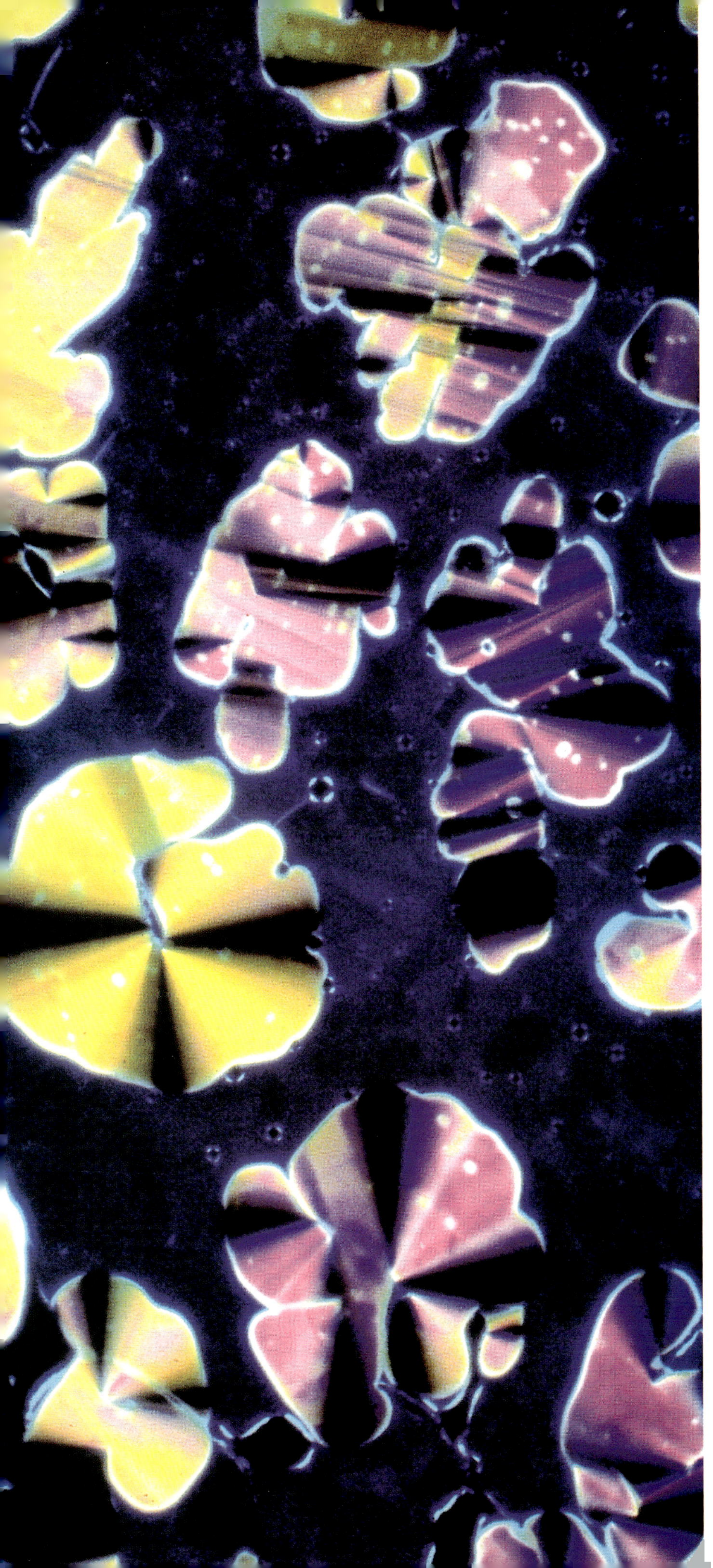

aussi délicate, consiste à irradier le cristal avec les rayons X sans le détruire, de manière à obtenir une image nette. Au King's College, *en 1952, Maurice Wilkins, Rosalind Franklin et leurs collaborateurs ont réussi à obtenir des images de grande qualité comme celle présentée dans le médaillon. Même pour les meilleurs spécialistes de l'époque, il n'était pas aisé d'interpréter un tel résultat. Il s'agit de relier la disposition régulière des taches à celle des atomes dans le cristal. En s'appuyant sur les travaux antérieurs de William Astbury, ils ont suggéré une structure en double hélice pour les chaînes d'ADN. Ils ont également compris la disposition des différents éléments des nucléotides dans cette double hélice, les groupements phosphate et les sucres désoxyribose de chaque nucléotide se trouvant à l'extérieur de l'hélice, alors que les bases nucléiques sont à l'intérieur. Nous verrons à propos de la prochaine image l'importance de ces découvertes pour la compréhension du rôle de l'ADN dans le fonctionnement des êtres vivants.*

La structure en double hélice de la molécule d'ADN a permis de comprendre son rôle dans l'hérédité.

Dans l'image précédente, nous avons vu les résultats expérimentaux qui ont servi de point de départ pour la détermination des caractéristiques générales de la structure en double hélice de l'ADN. A l'université de Cambridge, Francis Crick et James Watson ont entrepris de construire des modèles rendant compte des propriétés de l'ADN. Le fait que Francis Crick était un spécialiste de la cristallographie des protéines adoptant localement une forme d'hélice lui a permis d'exercer sa maîtrise de la transformée de Fourier (un traitement mathématique établi par le Grenoblois Joseph Fourier au XIX*e siècle), pour ajuster les modèles aux données expérimentales obtenues par l'équipe londonienne du* King's College *(voir pp. 96-97). Sur cette image, un modèle de la double hélice est représenté à l'aide*

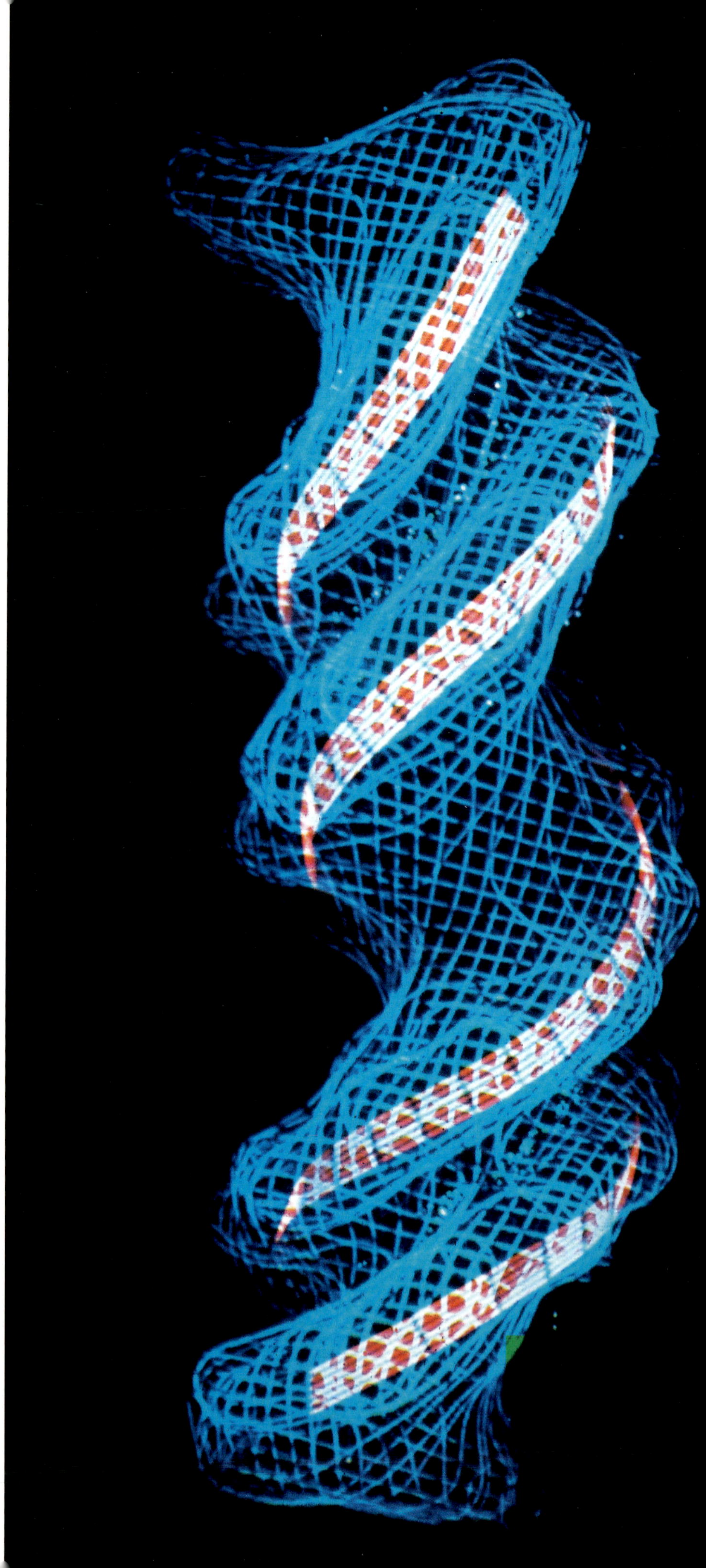

d'un ordinateur. Les brins d'ADN figurent en rouge et l'espace occupé par l'ensemble des électrons associés à tous les atomes de la molécule apparaît en bleu. Celle-ci est constituée de quatre types de nucléotides : l'adénine, la thymine, la cytosine et la guanine, notés A, T, C et G en abrégé. La double hélice tourne vers la droite, comme le font les pas de vis en général. Elle est constituée de deux sillons, l'un étroit et l'autre plus large. Les protéines qui participent à la compaction de l'ADN dans les chromosomes (voir pp. 182-183) ou qui interviennent dans l'activation des gènes viennent se fixer dans ces sillons. Dans cette représentation, on ne voit pas la manière dont les deux brins de la double hélice tiennent ensemble. En réalité, ils sont orientés en sens inverse l'un de l'autre, l'un montant et l'autre descendant, ce qui peut apparaître comme un détail mais est en fait d'une importance fondamentale. Autre « détail » dont la structure devait rendre compte : une observation faite en 1950 par Erwin Chargaff à l'université de Columbia à New York montre que, dans l'ADN d'une espèce donnée, on trouve une proportion identique des nucléotides A et T, d'une part, et des nucléotides C et G, d'autre part. La structure détaillée a été finalisée à la fin de l'hiver 1953, lorsque James Watson, guidé par les conseils de Jerry Donohue, a réussi à emboîter précisément dans un modèle A avec T et C avec G. Cet emboîtement des bases par complémentarité dans la partie centrale de la double hélice est représenté dans le médaillon. Il découle immédiatement de cette structure que l'information génétique est définie par l'ordre des nucléotides le long des brins d'ADN et que chaque brin peut servir de matrice pour la formation d'un brin complémentaire, grâce à l'appariement spécifique des bases. Ce mécanisme permet la duplication de l'ADN à l'identique (aux mutations près) et la transmission de l'information génétique au cours des générations. Élémentaire, mon cher Watson !

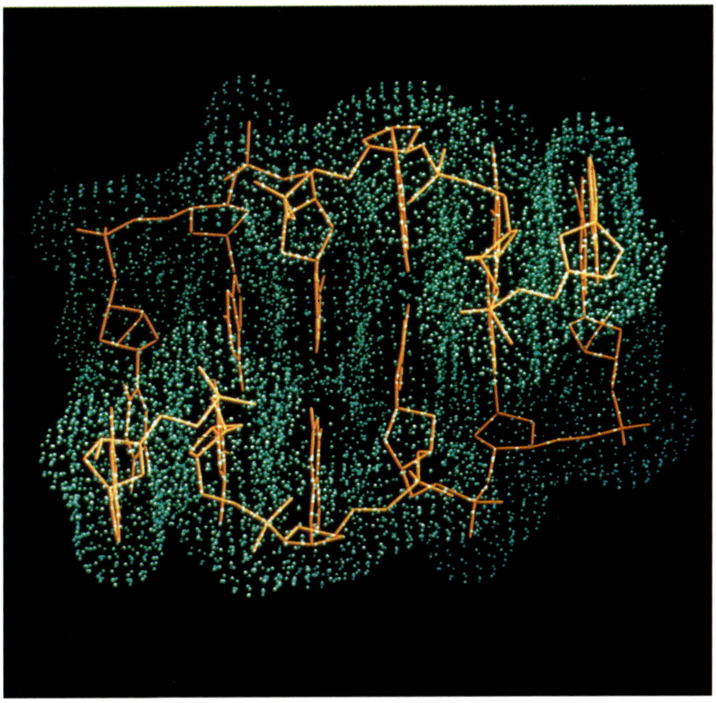

Toutes les cerises ont un noyau dur ; mais il est d'innombrables noyaux qui ne sont point durs.

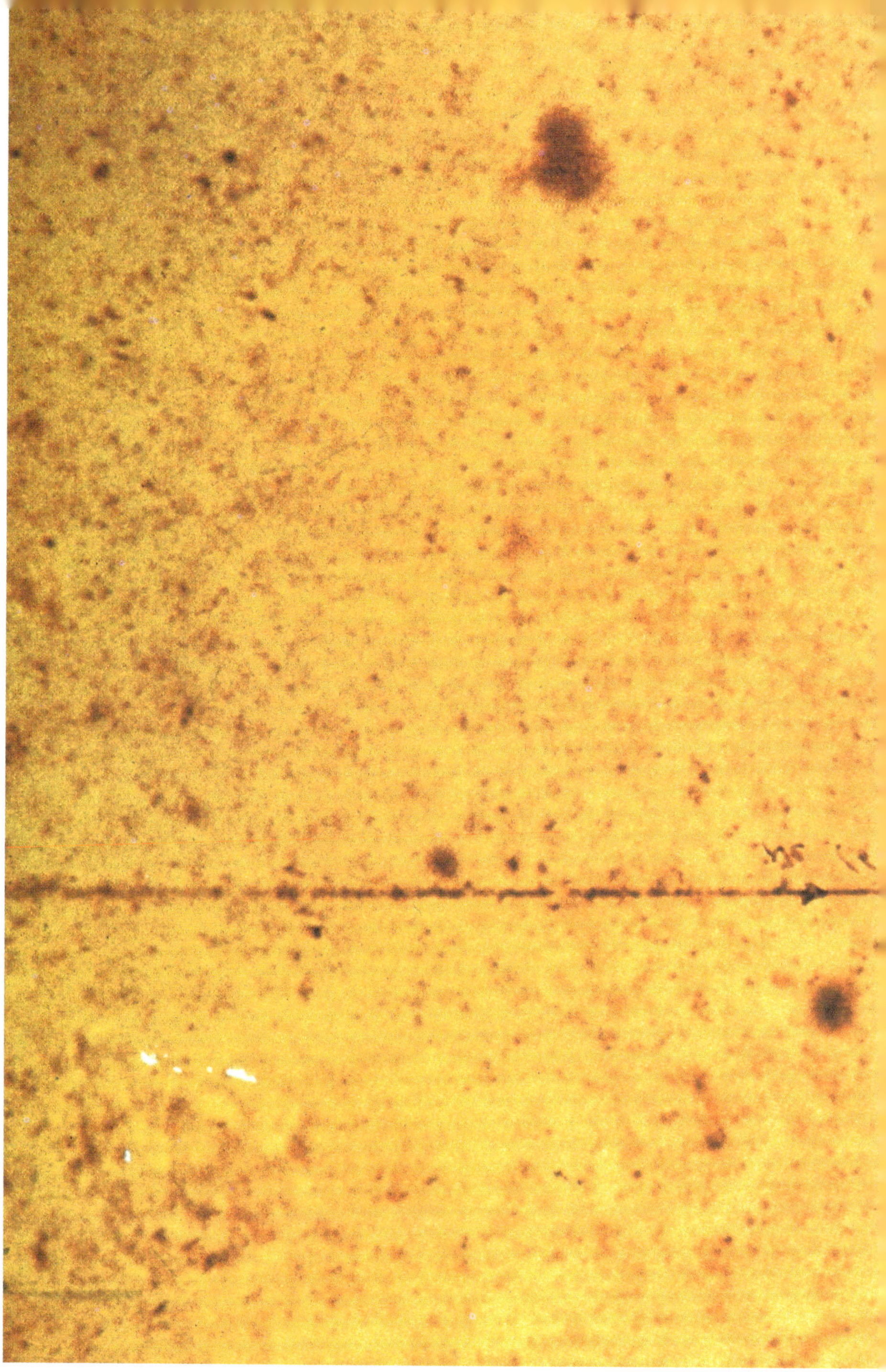

Les noyaux atomiques constituent le cœur des atomes. Chacun d'eux est un assemblage de protons, chargés électriquement, et de neutrons, de charge électrique nulle. Leur stabilité résulte pour l'essentiel de la compétition entre l'interaction nucléaire forte, très puissante et de très courte portée, qui tend à attirer sans distinction aucune les protons et les neutrons les uns contre les autres, et l'interaction électromagnétique, qui n'agit pas sur les neutrons mais fait se repousser les protons entre eux. On sait depuis longtemps que l'atome de la physique contemporaine a échappé à son étymologie (atome vient du grec atomos, *qui signifie « indivisible ») puisqu'il est divisible. Son noyau lui-même n'est pas insécable.*

Lors d'une réaction nucléaire, les protons et les neutrons constituant un noyau atomique donné peuvent se réarranger et constituer de nouveaux noyaux. La photographie montre la trace d'un noyau incident entrant en collision avec un noyau cible. Le noyau incident se fragmente en plusieurs noyaux plus légers, dont les traces se répartissent en étoile autour du noyau cible. A voir ces trajectoires, on se persuade que les noyaux atomiques sont de toutes petites billes très dures. Pourtant, c'est en imaginant que la matière nucléaire se comporte comme un fluide, c'est-à-dire comme

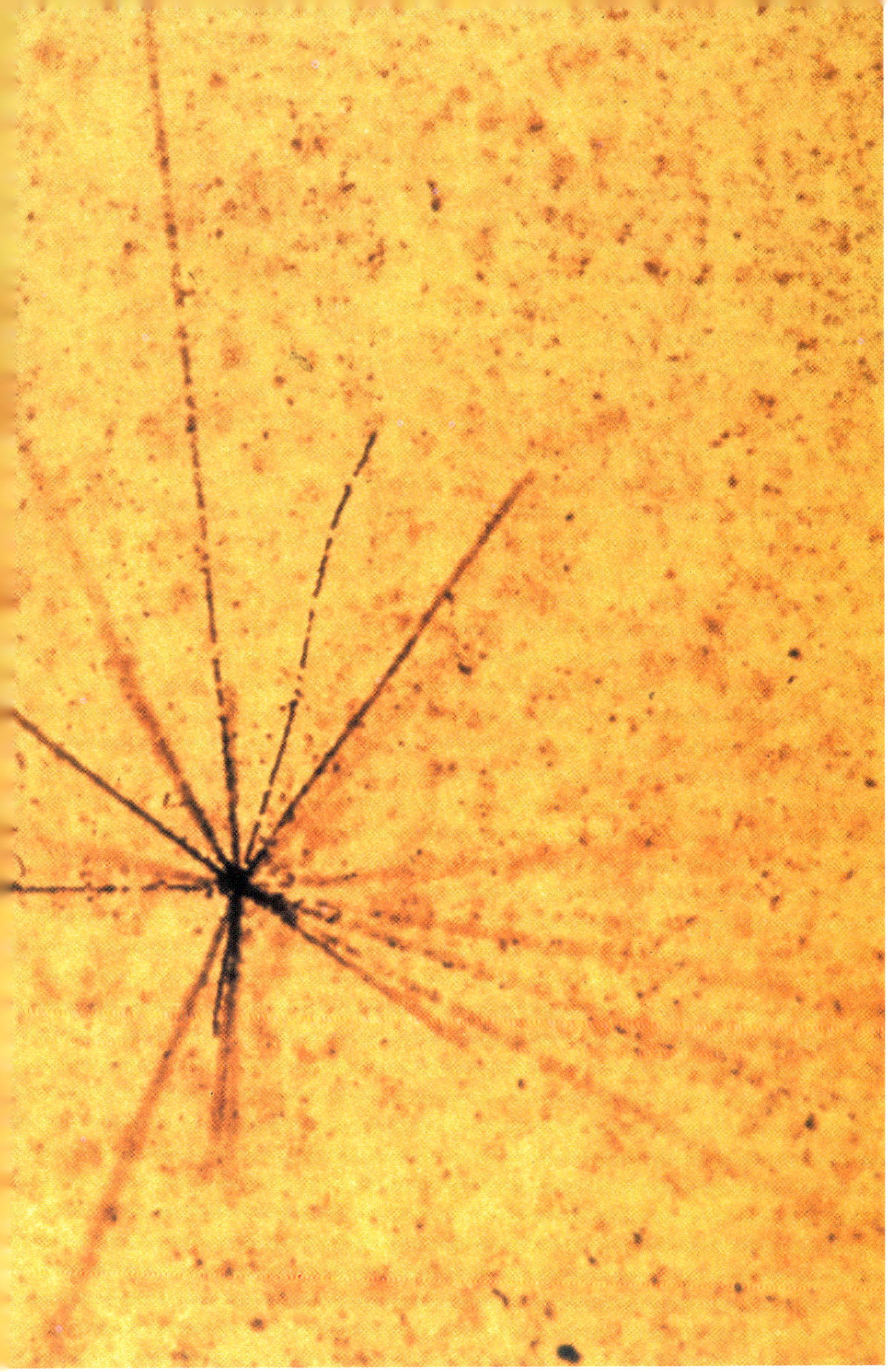

un liquide ou comme un gaz, que l'on comprend ces phénomènes. A basse température, protons et neutrons interagissent au sein des noyaux atomiques un peu comme les molécules d'un liquide ordinaire. A plus haute température, la matière nucléaire peut être dans un état liquide ou gazeux, selon sa densité et sa température. Lorsqu'on projette un faisceau d'ions (c'est-à-dire d'atomes privés d'une partie de leurs électrons) sur des noyaux au repos, on crée de nouveaux noyaux dont la température peut atteindre plusieurs milliards de degrés. Juste après la collision, le noyau chaud subit une compression. Puis vient une phase d'expansion durant laquelle il commence à se refroidir. Si, après la collision, il n'est qu'à « basse » température (dix petits milliards de degrés, tout est relatif) avec une densité voisine de la normale pour un noyau atomique (2×10^{17} kilogrammes par mètre cube, soit 2×10^{14} fois plus que la densité de l'eau liquide...), il s'évapore partiellement en émettant des particules légères. Si sa température est voisine de cinquante milliards de degrés avec une faible densité, il se désintègre en plusieurs fragments de masse variable, comme sur la photographie. Si sa température est encore plus élevée, les modèles théoriques indiquent qu'il pourrait se vaporiser, c'est-à-dire se désagréger en une multitude de particules légères. Comme on le voit, il arrive au concept de « noyau dur » d'être tout le contraire du pléonasme qu'il est dans le langage ordinaire.

Une éponge vue de l'intérieur : sa structure microscopique est adaptée à la maîtrise de l'espace et à la capture de liquides nutritifs.

Environ trente millions d'espèces animales se sont développées sur la Terre depuis près d'un milliard d'années. Parmi les animaux multicellulaires les plus simples, qui semblent dériver des protozoaires flagellés comme les paramécies (voir pp. 54-55), les éponges forment le groupe des Porifères. Comme leur nom l'indique, elles sont porteuses de pores, ce qui leur permet de filtrer l'eau dans laquelle elles vivent. Ce filtrage peut être passif, pour les éponges qui vivent en bord de mer et bénéficient des courants provoqués par les marées ou, pour celles, plus rares qui vivent dans les cours d'eau douce. Il peut être actif grâce à l'action de cellules spécialisées qui portent

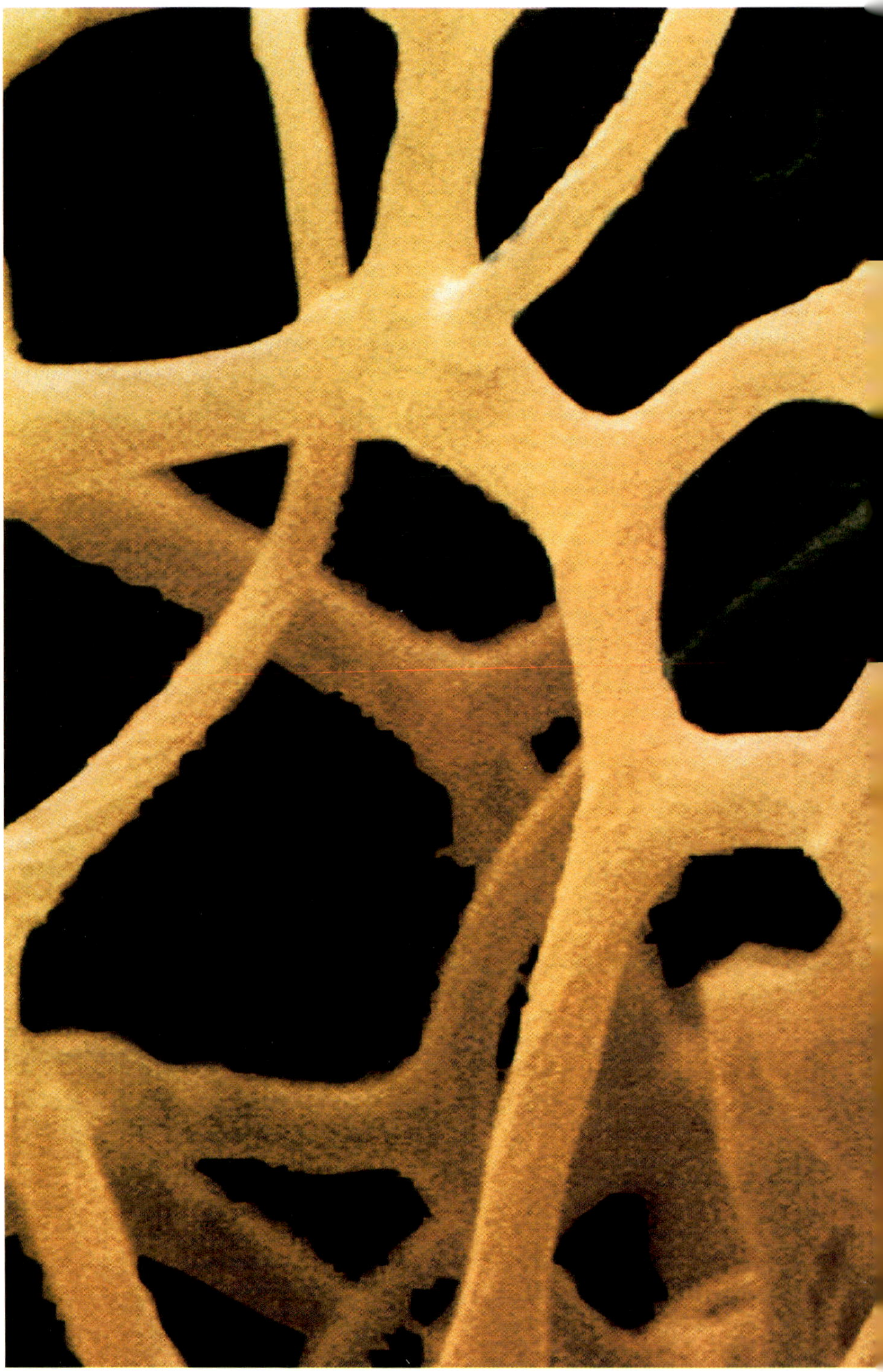

des flagelles. Les éponges attrapent ainsi leur nourriture constituée de particules organiques et d'organismes simples. Contrairement aux animaux plus complexes, les éponges n'ont pas de plan d'organisation ni de structure très différenciée en organe. Leurs cellules sont disposées en un réseau lâche autour d'un système de canaux.

La structure de ces derniers est maintenue à l'aide d'un squelette formé de pointes de calcaire et de silice associées à une protéine appelée « spongine », comme il se doit.

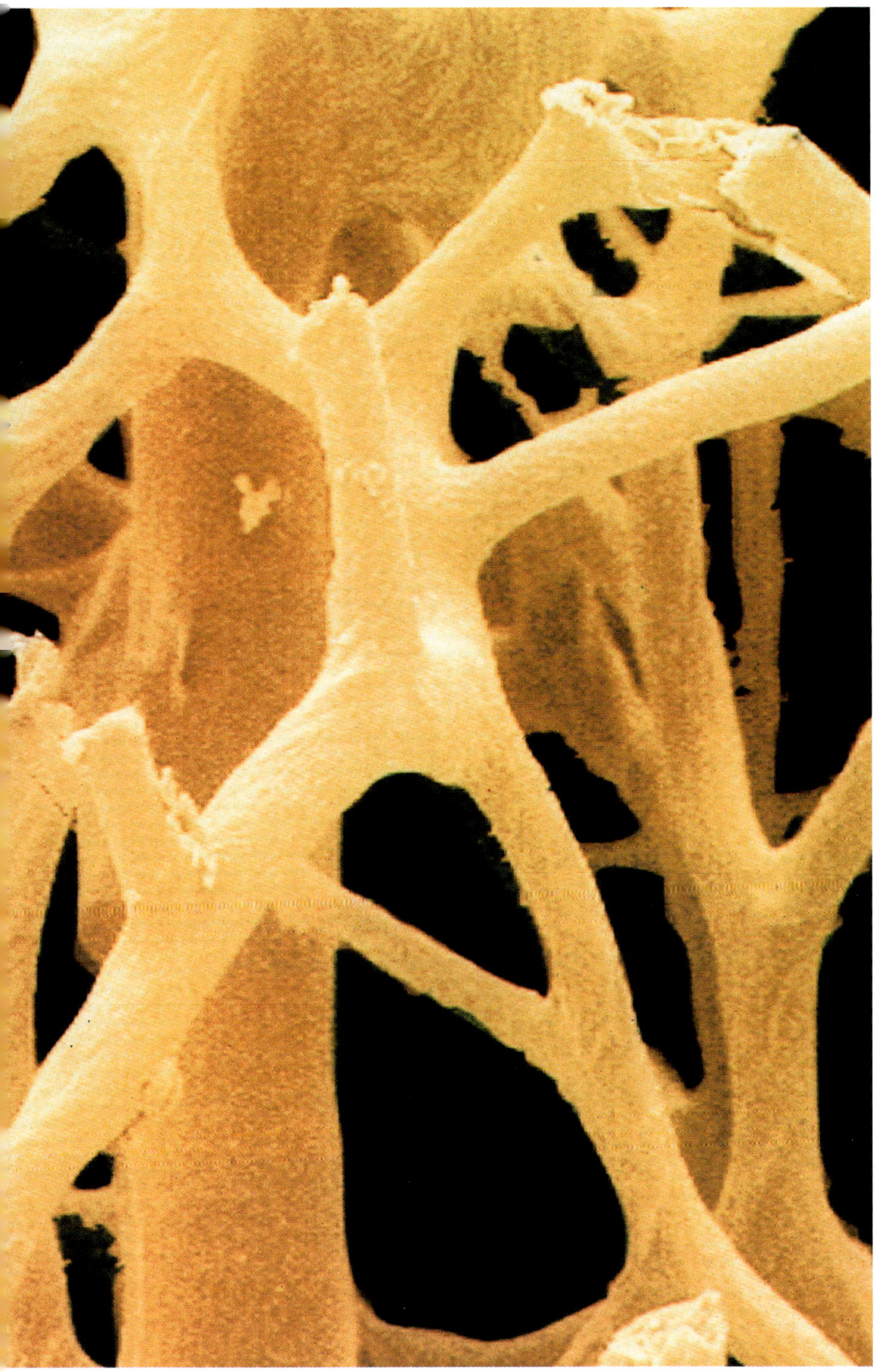

C'est ce squelette de structure branchée que l'on voit ici agrandi environ cent fois grâce au microscope électronique à balayage. L'impression de relief procurée par cette image résulte de la réflexion des électrons sur la surface des cellules de l'éponge. Cette structure, qui contient manifestement plus d'espace vide que de zones pleines, est particulièrement adaptée à la fonction de filtrage de l'eau, essentielle à la vie de l'éponge. On comprend ainsi l'origine des qualités spécifiques de l'éponge qui la rendent irremplaçable pour les tâches ménagères et pour l'effacement des tableaux de nos écoliers. Par endroits, le réseau adopte des formes régulières comme le pentagone central. Cette géométrie reflète des règles sous-jacentes qui président à la formation du réseau lorsque l'éponge se forme. Il s'agit d'une sorte d'auto-assemblage lié aux propriétés intrinsèques des cellules. En effet, si on les sépare d'une éponge formée et qu'on les mélange, elles forment une nouvelle éponge ayant une structure semblable. De telles régularités seraient dues à des contraintes d'occupation de l'espace qui affectent aussi bien les molécules dans les cristaux que les cellules dans les organismes vivants.

Les réticulites sont des mousses de lave qui renseignent sur la physique des éruptions volcaniques.

Lorsque le magma qui alimente un volcan monte vers la surface, il se décomprime et le gaz qu'il contient en solution se dégage en bulles, comme lorsque l'on ouvre une bouteille de champagne. Si la lave est visqueuse, les bulles ont du mal à grossir mais sont très nombreuses et l'on peut obtenir de la lave pleine de petites bulles si légère qu'elle flotte sur l'eau : c'est la pierre ponce. Par contre, si la lave est très fluide, les bulles peuvent se dilater facilement et former une mousse appelée réticulite. C'est la roche la plus légère que l'on connaisse sur Terre : sa densité peut être aussi faible que 0,3 g/cm^3*. Au cours de la décompression par refroidissement rapide dans l'atmosphère, la lave liquide se fige en un verre. La taille et l'arrangement des bulles dans les réticulites renseignent sur les conditions de la décompression. La reticulite montrée sur la photographie ci-contre provient de l'éruption dite de « Puu Oo » du volcan Kilauea, à Hawaii, qui a commencé en 1983 et se prolonge encore en 1999. Les laves basaltiques des volcans des îles océaniques, comme Hawaii ou la Réunion, sont très fluides et font souvent éruption en « fontaines de lave », jets de roche fondue, qui sont propulsés par la force expansive du gaz et qui jaillissent à des hauteurs pouvant atteindre quelques centaines de mètres. En grossissant, les bulles sont arrivées au contact les unes des autres et ont pris une forme polyédrique ; elles sont arrangées selon un empilement quasi-parfait. Ceci montre que l'étape de germination des bulles a été assez précoce et que leur croissance et leur réarrangement a pu se faire facilement dans le magma basaltique très fluide, comme des bulles d'air s'arrangeant dans une mousse de savon.*

Les parois vitreuses des bulles, extrêmement fines et fragiles, ont été brisées lors de la phase finale de décompression et de dilatation. Il reste un squelette formé par les filets de verre, plus résistants, aux arêtes jointives des polyèdres. L'observation des réticulites démontre que, malgré les vitesses élevées – de l'ordre de la centaine de mètres par seconde – du jet de lave qui sort de l'évent et donne naissance à la mousse, la dilatation du gaz peut se prolonger longtemps sans détruire la structure de la mousse. Dans la réticulite ci-contre, la fraction volumique de gaz est de 98 %, c'est-à-dire que le volume du verre ne représente que 2 % du volume total.

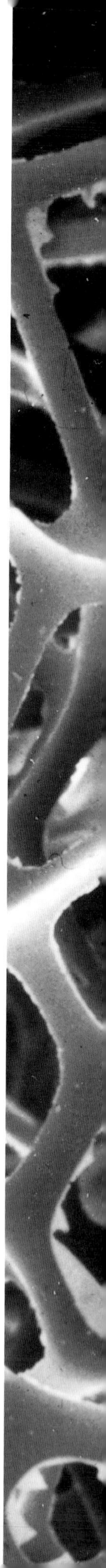

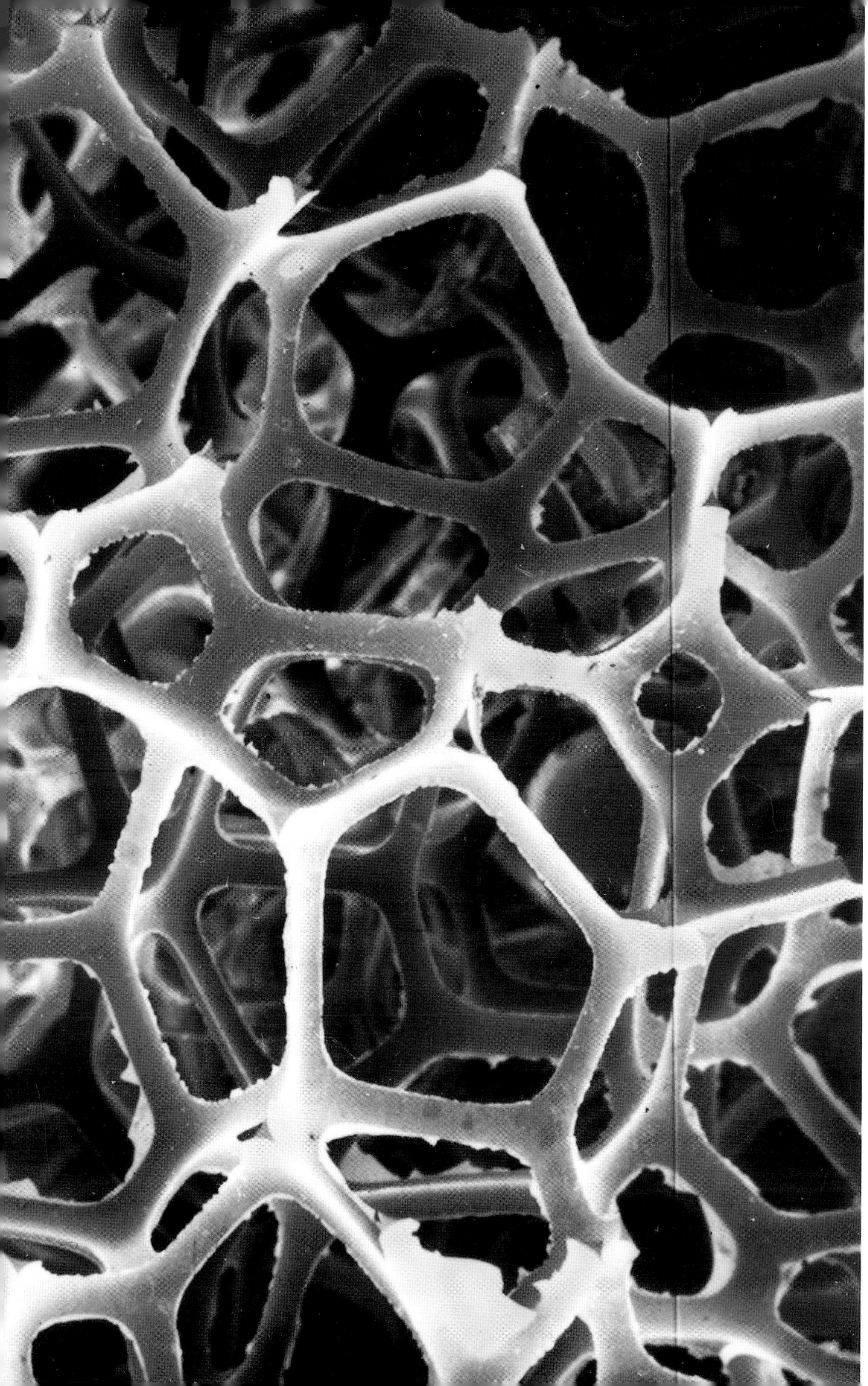

Rencontre entre deux molécules : la petite est un médicament, la grande une protéine servant de récepteur au médicament. Une telle interaction s'apparente à l'entrée d'une clé dans une serrure ou à celle d'une fiche dans une prise électrique.

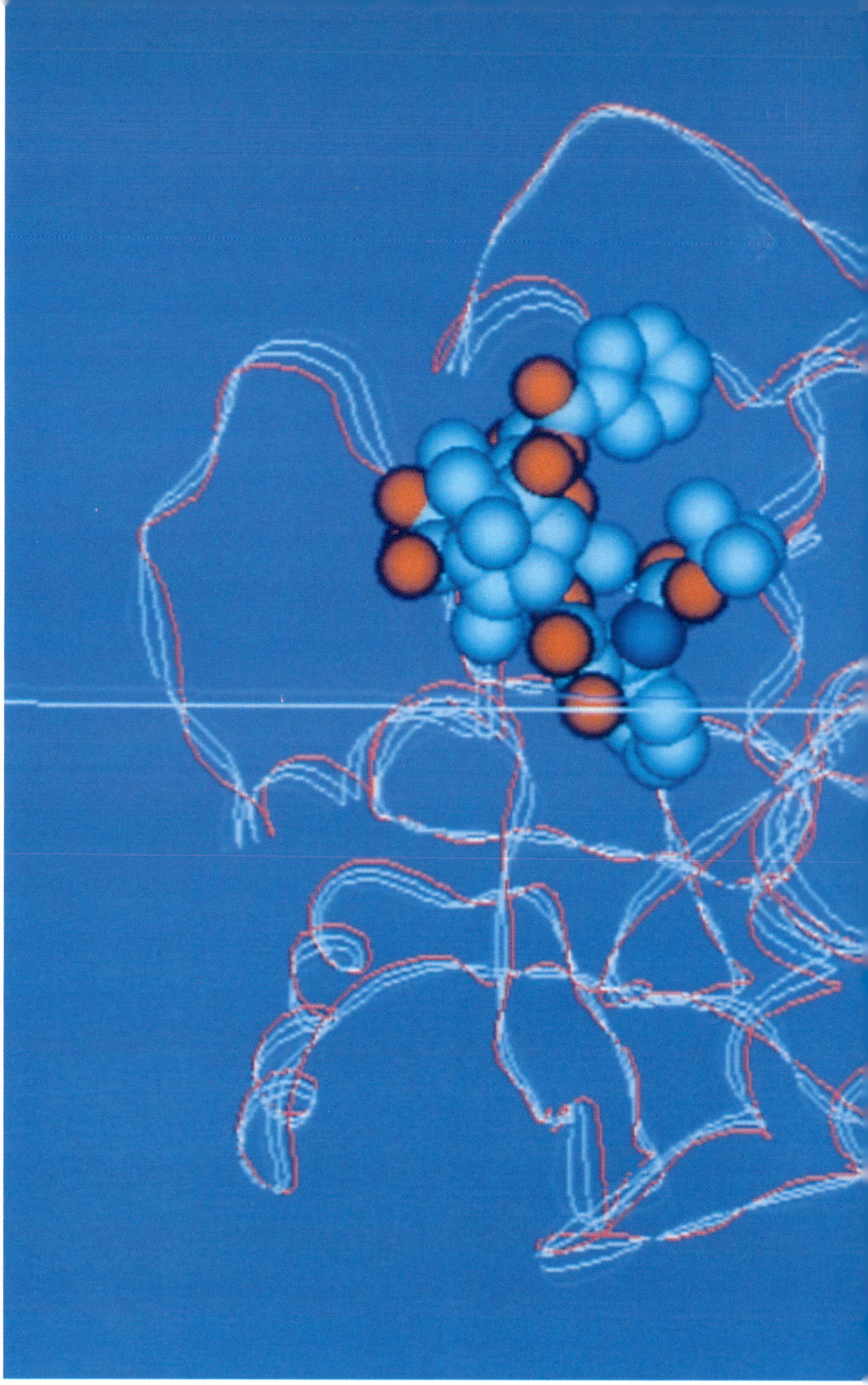

On dit que la protéine sert de récepteur au médicament. Il s'ensuit une séquence de réponses de la part des cellules et de l'organisme auxquels appartient cette protéine. Mais on ne parvient pas encore à suivre cette interaction en temps réel et à la dimension atomique, celle du dixième de nanomètre (dix millième de millionième de mètre). D'ailleurs, même si on le pouvait, il serait difficile d'y discerner grand-chose, compte tenu de la présence de nombreux autres constituants cellulaires. C'est donc une réalité virtuelle que vous avez sous les yeux. On a programmé un ordinateur pour qu'il dessine chacune des deux molécules en présence, dans une disposition réaliste des atomes. Grâce à l'ordinateur, on visualise sur demande la rencontre entre les deux molécules, semblable à l'accostage d'un navire par un canot. Cette image de synthèse a le mérite de permettre de localiser le site récepteur proprement dit, sur la protéine, dans lequel vient s'engager la molécule du médicament ; puis de permettre d'identifier les atomes en regard, dans les deux molécules – ce qui est indispensable pour essayer d'améliorer l'efficacité du médicament. L'un des défauts de cette image de synthèse est son statisme : dans la réalité, les deux molécules sont animées d'un mouvement

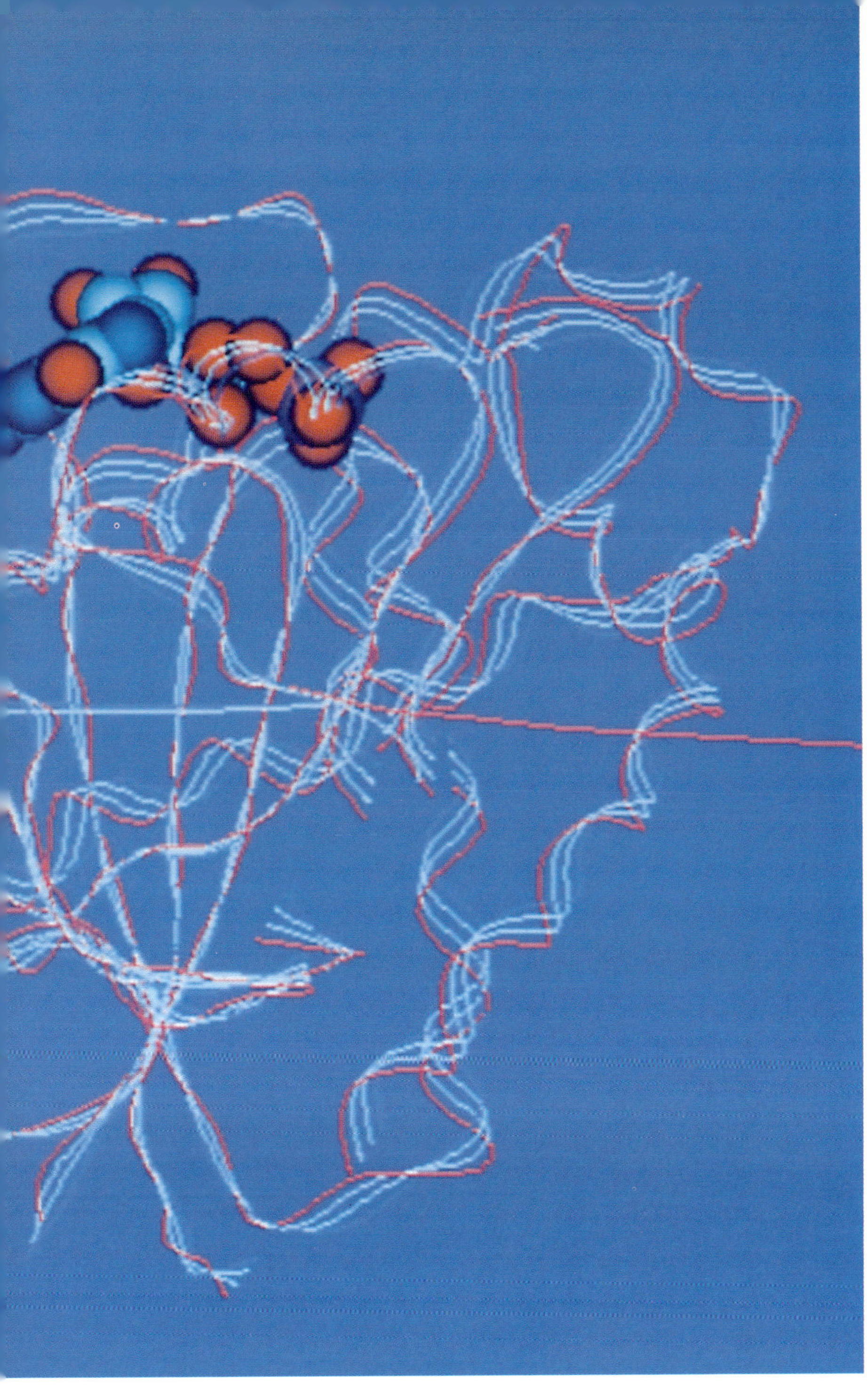

incessant. Cet ensemble se déplace et tremblote. Cette image ne présente que la position d'équilibre de chacun des atomes, position autour de laquelle il subit un mouvement de faible amplitude mais en tous sens. La molécule de médicament est le taxotère®, un antitumoral, l'un des plus efficaces dans le traitement des cancers du sein et de l'ovaire. C'est une molécule apparentée au taxol®, une substance naturelle issue de l'écorce d'ifs des forêts du Nord-Ouest des États-Unis. Plusieurs troncs de ces arbres seraient nécessaires pour traiter une seule femme, aussi le taxol® a-t-il été synthétisé pour être produit en quantité suffisante et éviter de provoquer un désastre écologique par la coupe systématique de ces arbres. L'une des synthèses, particulièrement astucieuse, utilisées par l'industrie pharmaceutique transforme en peu d'étapes en taxotère® une substance extraite des aiguilles d'ifs européens, Taxus baccata, qu'on récolte dans ce but.
La protéine réceptrice est la tubuline : elle intervient dans la division cellulaire pour former des fuseaux de microtubules sur lesquels les chromosomes viennent se fixer et glisser comme sur des rails lors de leur regroupement par paires, puis lors de leur séparation au cours de la duplication de la cellule. La fixation du taxotère® sur la tubuline inhibe la formation de microtubules et tue les cellules qui se divisent trop activement, en particulier les cellules cancéreuses.

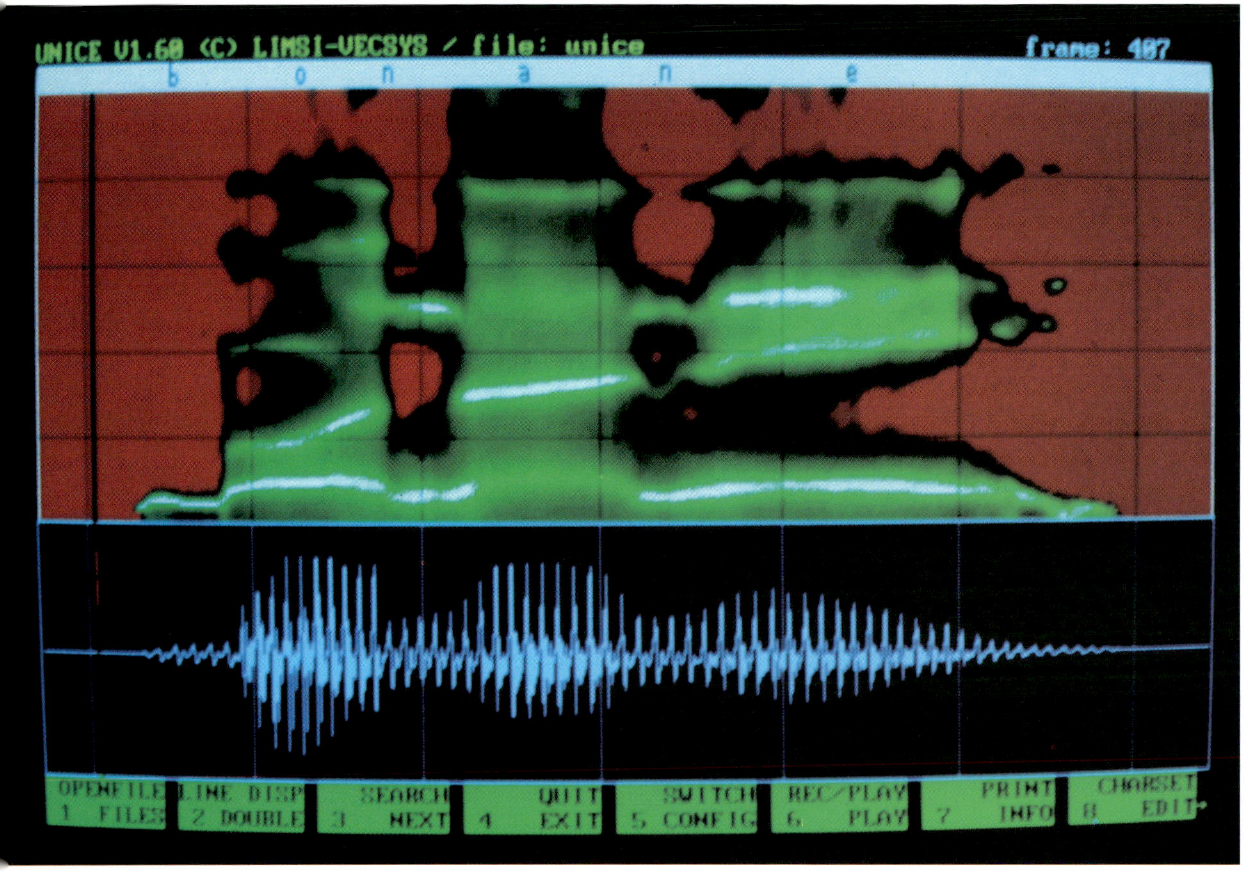

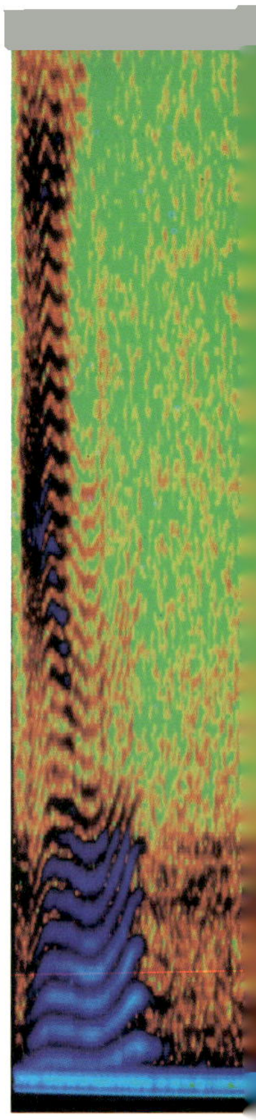

Les sons ne sont pas les images, personne n'en disconvient. Et pourtant, on peut voir les sons !

Que ce soit la voix humaine, le chant des sirènes, le ululement des hiboux, la plainte du violon ou le battement du tambour, tout son peut être transcrit sur des images colorées, sortes de tapis orientaux appelés tout naturellement « sonogrammes » (littéralement « écriture du son »). Le principe sur lequel repose une telle visualisation fait directement appel à la nature physique des phénomènes sonores : tout son se réduit à des vibrations mécaniques de la matière, qu'il soit propagé par l'air ambiant ou par l'eau, ou encore qu'il soit produit par des corps solides, cordes de violon, anches de saxophone ou larynx. Et toute vibration se décompose en une superposition d'ondes de différentes fréquences, autrement dit en une somme pondérée de sons purs. Les pondérations associées à chacune de ces fréquences constituent ce que l'on appelle en termes techniques le « spectre du son », ce dernier évoluant dans le temps, ce qui traduit la modulation des sons. Il est bien évidemment possible de dessiner sur un diagramme à deux dimensions les spectres instantanés du son, une dimension correspondant aux pondérations, l'autre aux fréquences. Mais, lorsqu'on souhaite étudier l'évolution du son dans le temps, nous avons besoin d'une dimension supplémentaire, ce qui donne un diagramme à trois dimensions, difficile à lire. Pour rester dans le plan, on dessine chaque spectre instantané sur une seule

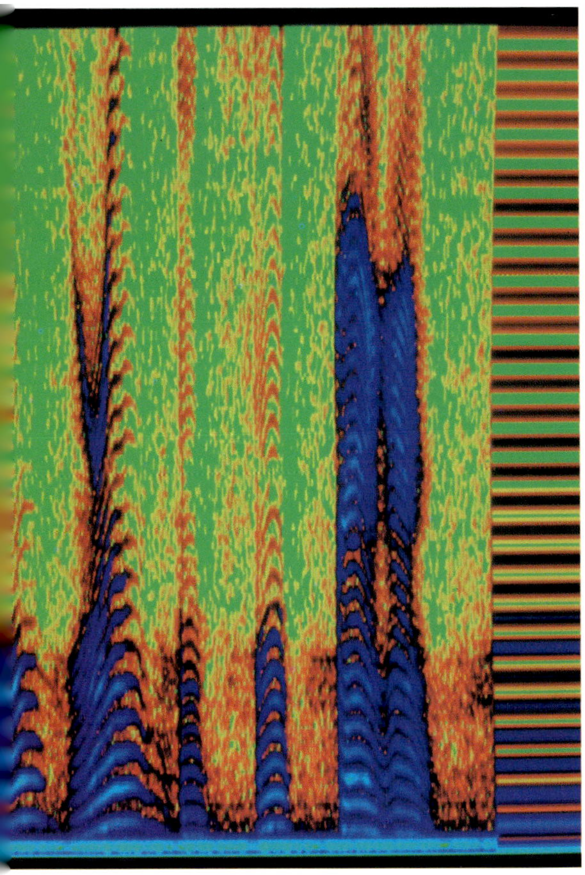

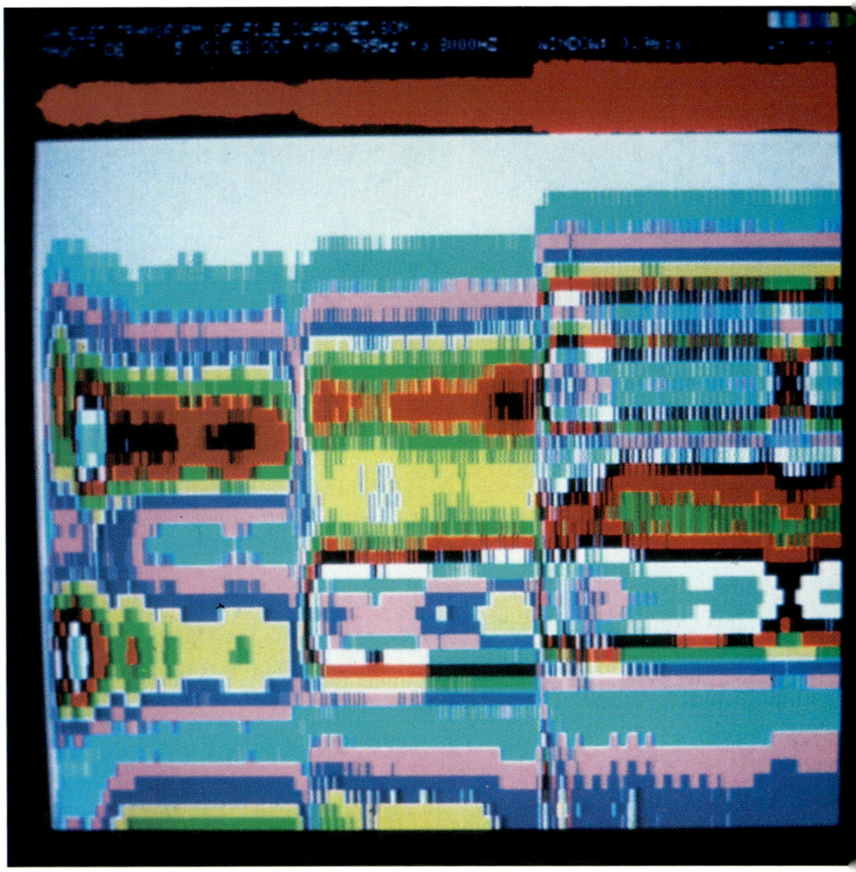

dimension, puis on en montre l'évolution sur l'autre dimension. A cette fin, on affecte à chaque amplitude une couleur, par exemple au facteur le plus faible le bleu sombre et au plus élevé le jaune clair. C'est ce que l'on appelle en termes techniques des « fausses couleurs », car elles ne font que transcrire des variations de pondération, sans se référer à aucune propriété physique de la matière. Le spectre sonore instantané se transcrit alors sur une bande verticale dont les points sont colorés différemment selon l'intensité de la fréquence correspondante dans le son. Si maintenant on colle bout à bout les spectres ainsi colorés, on voit se dérouler horizontalement l'évolution temporelle du son, ce qui donne un sonogramme. De tels diagrammes sont utilisés par les spécialistes de l'analyse sonore des instruments musicaux et de la musique ; ils servent aussi pour analyser la parole humaine afin de reconnaître automatiquement ce qui est dit. Le diagramme de gauche figure l'évolution du spectre sonore lorsqu'un homme prononce « Bonne année ». On repérera les syncopes correspondant à la prononciation de consonnes ainsi que les nuages superposés associés aux différentes voyelles. Identifiés par les spécialistes de la reconnaissance de la parole, ces nuages ont reçu un nom : on les appelle des formants. C'est en dressant leur typologie que l'on a appris à détecter et discerner les voyelles. Toutefois, de l'analyse visuelle des voyelles et des consonnes à la reconnaissance de la parole articulée et à la construction d'une machine à dicter, il y a loin...

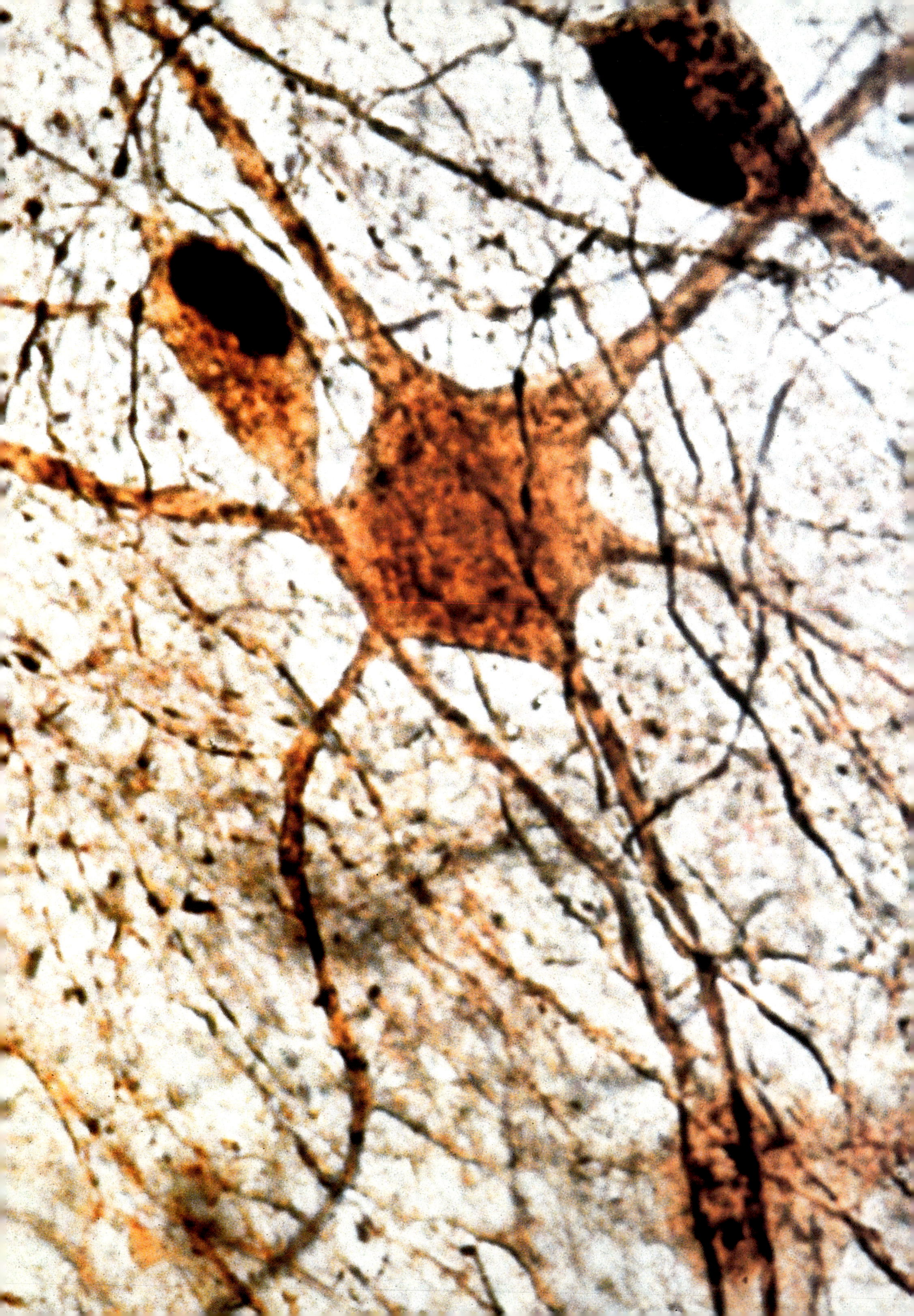

La cellule fondamentale du système nerveux, le neurone, possède des prolongements dans toutes les directions ; il apparaît comme un carrefour où convergent toutes sortes d'informations.

Un être vivant comme un animal est constitué de quelques centaines de types de cellules. Une catégorie particulière de cellules suscite fascination, étonnement et interrogations quant à leur structure et leur fonction. Ce sont les neurones, qui constituent la trame de notre système nerveux et grâce auxquels nous commandons nos mouvements, nous percevons le monde extérieur et, pensons-nous, nous avons conscience de nous-mêmes. Pour mieux en saisir toutes les subtilités, on les a étudiés sous toutes les coutures et chez toutes les espèces imaginables. Chez l'Aplysie ou limace de mer, un mollusque sans coquille, on étudie les mécanismes de l'apprentissage et de la mémoire. Le poisson-torpille, qu'il faut manier avec précaution car il émet des décharges électriques pour se défendre, permet d'étudier la conduction de l'influx nerveux. Mais c'est chez les mammifères comme le rat que l'on effectue sur les neurones les études les plus nombreuses, car leur système nerveux est très proche du nôtre. Cette image montre un neurone moteur de la face du rat observé au microscope optique après coloration. Le corps cellulaire au centre de l'image ressemble à un carrefour où se rejoignent une demi-douzaine de routes principales : ce sont les prolongements du neurone que l'on appelle les « axones », le plus important par la taille étant dénommé « dendrite ». Les axones se superposent et s'enchevêtrent avec d'autres qui correspondent à d'autres corps cellulaires, formant un réseau complexe, en apparence désordonné. Les contacts qui s'établissent ainsi entre les neurones se font et se défont au cours du développement du système nerveux et lors de son fonctionnement. Leur nombre dépasse de loin, par plusieurs ordres de grandeur – ou puissances de dix – le nombre des neurones eux-mêmes. Ceux-ci ne sont plus que des points d'ancrage physique, des relais d'un système qui collecte, transmet, interprète des informations de plus en plus complexes, diversifiées et changeantes sur le milieu extérieur et sur l'organisme lui-même. En retour, le système nerveux réagit aux informations ainsi collectées en adaptant le fonctionnement de l'organisme aux conditions de son milieu. Cette image est donc trompeuse : ce n'est pas le nombre et la disposition des neurones qui peuvent nous renseigner sur l'activité ou les performances d'un cerveau en action ; ce sont les relations entre eux et les flux d'information qu'ils permettent de véhiculer et d'intégrer avant de les transformer en interactions avec le milieu extérieur, puis en action.

Tout comme des tommettes recouvrent un sol, une (ou plusieurs) formes géométriques peuvent paver le plan, c'est-à-dire le recouvrir.

Les symétries d'un pavage du plan sont les isométries (transformations conservant la distance) qui ne changent pas le pavage. On peut classer les pavages d'après leurs symétries. Le pavage est dit « régulier » s'il admet des symétries de translation. Un point P est un centre de symétrie d'ordre n si la rotation d'un n-ième de tour ($\frac{2\pi}{n}$) autour de P est une symétrie du pavage. Si un pavage a au moins deux centres de symétrie d'ordre n, alors n vaut 2, 3, 4 ou 6 ; en particulier, n = 5 est exclu. Pour le voir, il suffit de considérer deux centres P et Q d'ordre n les plus proches possibles et les points P' et Q' déduits de P et de Q respectivement par les rotations d'angle $-\frac{2\pi}{n}$ autour de Q et d'angle $\frac{2\pi}{n}$ autour de P. Ce sont aussi des centres d'ordre n. Si n > 4 , la distance de P' à Q' est strictement plus petite que celle de P à Q, donc elle doit être nulle, c'est-à-dire que P' = Q' et que n = 6. Il en résulte qu'un pavage régulier ne peut pas admettre de symétrie d'ordre 5.

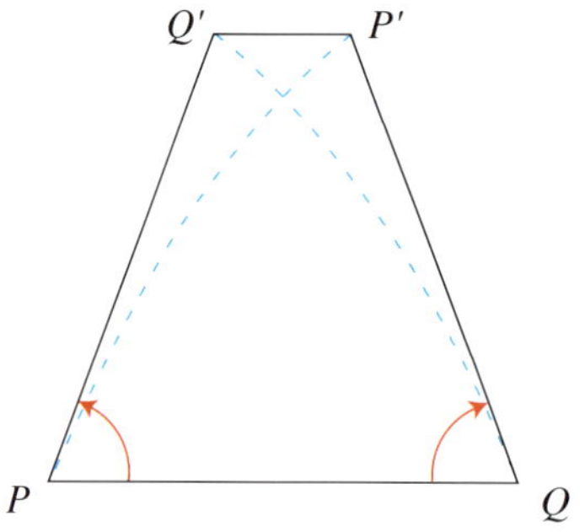

Cependant, Roger Penrose a inventé des pavés élémentaires qui permettent de construire des pavages non réguliers dont des parties bornées aussi grandes qu'on le souhaite admettent des symétries d'ordre 5. Les deux pavés de Penrose sont des triangles isocèles dont les côtés sont de longueurs 1 ou $\tau = \frac{1+\sqrt{5}}{2}$ (le nombre d'or) ; le « grand » triangle a pour base 1 et ses deux autres côtés sont de longueur τ tandis que le « petit » triangle a pour base τ et que ses deux autres côtés sont de longueur 1. Les sommets de ces triangles sont colorés en blanc ou en noir et le côté qui joint deux sommets de même couleur est orienté.

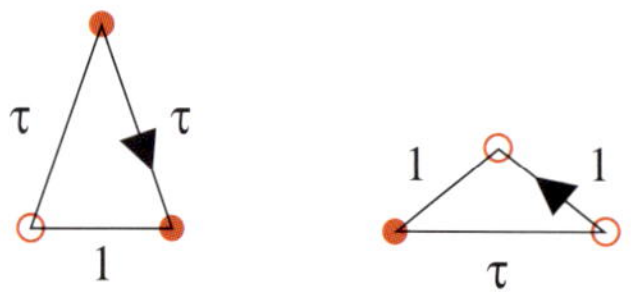

On assemble ces deux pavés en respectant les règles suivantes : les sommets qu'on assemble doivent être de la même couleur et les côtés orientés qu'on assemble doivent avoir la même orientation. Cela laisse encore beaucoup de choix possibles et il y a une infinité non dénombrable de pavages de Penrose. Mais ils se ressemblent à distance finie. Si, en effet, une région bornée R quelconque est choisie dans un pavage de Penrose et si un point P est pris dans un second pavage, il existe, dans ce second pavage, une région identique à R à une distance de P inférieure à 1,2. Dans le pavage de la figure, on a assemblé deux triangles de même espèce en un seul pavé pour avoir un losange. Les quasi-cristaux, découverts dans les années quatre-vingt, ont une structure géométrique du même type que celle des pavages de Penrose, mais en dimension 3 et non plus dans le plan *(voir pp. 114-115).*

L'impossibilité d'une symétrie d'ordre 5 dans les cristaux se démontre rigoureusement. La découverte, en 1984, d'un solide ayant à la fois les caractéristiques d'un cristal et cette symétrie interdite fit donc sensation.

Un cristal est un objet ordonné, obtenu par la répétition régulière, dans les trois directions de l'espace, d'un petit groupement d'atomes. Cette idée de périodicité, avancée en 1784 par l'abbé Haüy pour expliquer les formes très régulières des cristaux, se trouva confirmée en 1912 lorsque Max von Laue développa la théorie de la diffraction des rayons X par un arrangement périodique d'atomes. Lors d'une telle expérience, chaque plan d'atomes se comporte comme une sorte de miroir qui diffracte le faisceau de rayons X incident. Dans certaines directions, les interférences entre rayons diffractés sont constructives et donnent naissance à un faisceau émergeant du cristal. Dans d'autres directions, elles sont

destructives et l'intensité globalement diffractée est nulle. Un film placé derrière le cristal révèle donc des taches localisées dans les directions dans lesquelles le faisceau a été diffracté. La finesse de ces taches de diffraction, explique von Laue, provient de la périodicité de l'arrangement des atomes au sein du cristal. A l'inverse, la diffraction par un matériau amorphe, dont l'ordre n'est que local, fait apparaître sur le film non pas de fines taches mais de larges anneaux. La finesse des taches de diffraction est donc la signature d'un ordre cristallin.

Tout cristal est invariant sous l'action de certaines rotations. Par exemple, un cristal cubique est invariant, c'est-à-dire qu'il est superposable à lui-même, après une rotation d'un quart de tour (aussi appelée rotation d'ordre 4) autour d'axes particuliers. Il a été démontré que des restrictions très sévères s'imposent aux rotations susceptibles de laisser un cristal invariant : seules celles d'ordre 2, 3, 4 et 6 (d'angles 360°/2, 360°/3, 360°/4 et 360°/6) sont compatibles avec la périodicité inhérente aux cristaux (cela se traduit notamment par le fait qu'un sol peut être carrelé avec des carrés ou avec des hexagones réguliers, mais pas avec des pentagones réguliers). Il s'ensuit que les diagrammes de diffraction des cristaux ne peuvent eux-mêmes être invariants par rotation que pour des rotations d'ordre 2, 3, 4 ou 6.

En 1984, une découverte fit grand bruit. Danny Shechtman, Illan Blech, Denis Gratias et John Cahn mirent en évidence, dans un alliage d'aluminium et de manganèse, un diagramme de diffraction analogue ayant des taches fines et présentant une symétrie d'ordre cinq. Il devait s'agir d'une sorte de cristal (puisque les taches étaient fines) ayant la symétrie interdite aux cristaux. Ce paradoxe fut résolu grâce au concept de « quasi-cristal », dont les pavages de Penrose donnent une image à deux dimensions. Ce nouveau type d'organisation de la matière généralise le concept de périodicité en même temps qu'il lève les interdits concernant les ordres des rotations laissant le matériau invariant.

Victimes de la correspondance trop stricte qu'ils avaient établie entre l'ordre et la périodicité, les physiciens pensaient que de tels diagrammes de diffraction étaient impossibles.

L'Univers est un vaste billard dont les boules se meuvent sans cesse, sous l'effet de l'universelle force de gravitation. A ce jeu, des collisions sont inévitables, qu'elles durent quelques secondes ou des millions d'années.

Le 21 juillet 1994, la comète Shoemaker-Levy (du nom de ses découvreurs) heurtait la planète Jupiter et s'y désintégrait, chaque impact libérant dans son atmosphère une énergie équivalente à une centaine de millions de tonnes de TNT (soit une puissance comparable à celle libérée par la plus puissante arme nucléaire qui ait jamais explosé sur Terre). Des mois avant la collision, le noyau de la comète s'était brisé en vingt-et-un fragments sous l'effet de l'attraction gravitationnelle de la massive planète Jupiter vers laquelle elle tombait. L'image de gauche est un montage rassemblant les deux corps qui vont entrer en collision : les fragments cométaires, ce 17 mai 1994, se dirigent vers l'hémisphère Sud de Jupiter et forment un convoi long de plus d'un million de kilomètres,

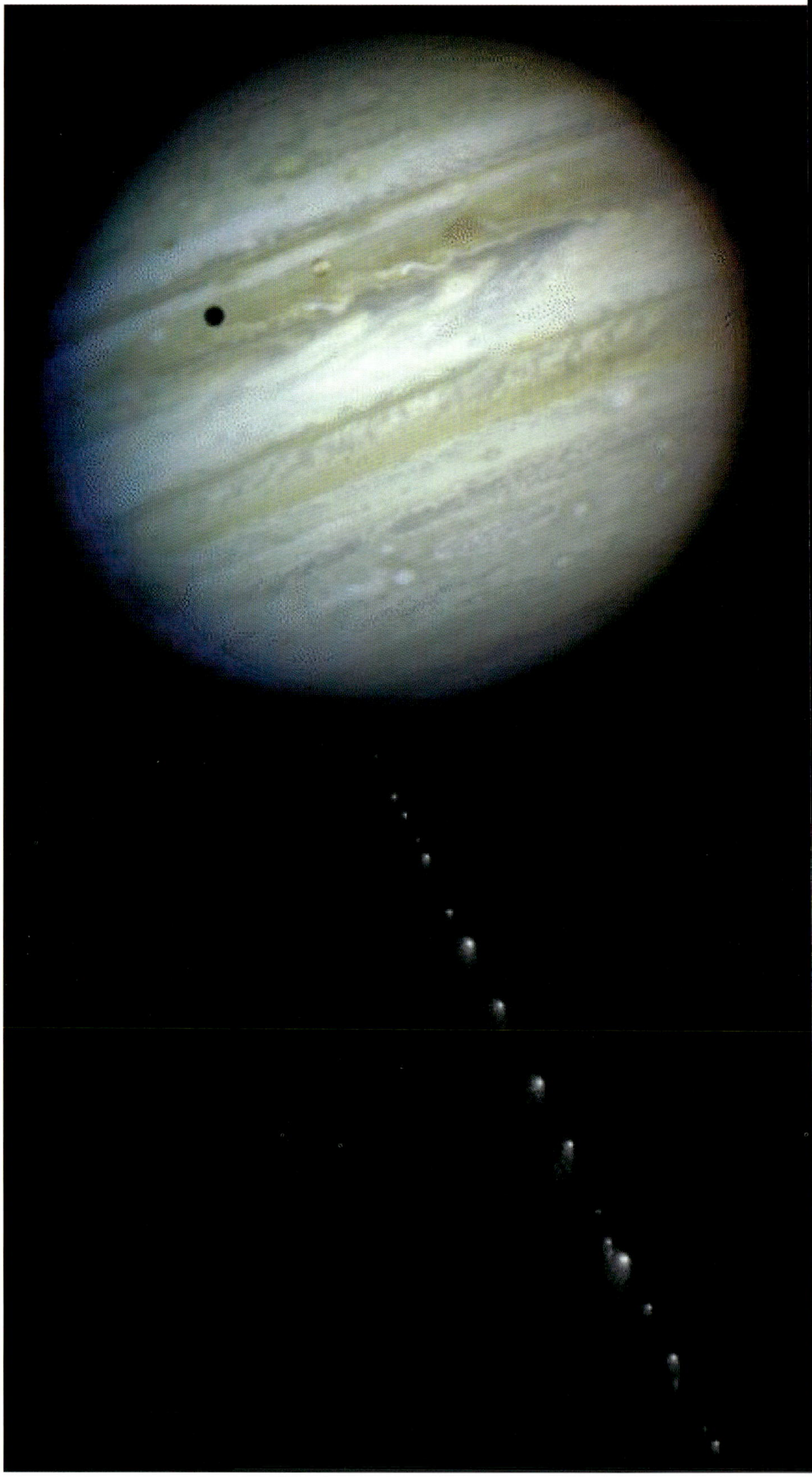

trois fois la distance entre Terre et Lune. La « queue » que chacun d'eux présente, comme toute comète qui se respecte, résulte de l'évaporation de la glace qui le constitue sous l'effet de la lumière solaire. Cette queue est donc orientée à l'opposé du Soleil (sa direction n'est pas exactement respectée par le montage photographique). Cette image de Jupiter a été prise le 18 mai 1994 par le télescope spatial Hubble dans trois couleurs (rouge, vert et bleu) puis une image trichrome a été reconstruite. On y distingue avec un luxe de détails les turbulences de l'atmosphère jovienne, les bandes de nuages qui s'y développent sous l'effet de la rotation rapide de la planète sur elle-même (comme les trois clichés n'ont pas été pris au même instant, cette rotation ne permet pas leur exacte superposition, aussi les bords apparaissent-ils flous). Le satellite Io, d'une taille comparable à celle de la Lune, est bien visible comme un petit disque orangé, mais se manifeste surtout par son ombre très nette projetée sur l'atmosphère jovienne. La seconde image, à droite, est également une image trichrome composite, présentant l'aspect de l'atmosphère jovienne peu après le choc : les points d'impact y sont clairement visibles, les plus petits ayant une dimension inférieure à deux cents kilomètres – à peine plus que l'Ile-de-France.

Quand on fabrique un avion, on cherche à lui donner une forme qui lui permette de voler le plus vite possible, de transporter le maximum de charge et de consommer le minimum de carburant. Cela nécessite de connaître la manière dont l'air s'écoule autour de l'avion.

Traditionnellement, l'étude de l'écoulement de l'air se faisait

par des essais en soufflerie. Au lieu de mettre l'avion en mouvement dans l'air immobile, on obtenait un résultat équivalent en laissant l'avion immobile dans un souffle d'air produit par de puissants ventilateurs. Le mouvement des filets d'air autour de l'avion était matérialisé par des petites particules qui étaient lâchées dans le souffle et dont on observait la trajectoire, comme on le voit bien sur cette photographie. Aujourd'hui, des techniques de simulation permettent de remplacer ces essais en soufflerie par des calculs

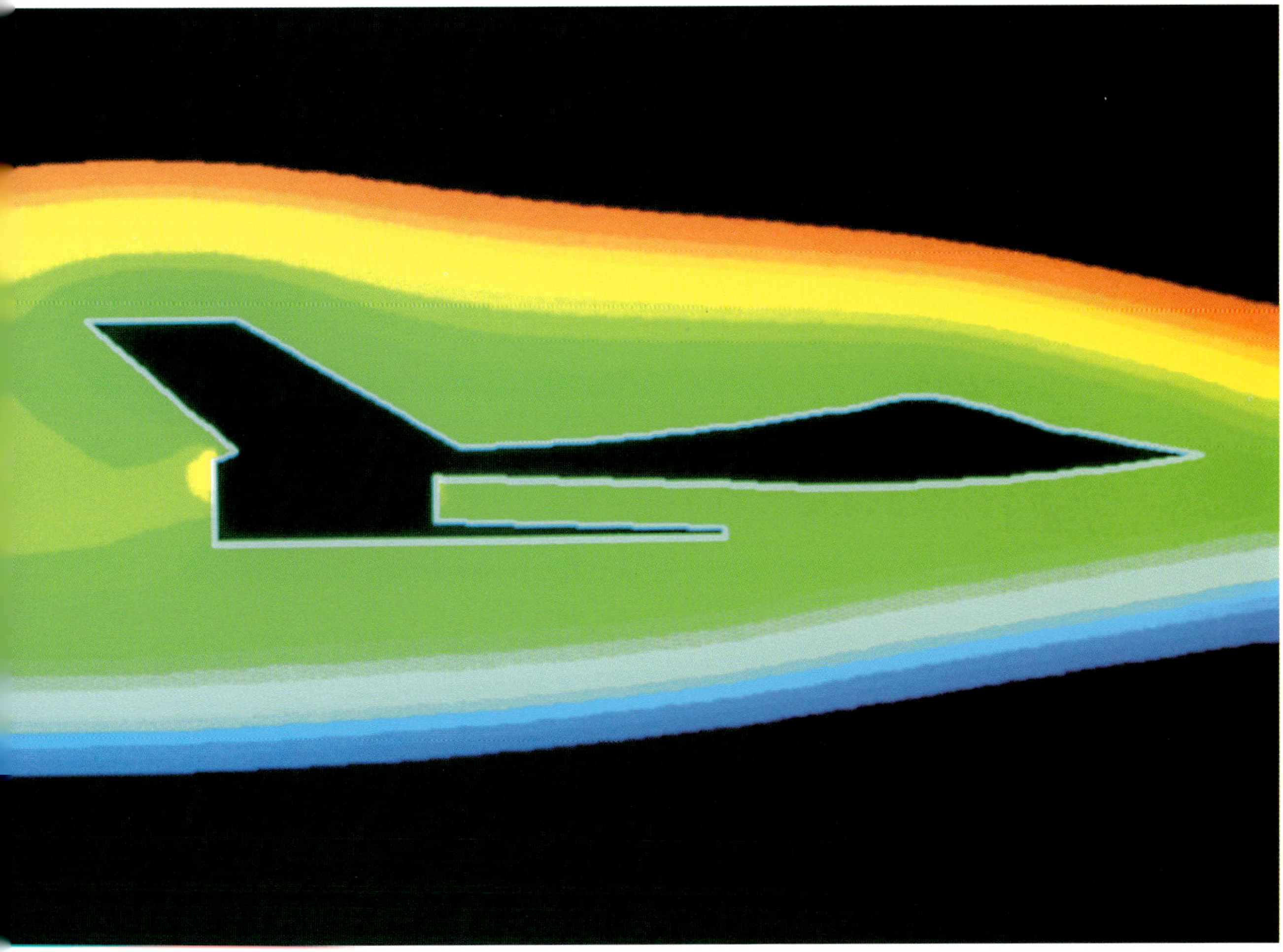

effectués par des ordinateurs. On connaît les équations qui décrivent les mouvements de l'air autour d'un objet, comme un avion. Si l'on connaît également la forme exacte de l'avion, on peut calculer ces mouvements de l'air. Il s'agit de rendre manifeste une information présente à l'état latent dans les équations. Il suffit, pour cela, de disposer de moyens de calculs suffisants. Le résultat de ces calculs se présente, entre autres, sous la forme d'une image comme celle-ci. Certains de ses aspects reflètent la réalité décrite de manière analogique. Ainsi, on voit la forme d'un avion qui reproduit celle du véritable avion. D'autres aspects sont purement symboliques : ils traduisent la réalité de manière conventionnelle. Ainsi, le choix des couleurs qui indiquent les lignes de courant (c'est-à-dire les mouvements des molécules de gaz qui composent l'air) autour de l'avion est arbitraire. On exprime le caractère conventionnel du choix des couleurs en disant que cette image est en « fausses couleurs ». Dans ce cas, les différentes couleurs représentent différentes couches d'air ; on peut ainsi suivre leur mouvement lors du passage de l'avion. Parfois, les fausses couleurs donnent l'illusion que l'image est plus vraie que nature. Ainsi, sur certaines images météorologiques qui sont le produit d'une simulation – par exemple, lorsqu'il s'agit de prévisions –, on représente « conventionnellement » les nuages en blanc et la mer en bleu, ce qui leur donne un faux semblant de photographie aérienne.

Les dislocations vues en microscopie électronique racontent l'histoire de la déformation d'une météorite de fer.

Un cristal est un arrangement périodique d'atomes sur un réseau tridimensionnel. La déformation plastique permanente d'un cristal correspond à une accumulation de glissements, au cours desquels les deux parties du cristal situées de part et d'autre d'un plan d'atomes se déplacent l'une par rapport à l'autre. Ce déplacement ne peut se faire en bloc, ce qui nécessiterait trop d'énergie : il s'opère progressivement. Une région dans laquelle le glissement a déjà eu lieu s'agrandit par glissement de ses frontières vers l'extérieur de la zone. La frontière entre la région qui a déjà glissé et l'extérieur qui n'a pas encore glissé est une « dislocation », défaut cristallin linéaire le long duquel la périodicité de l'arrangement régulier des atomes du cristal est perturbée. Les dislocations sont donc l'agent de la déformation plastique et l'étude des dislocations d'un cristal déformé donne des informations sur l'histoire et les caractéristiques de la déformation.

On peut mettre en évidence les dislocations par une technique appelée « microscopie électronique en transmission ». Une lame de cristal est amincie par bombardement avec des ions qui arrachent des atomes de sa surface. L'amincissement se poursuit jusqu'à ce que la lame atteigne une épaisseur de l'ordre du dixième de micron (dix millième de millimètre). A cette dimension, la lame est assez mince pour que des électrons puissent la traverser. Les électrons émis par un filament chauffé sont accélérés par une tension de deux cents kilovolts et focalisés sur la lame. La longueur d'onde associée aux électrons est de l'ordre de grandeur de la distance entre atomes du cristal ; le réseau cristallin peut donc diffracter les électrons, c'est-à-dire dévier le faisceau d'électrons d'un angle qui dépend de la distance entre les plans cristallins, ces derniers étant à peu près parallèles au faisceau. A l'aide d'un diaphragme, on isole le faisceau transmis, qui vient impressionner une plaque photographique. Si l'on oriente l'échantillon de façon que le faisceau soit dévié, on ne voit rien sur la plaque. Mais si une dislocation est présente, elle désoriente localement le réseau. Des électrons peuvent alors passer par le diaphragme et impressionner la plaque ; on voit se dessiner une ligne sombre : l'image de la dislocation. On peut, par des techniques appropriées, caractériser les dislocations.

On voit ici des dislocations dans la météorite de fer de Mundrabilla, fragment du noyau d'un petit astéroïde. Elles sont légèrement courbées du fait d'une contrainte, due sans doute à un choc, et leur courbure indique le sens dans lequel elles se propagent. On remarque que leur mouvement est empêché localement par de tout petits obstacles, qui les « épinglent ». La déformation du fer de la météorite a pu être provoquée par des collisions dans l'espace ou lors de l'impact sur Terre.

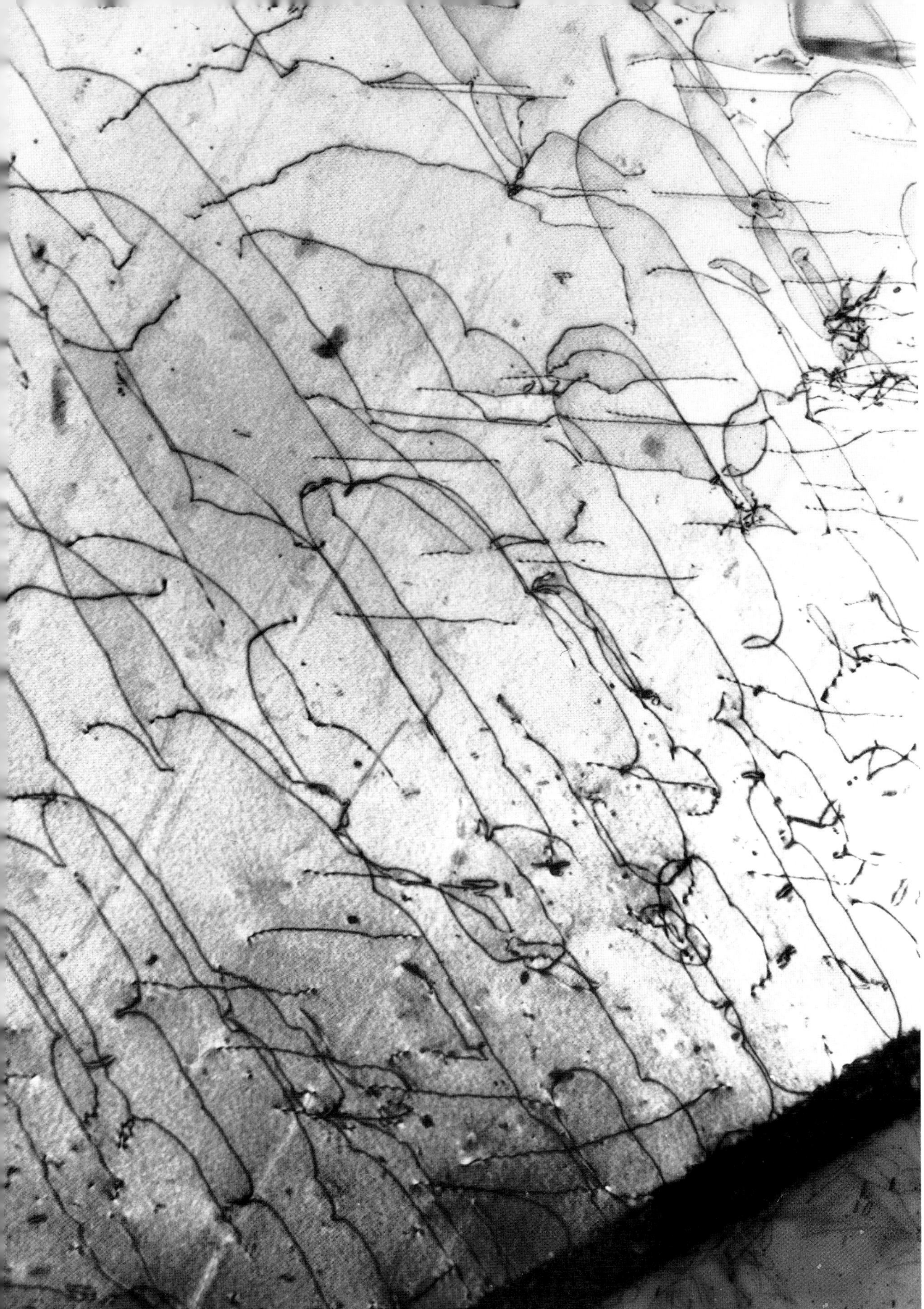

Dans cette réaction chimique, c'est comme si, en l'absence de tout vent, des vagues naissaient à la surface d'un lac tranquille.

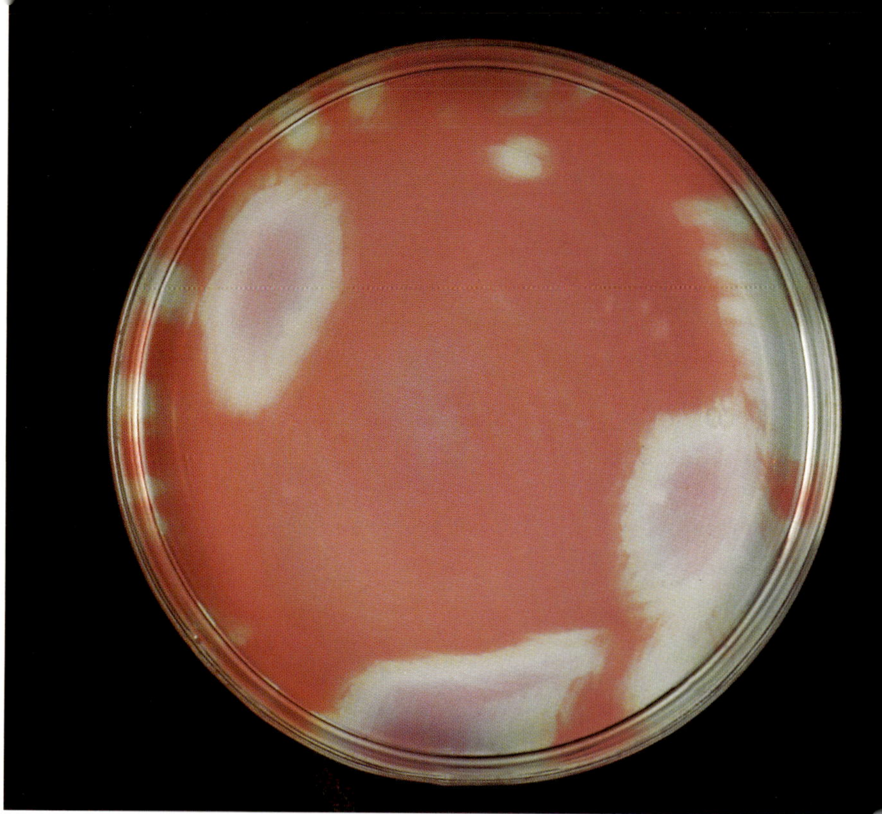

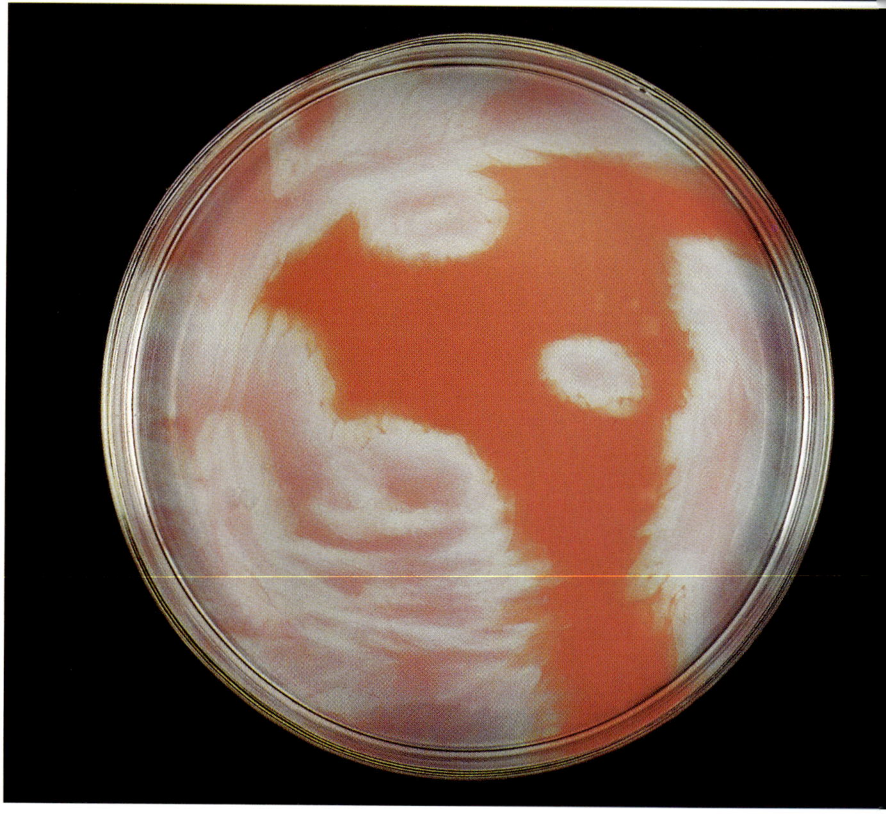

Une réaction chimique intervient chaque fois que l'on mélange divers ingrédients et que l'on assiste à leur transformation. Par exemple, une pâte à crêpes résulte d'une réaction chimique entre la farine, les œufs, le sel, le lait… Un autre exemple est celui des gaz d'échappement d'une voiture, issus de la combustion de l'essence. Les réactions ourdies par les chimistes, que ce soit dans leurs éprouvettes ou à plus grande échelle, dans des usines, admettent la définition suivante : à la suite de leur mélange, les interactions mutuelles de divers corps conduisent à des transformations et la matière recueillie en fin de réaction diffère de ce qu'elle était au début. En règle générale, la composition du mélange final est la même en tout point du mélange et ne varie pas au cours du temps, qu'il s'agisse de pâte à crêpes, du mélange gazeux à la sortie du tuyau d'échappement ou d'une préparation… de borborygmate de succédanyle. La réaction photographiée ici, découverte par les Soviétiques Belousov et Zhabotinskii, est une exception tout à fait remarquable. Alors qu'on avait bien homogénéisé le milieu initial en mélangeant ses différentes parties (il s'agit de l'oxydation de l'acide malonique par le bromate de potassium en milieu acide, des ions cériques Ce^{4+} servant

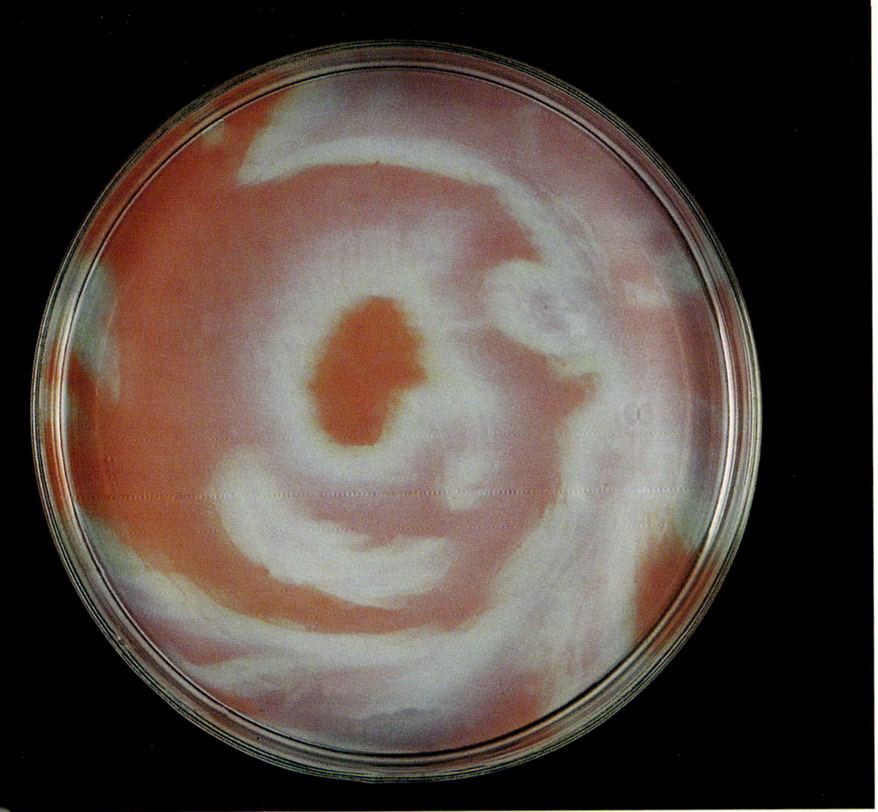

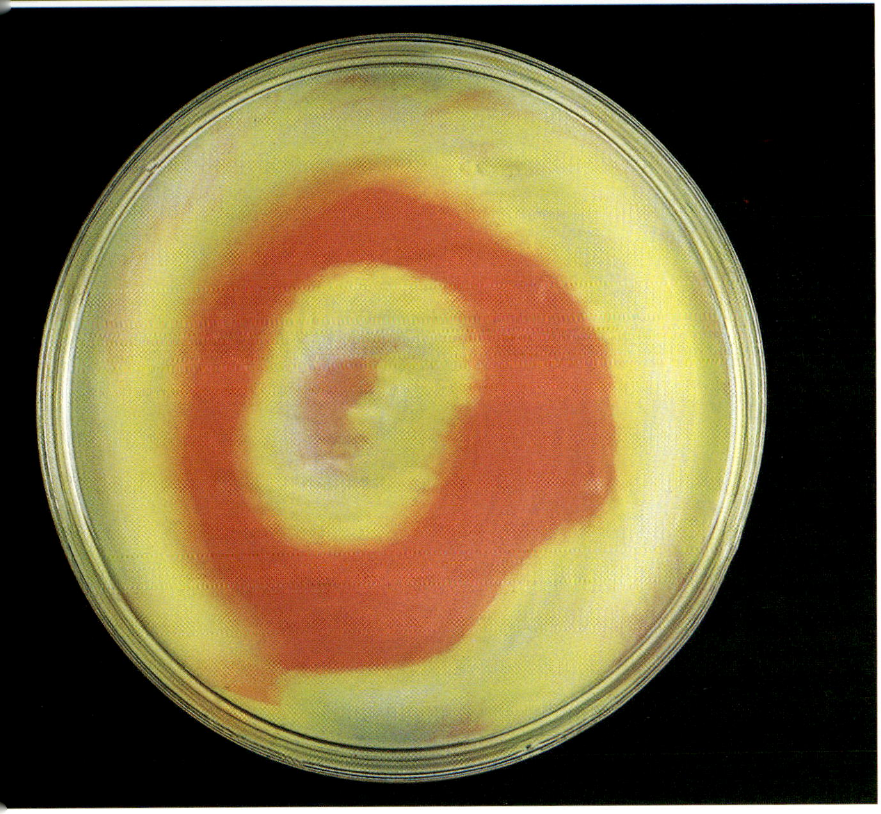

de catalyseur), dès que la réaction commence, elle fait varier les concentrations des constituants à la fois dans l'espace et au cours du temps. D'où les différences de couleurs que l'on aperçoit, ces stries et ces volutes, qui évoluent de manière tout à fait imprévisible, parfois avec une régularité de métronome ou d'un cœur battant très lentement, parfois avec la fantaisie de nuages se formant et se défaisant dans le ciel… Cette réaction de Belousov-Zhabotinskii s'explique par une structure dissipative, suivant le terme employé par le Belge Ilya Prigogine. Ce dernier reçut le prix Nobel de chimie en 1977 pour avoir montré qu'une telle auto-organisation est liée à la production d'entropie (c'est-à-dire d'augmentation de désordre), loin de l'équilibre : le système peut alors montrer l'apparition d'un ordre macroscopique – à l'échelle du centimètre et de la minute. Il est remarquable que des milliards de molécules individuelles se retrouvent embrigadées dans de tels ensembles ordonnés, alors que le désordre est leur règle habituelle et qu'elles se meuvent normalement dans une totale anarchie. On peut décrire ce comportement singulier à l'aide de systèmes d'équations différentielles, couplées de manière non linéaire, qui admettent diverses solutions entre lesquelles le « choix » se fait de manière aléatoire, ce qui traduit les fluctuations locales des concentrations. De telles structures ordonnées, créées et maintenues par des échanges d'énergie avec le milieu extérieur, sont évidemment fondamentales pour le fonctionnement des organismes vivants.

Le ballet de la division cellulaire : symphonie bien orchestrée pour noyaux en division accompagnés d'une procession de filaments entrelacés.

Unité fondamentale du monde vivant, la cellule est constituée d'une membrane qui délimite un espace intérieur, le cytoplasme, au sein duquel ont lieu des réactions biochimiques. Chez les êtres vivants les plus simples comme les bactéries, tous les constituants de la cellule sont répartis dans le cytoplasme. En revanche, chez les êtres vivants plus évolués, qu'ils soient constitués d'une seule cellule, comme les levures, ou de milliards, comme les plantes et les animaux, les cellules contiennent un noyau. On appelle les premiers des procaryotes (sans noyau) et les seconds des eucaryotes (avec noyau). Le matériel génétique, constitué d'acide désoxyribonucléique ou ADN, est localisé chez les procaryotes dans le cytoplasme, et chez les eucaryotes dans les chromosomes à l'intérieur du noyau ; il assure la double fonction de commander le fonctionnement des cellules et d'assurer leur pérennité au cours des générations. Lors de la division cellulaire, une cellule donne naissance à deux cellules-filles. Pour que celles-ci soient aussi bien équipées que la cellule-mère, il est indispensable que l'information génétique soit dupliquée, ce qui revient à dupliquer le noyau pour les cellules eucaryotes. C'est ce qui se produit lors de ce qu'on appelle la « mitose », processus fondamental de la multiplication des cellules du corps et de la reproduction asexuée. L'image de droite représente une cellule de rat telle

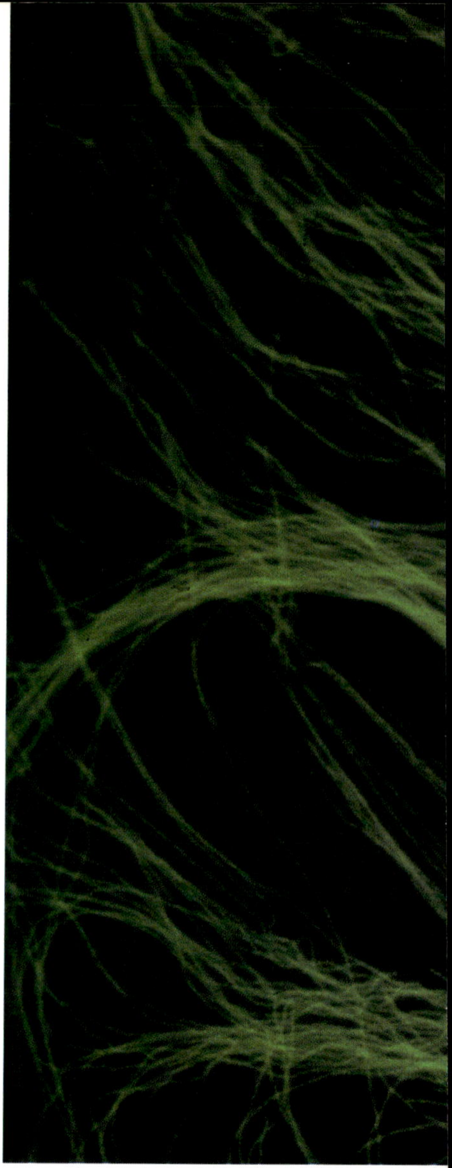

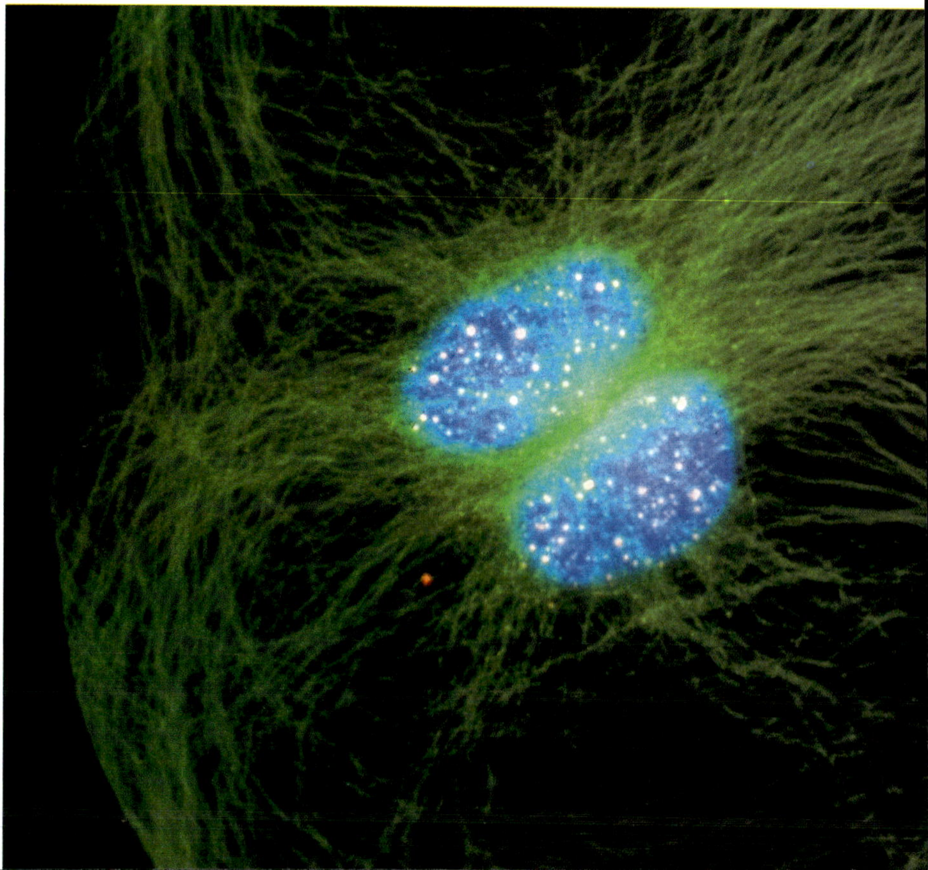

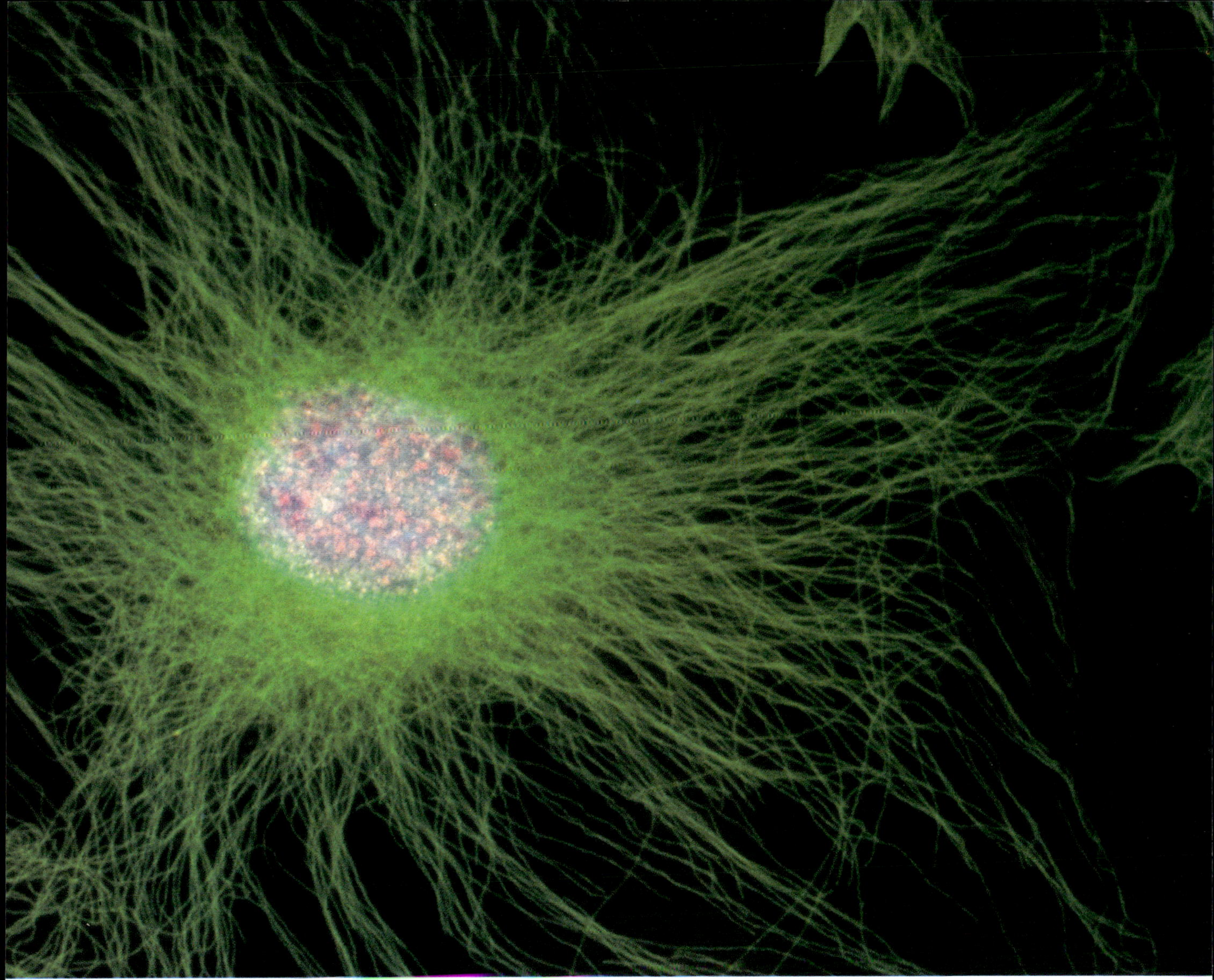

qu'on l'observe au microscope à fluorescence. Le noyau au centre, dont le diamètre est de quelques microns ou millièmes de millimètres, apparaît coloré en rose, ce qui révèle que les gènes qu'il contient sont actifs. Il est entouré d'un entrelacs étoilé de filaments colorés en vert : ce sont des microtubules formés de protéines qui parcourent l'intérieur de la cellule et constituent une sorte de squelette ou d'échafaudage souple. Ce réseau intervient dans le déplacement à l'intérieur de la cellule d'éléments comme le noyau ou les mitochondries, sortes de centrales énergétiques miniatures de la cellule, et dans les mouvements de la cellule elle-même. Il sert de guide pour le déplacement des chromosomes qui aboutit à une répartition égale entre les deux noyaux lors de la mitose. L'image de gauche montre deux cellules juste après la division : la coloration bleue révèle la présence de l'ADN, les points rouges montrent que certains gènes sont déjà en action. Dans chacune des cellules-filles, un nouveau réseau de filaments et de tubules s'est mis en place. Ces images font abstraction des limites cellulaires car les membranes ne sont pas visibles avec ce mode d'observation. Elles ne donnent en outre qu'une idée statique d'une réalité mouvante : imaginez le ballet permanent qui accompagne à chaque instant la division de millions de cellules dans notre corps, et vous aurez une idée des pulsations du monde vivant.

Un cadre métallique trempé dans une solution savonneuse en ressort couvert d'un film dont la surface est la plus petite possible, à cause de la tension superficielle.

Le problème mathématique correspondant, ou « problème de Plateau », consiste à chercher, parmi toutes les surfaces dont la frontière est une courbe fermée simple donnée dans l'espace, celle dont l'aire est la plus petite. Les surfaces ainsi obtenues ont leur courbure moyenne partout nulle. La courbure moyenne en un point P de la surface est la somme des deux courbures principales, c'est-à-dire du minimum et du maximum de la courbure en P d'une courbe obtenue en coupant la surface par un plan qui contient la normale en P. D'une manière générale, les surfaces dont la courbure moyenne est nulle sont qualifiées de « surfaces minimales ». On s'intéresse en particulier aux surfaces minimales « complètes », c'est-à-dire à celles que l'on ne peut pas étendre en conservant la propriété de courbure moyenne nulle. Par exemple, une surface minimale construite sur un contour polygonal peut se prolonger par symétrie par rapport aux côtés du contour et n'est donc pas complète. On peut chercher à la compléter au moyen des symétries par rapport aux côtés, en recommençant indéfiniment l'opération, mais, en général, la surface obtenue se recoupe.

On connaissait relativement peu d'exemples de surfaces minimales complètes jusqu'à une date récente, mais de nouveaux cas ont été découverts depuis les années quatre-vingt. L'exemple le plus simple, connu depuis toujours, est le plan. Une autre surface minimale usuelle est l'hélicoïde, qui

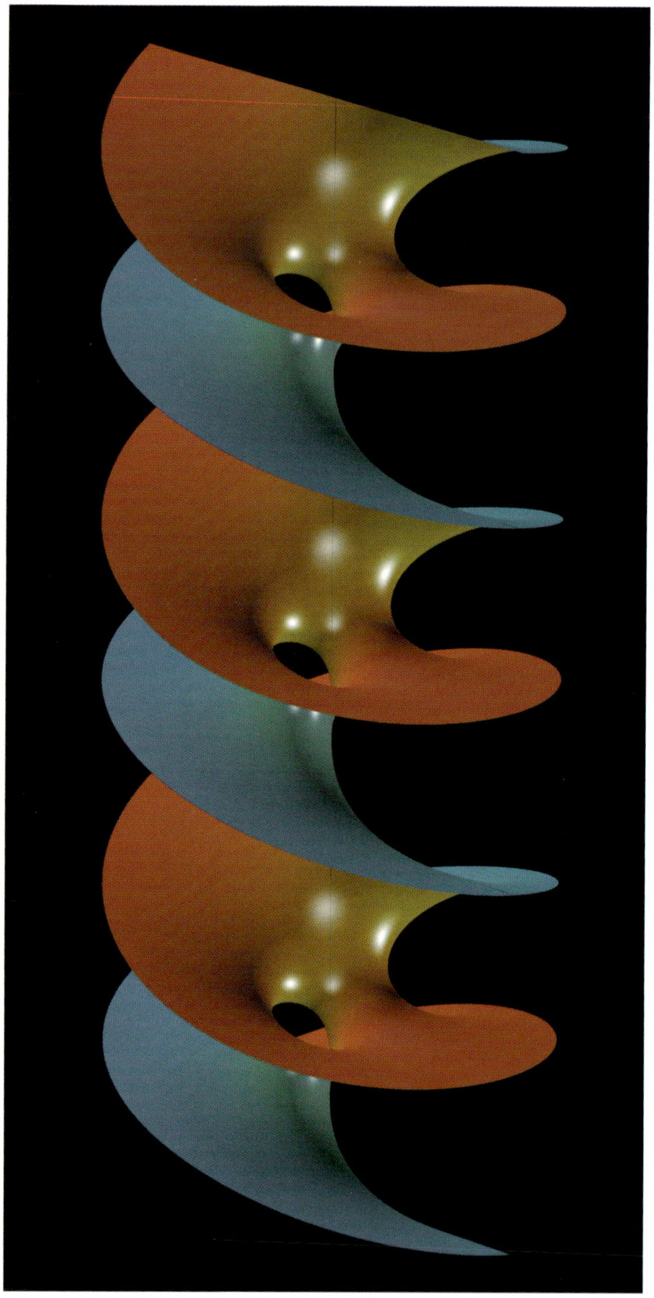

a la forme d'un escalier à vis ; avec le plan, c'est la seule qui soit réglée, c'est-à-dire engendrée par une famille de droites. L'hélicoïde périodique de genre 1 dont la figure représente une partie a été récemment créé par D. Hoffman, F. Wei et H. Karcher en ajoutant, d'une manière périodique, des « anses» à l'hélicoïde ordinaire. L'unique surface minimale de révolution est la caténoïde, qui ressemble à la gorge d'une poulie ; le profil de cette surface est une « chaînette », forme que prend un fil pesant suspendu entre deux points situés à la même hauteur. Classiquement, on connaissait encore la surface de Sherk, reproduite en partie sur la seconde figure et qui est construite de la manière suivante : on élève infiniment loin deux côtés opposés d'un carré du plan horizontal et l'on abaisse infiniment loin les deux autres côtés, en complétant la figure par les quatre droites verticales issues des sommets du carré. Ceci donne un polygone à huit côtés (dont quatre sont à l'infini), sur lequel on appuie une surface minimale ; il reste à compléter cette surface par le procédé de symétrie par rapport aux côtés du polygone.

Une énergie qui se dissipe peut conduire à la création d'un ordre local, révélé par l'apparition de structures géométriques bien particulières.

Lorsqu'on chauffe un fluide par le bas, on observe d'abord une élévation de sa température qui se fait de proche en proche, sans transport apparent de matière, grâce à une transmission d'énergie cinétique opérée par les chocs entre les molécules. La vitesse du fluide reste nulle. On parle alors d'« état conductif ». Au-delà d'un certain niveau de chauffage apparaît une modification du comportement du fluide :

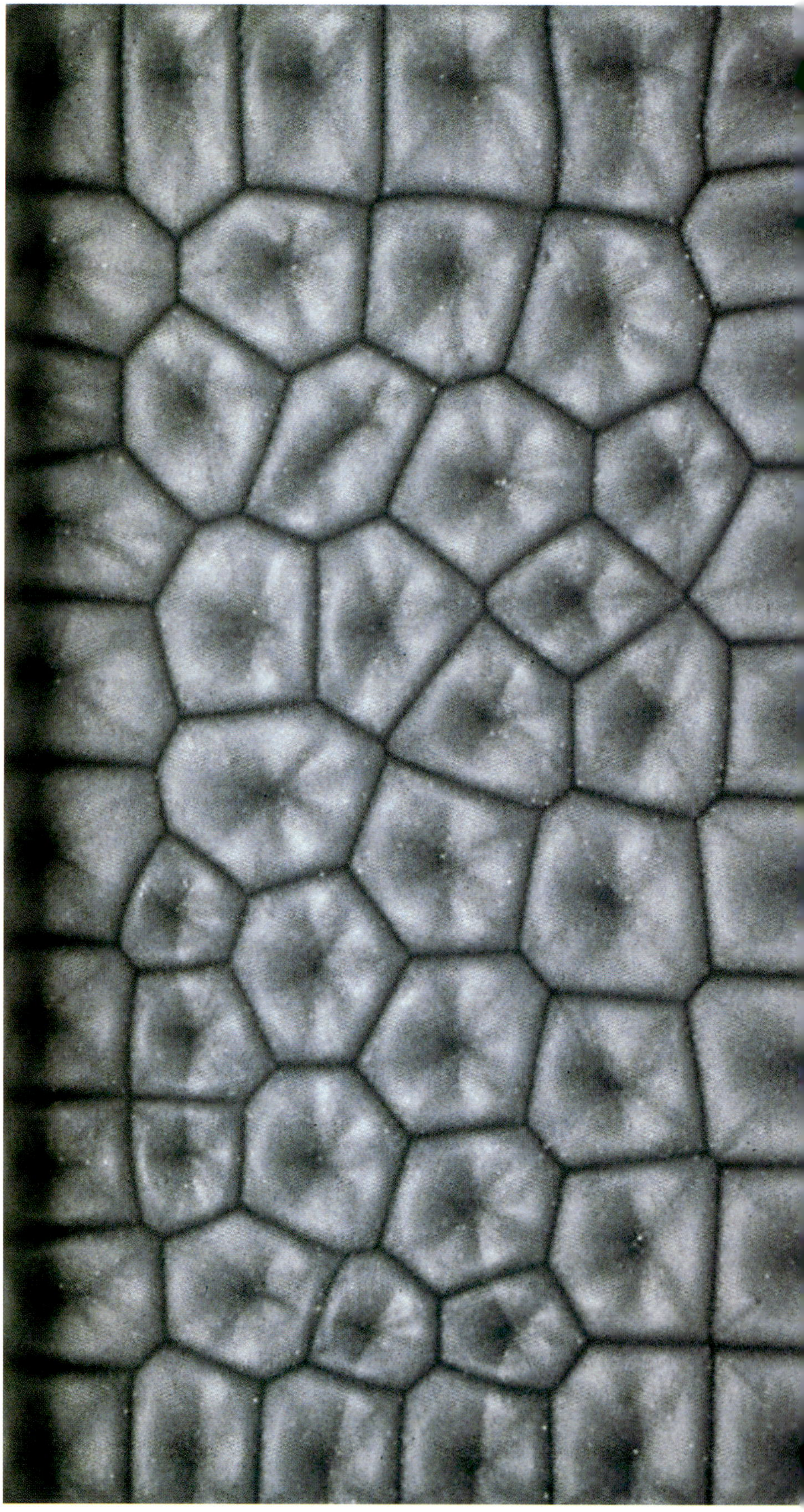

la température variant d'un point à un autre, la masse volumique du fluide n'est plus la même partout. Cette inhomogénéité de la masse volumique entraîne, du fait de la pesanteur, un mouvement dit de « convection naturelle ». Les mouvements convectifs du fluide s'organisent en cellules tourbillonnaires, dont la forme dépend notamment de la géométrie du fluide et des conditions aux limites qui lui sont imposées. Il peut s'agir de rouleaux, d'hexagones, de carrés ou d'autres polyèdres.

Si le fluide possède une surface supérieure libre, la structure qui apparaît lorsqu'on le chauffe est en principe formée d'hexagones. Cette structure, dite de Bénard-Marangoni, fut étudiée dès les années 1900. Elle est due à des forces induites sur la surface libre par les variations spatiales de ce que les physiciens appellent la « tension superficielle », liée à l'énergie qu'il faut fournir à un liquide pour augmenter sa surface de contact. Les courants chauds montent au centre des cellules, se refroidissent en surface puis redescendent le long des limites intercellulaires. Ce type d'organisation spatiale correspond à ce que l'on appelle des « structures dissipatives ». Par ce vocable, on veut signifier que la dissipation d'énergie peut conduire à la création d'un ordre local, révélé par l'apparition de structures géométriques bien particulières.

La photographie montre les mouvements convectifs d'un bain d'huile chauffée par le dessous. Ceux-ci sont visualisés grâce à de fines particules d'aluminium en suspension dans l'huile. La structure qui apparaît spontanément devrait être parfaitement hexagonale, mais quelques défauts en forme de pentagones ou de carrés sont visibles, notamment au bord du récipient.

Ces structures ordonnées apparaissent à partir d'une valeur bien définie de la différence de température entre le bas et le haut du fluide, appelée différence de température critique. Le passage du régime conductif au régime convectif dans un système ouvert et loin de l'équilibre (qui échange en permanence de l'énergie avec l'extérieur) est donc l'équivalent d'un changement de phase, analogue au passage bien connu de la phase liquide à la phase vapeur pour l'eau que l'on chauffe dans une casserole.

Si l'on augmente encore la différence de température, divers régimes dynamiques se succèdent, qui peuvent être périodiques puis chaotiques.

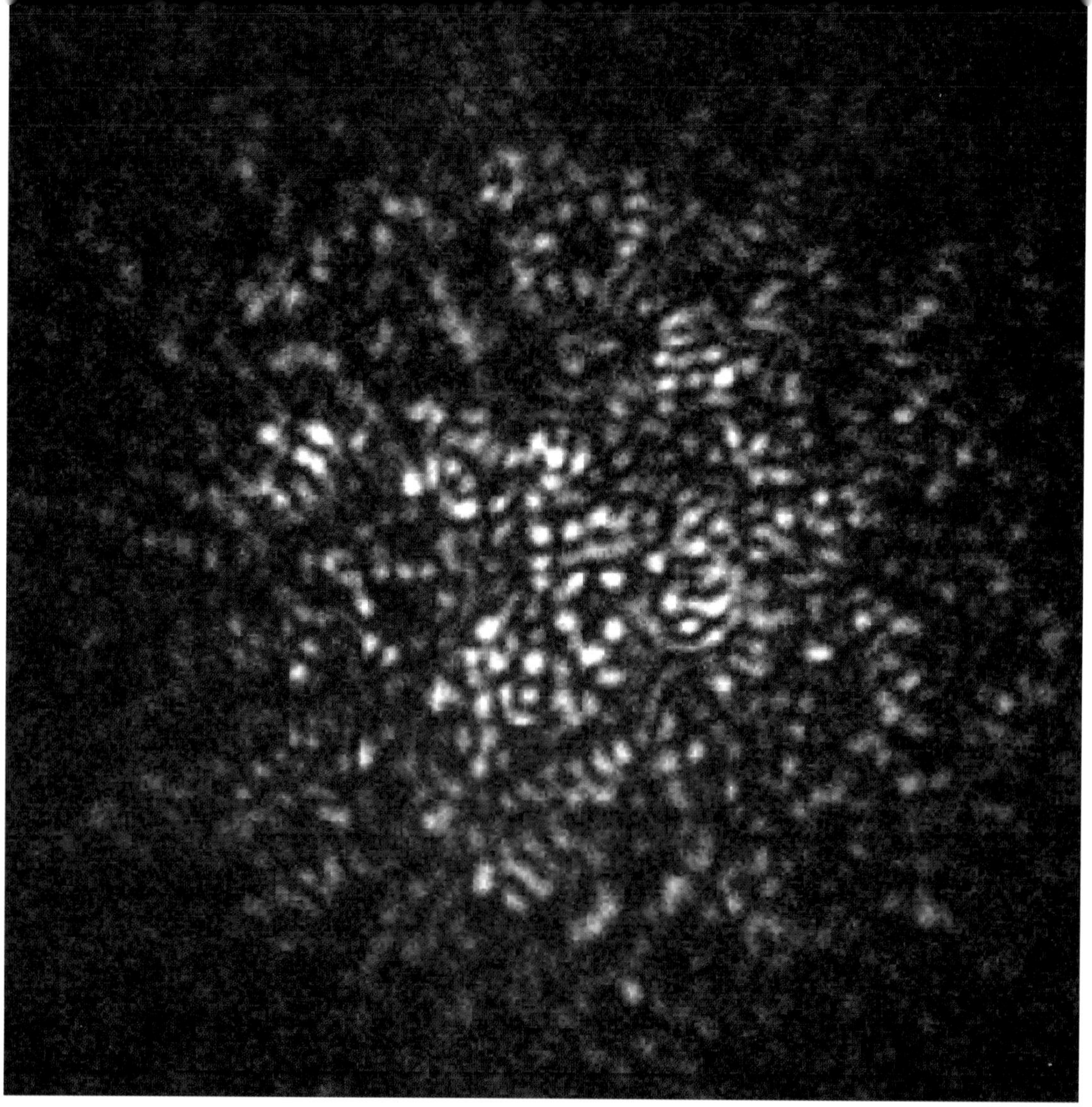

Des images nettes et « piquées » : n'est-ce pas l'ambition de tout photographe, et celle de tout astronome ? Qu'est-ce alors qui limite la netteté des images, qui nous permet depuis la Terre de discerner un cratère sur la Lune mais non l'empreinte du pied d'un astronaute, aussi fort que soit le grossissement de l'instrument ?

L'image ci-dessus est une pose très courte (un cinquantième de seconde) d'une étoile, observée au travers d'un filtre dë couleur jaune par un grand télescope terrestre – ici celui de l'observatoire russe de Zelentchuk (Caucase). Elle est comme éclatée en mille fragments, car la lumière doit traverser une atmosphère terrestre hétérogène, dans laquelle la température variable de l'air éparpille les rayons lumineux. Observant cette image au cours du temps, nous la verrons changer sans cesse de configuration, l'intensité et la position de chacun des fragments se modifiant de façon aléatoire au gré des mouvements atmosphériques. La dimension de l'image du disque de l'étoile est bien plus petite que celle du plus petit de ces fragments. Cette figure ne nous dit donc rien sur les détails de l'étoile, l'information qu'elle contient ne concernant que l'état d'agitation ou de turbulence de l'atmosphère terrestre à l'instant du cliché. Les astronomes nomment « seeing » *ce phénomène parasite qui, depuis Galilée, limite les performances des télescopes au sol et conduit à les placer au sommet de hautes montagnes, limitant ainsi l'épaisseur d'atmosphère traversée. Le télescope* Hubble, *placé dans l'espace en 1990, devait entre autres bénéfices remédier à cette terrible limitation. Pourtant, l'image d'un point la plus piquée que puisse donner un miroir, même placé dans l'espace ne se réduit pas à un point mais à une petite tache entourée d'anneaux, cet étalement étant causé par la diffraction (l'éparpillement encore) de la lumière par les bords, inévitables, du miroir. Plus grand sera le miroir, plus l'effet relatif des bords par rapport à la surface diminuera, et plus la tache résiduelle comme les anneaux qui l'entourent seront de petite dimension. On conçoit bien qu'en augmentant la taille du miroir, la dimension de la tache image d'un point lumineux puisse devenir inférieure à celle de l'image*

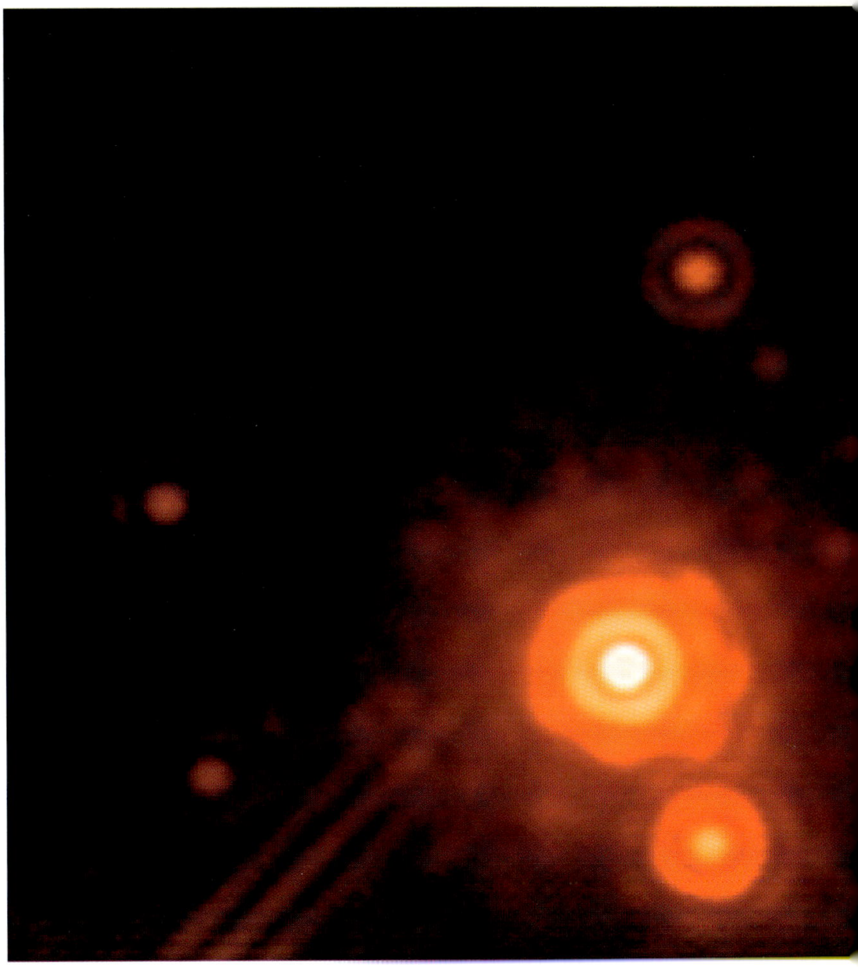

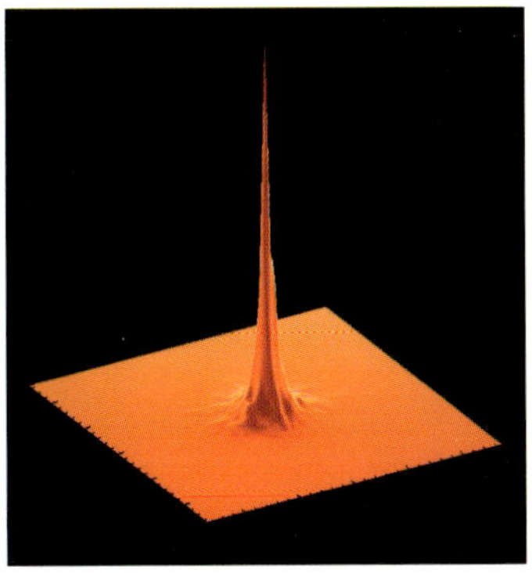

parfaite de l'étoile. Remédier au seeing *est devenu possible par une sorte de miracle de l'optique né à la fin des années quatre-vingt, à savoir la capacité de « déséparpiller » les rayons lumineux rassemblés par le télescope, à l'aide d'un petit miroir qui, à chaque instant, se déforme et contrarie exactement la déviation atmosphérique par une déviation inverse. Le résultat est spectaculaire puisque presque toute la lumière de l'étoile est désormais rassemblée dans une étroite tache centrale, cette fois-ci entourée des inévitables anneaux, comme le montre l'image ci-dessus faite sur un champ d'étoiles à l'aide du télescope Canada-France-Hawaii. L'image du bas, obtenue à l'aide du même télescope, représente d'une autre façon cette intense concentration de lumière obtenue dans la tache centrale. Tous les grands télescopes au sol sont désormais équipés de ce « correcteur d'image » (appelé « optique adaptative »), qui garantit aux images qu'ils fournissent le « piqué » maximal auquel leur diamètre permet de prétendre.*

Un arbre de Noël miniature : l'information génétique contenue dans l'ADN est transcrite en ARN pour assurer le fonctionnement cellulaire.

L'acide désoxyribonucléique ou ADN est le matériel génétique des êtres vivants. Il a la double charge de transmettre l'information génétique de chaque espèce d'une génération à l'autre et de commander le fonctionnement des cellules. Il remplit la première fonction en se dupliquant préalablement à chaque division cellulaire, chaque brin de la double hélice d'ADN servant de matrice pour la formation d'un brin complémentaire (voir pp. 98-99). Cette structure en double hélice est mise à profit, mais de manière différente, pour enclencher les actions nécessaires pour que la cellule fonctionne et réponde aux sollicitations de son environnement. Les gènes, constitués de segments de quelques milliers d'unités élémentaires, les nucléotides, qui se succèdent le long de la molécule d'ADN, sont activés par groupes en fonction des besoins de la cellule. Il existe quatre types de nucléotides notés A, T, C et G. L'activation des gènes consiste en la synthèse d'un autre type d'acide nucléique, l'acide ribonucléique ou ARN, constitué comme l'ADN d'enchaînements de nucléotides. Les nucléotides de l'ARN contiennent le sucre ribose au lieu du désoxyribose ; ils sont de ce fait moins stables, plus vite dégradés. Dans l'ARN, le nucléotide T de l'ADN est remplacé par un dérivé noté U. La synthèse de l'ARN constitue le processus de transcription de l'information génétique : un brin d'ARN est formé par copie complémentaire de l'un des deux brins de la double hélice d'ADN. A chaque nucléotide A de l'ADN correspond un U dans l'ARN, à chaque T un A, à chaque C un G et vice versa. *La transcription démarre au début d'un gène et s'étend progressivement jusqu'à ce que l'extrémité du gène soit atteinte. Elle est le fait d'enzymes, les ARN polymérases, qui reconnaissent dans l'ADN des suites de nucléotides*

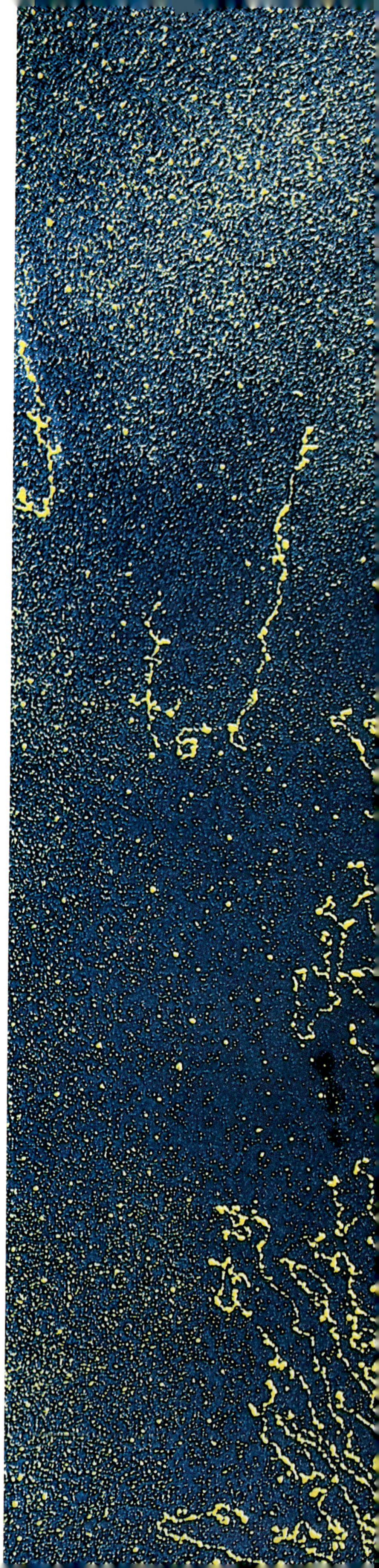

indiquant où démarrer et terminer le processus. La transcription d'un gène est représentée par cette image prise à l'aide d'un microscope électronique à transmission. La forme en arbre de Noël, colorée artificiellement en jaune, est constituée d'un filament central très fin, qui est une molécule d'ADN en cours de transcription, agrandie environ dix mille fois. La transcription commence en haut de l'image sur laquelle on voit que les transcrits s'étendant de part et d'autre de la molécule d'ADN sont de taille réduite. Leur taille augmente au fur et à mesure que l'ARN polymérase progresse le long de la molécule d'ADN, si bien que les transcrits en bas de l'image ont une taille voisine de leur taille finale, lorsque tout le gène a été transcrit en ARN. Les ARN produits peuvent être les ARN ribosomiques, constituants des ribosomes qui interviennent dans la synthèse des protéines dans le cytoplasme de la cellule, ou des ARN messagers, qui sont les supports nécessaires pour guider le processus appelé « traduction », qui mène de l'information génétique aux protéines.

Le peintre a sa palette, le chimiste aussi.

Les couleurs de cette image proviennent d'interactions entre la lumière blanche et les particules d'une poudre cristalline. La lumière se trouve décomposée, comme s'il y avait plusieurs centaines de petits prismes, réfléchie par les facettes des cristaux, diffractée par eux, ce qui leur donne l'apparence d'une fontaine lumineuse.
La fusée du feu d'artifice, elle aussi, produit une gerbe colorée lorsqu'elle explose : les atomes de ses composés sont portés à plusieurs milliers de degrés et irradient de superbes couleurs, pour notre plus grand plaisir.
Le même phénomène a lieu lorsqu'on projette une pincée de sel dans une flamme chaude, celle de l'âtre ou d'une cuisinière à gaz : on voit alors une belle coloration jaune, caractéristique des atomes de sodium. Dans les atomes portés à haute température, les électrons sont hissés vers des états d'énergie élevée (des « greniers »), d'où ils retombent spontanément vers des étages inférieurs, en émettant des photons dont la longueur d'onde est une signature de l'élément auquel appartiennent ces atomes : si, au lieu d'un dérivé du sodium comme le chlorure de sodium, on projette un sel de cuivre, la flamme est d'un beau vert ; s'il s'agit de strontium, elle prend une somptueuse teinte rouge...
Les astronomes utilisent cette propriété des atomes pour établir la composition chimique d'une étoile : ils décomposent la lumière captée par le télescope en ses longueurs d'onde. Le repérage des couleurs présentes leur permet d'identifier les éléments qui se trouvent dans l'étoile.
Mais les couleurs de la chimie ne se bornent pas à celles des émissions lumineuses d'atomes, qu'un chauffage à des températures élevées a excités. Dès la plus haute Antiquité, les protochimistes que furent les alchimistes ont mis au point de nombreux procédés

de « teinture des métaux », c'est-à-dire d'altération d'une surface métallique dans le but de la faire ressembler à un autre métal ; c'est sans doute de là que vient l'adage : « Tout ce qui brille n'est pas or. » L'Œuvre alchimique, qui vise à réussir la transmutation des métaux vils, comme le fer ou le plomb, en métaux nobles, comme l'or, repérait les stades successifs de cette élaboration au moyen de couleurs : l'Œuvre au rouge, l'Œuvre au noir. De plus, les alchimistes choisirent la multicolore queue du paon, l'oiseau de Junon, pour symboliser la panoplie des couleurs par lesquelles devait passer le contenu de leurs athanors. A leur sens, cette succession de couleurs était aussi celle que prend l'horizon au lever ou au coucher du soleil. La palette des couleurs de la chimie comporte encore les centaines de milliers de teintes, jamais vues auparavant sur la planète, produites par les colorants de synthèse, dont la plupart n'existaient pas à l'état naturel. Elles furent à l'origine de la montée en puissance de l'industrie chimique, à partir de la seconde moitié du XIXe siècle.

Les savons sont des cristaux liquides dont la géométrie a permis de découvrir la structure lamellaire.

Les cristaux liquides sont un état de la matière intermédiaire entre le cristal solide, dans lequel les molécules sont ordonnées périodiquement en trois dimensions, et le liquide, dans lequel elles sont désordonnées. Une variété de cristaux liquides appelés « smectiques » est caractérisée par une structure en couches parallèles indépendantes, formées par l'assemblage désordonné de molécules organiques en forme de bâtonnets, parallèles entre elles et perpendiculaires à la surface des couches. Les savons sont des smectiques (c'est d'ailleurs l'origine du mot « smectique », du grec smegma, *savon) et leur structure en lamelles indépendantes, qui peuvent facilement glisser les unes sur les autres, donne aux savons leur pouvoir lubrifiant. Lorsqu'on observe un cristal liquide smectique en microscopie optique, on ne voit pas les couches, qui sont trop rapprochées, mais on observe des lignes sombres, en forme de sections coniques : ellipses et hyperboles, associées deux par deux, dont le sommet de l'une est le foyer de l'autre ; on les appelle coniques focales. La photographie ci-contre, d'une plage de deux cents millièmes de millimètres sur trois cents millièmes de millimètres, montre les coniques focales dans un cristal liquide smectique, un composé organique que les chimistes appellent 4n-octyl-4'cyanobiphényl. On voit bien les ellipses, mais les hyperboles sont vues « par la tranche », comme de petits filaments noirs qui partent du foyer des ellipses. Ce que l'on observe au microscope est un mince film de cristal liquide, formé d'une dizaine de milliers de couches moléculaires, emprisonné entre des lames de verre. Les molécules s'attachent localement au support et les couches du smectique sont obligées de se courber, tout en préservant une épaisseur constante et en restant parallèles entre elles. Elles doivent alors adopter la forme de surfaces parallèles, connues en géométrie sous le nom*

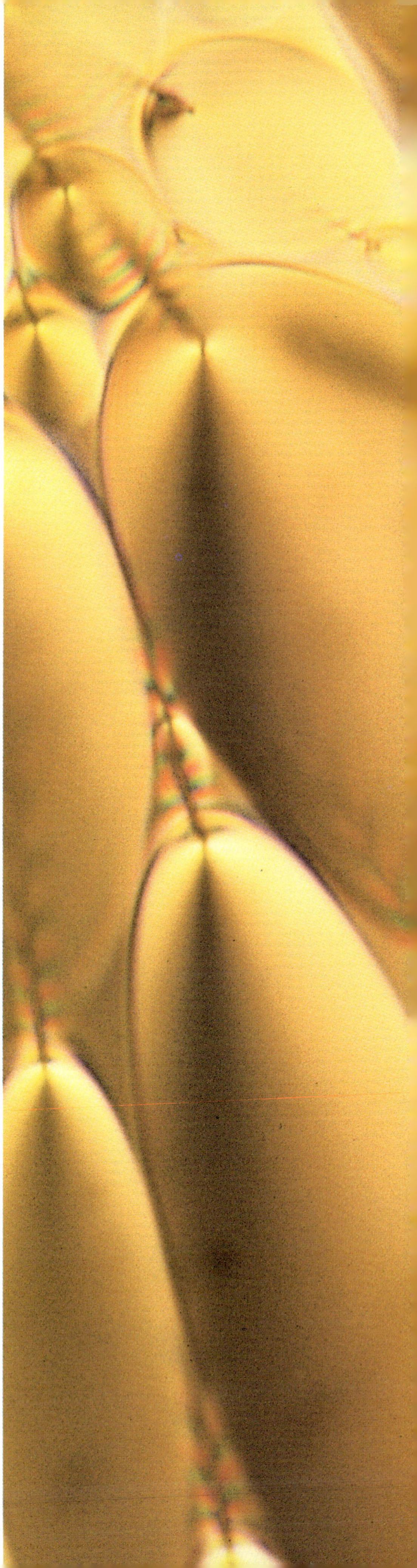

de « cyclides de Dupin ». Les perpendiculaires à ces surfaces s'appuient sur les coniques focales. Les couches s'organisent en domaines et les coniques focales sont des discontinuités structurales le long desquelles les couches changent brutalement de direction. C'est à partir de considérations purement géométriques que le cristallographe Georges Friedel comprit le premier, en 1910, que l'observation de coniques focales impliquait une structure lamellaire, dans laquelle les couches parallèles avaient la forme de cyclides de Dupin.

A l'abri du regard indiscret des curieux et des télévisions étrangères, des villes entières, enfouies dans le silicium, sont totalement soumises au pouvoir absolu de la logique.

Des canaux creusés de mains d'homme, des monticules bien nivelés, des croisements par millions... Voici une étrange cité. Ne cherchez pas à y rencontrer des habitants. Ils sont pratiquement invisibles et assez peu communicatifs, même s'ils parcourent, inlassables, les innombrables artères de cette mégapole silencieuse : ce sont des électrons voyageant exclusivement en groupes et sur ordre. Les bâtisseurs de ces villes utopiques qui, avec leurs mains épaisses, sont arrivés à percer ces travées miniatures et à construire ces infimes édifices, d'une largeur inférieure au micron, ont fait appel, en guise d'excavatrices, à de curieux microscopes utilisés dans le sens inverse de celui dans lequel on les emploie habituellement : au lieu d'agrandir des détails minuscules pour les visualiser, ils rapetissent des grands dessins pour les projeter sur le silicium, ce qui, grâce

à des procédés physico-chimiques parfaitement maîtrisés, construit des sillons et des détails microscopiques. Les matériaux qui composent ces ouvrages d'art sont exclusivement employés pour leurs propriétés électriques : conducteurs, isolants, semi-conducteurs. A cette fin, on fait appel à des métaux précieux, en particulier à l'or, au silicium et à des matériaux rares comme le germanium ou le gallium. Mais on ne les dépose pas à la truelle, encore moins avec des camions ou des pelleteuses : on les vaporise discrètement dans des chambres à vide silencieuses, sur des couches très fines de quelques dixièmes de micron d'épaisseur.
Ces architectures lilliputiennes, conçues pour retenir, canaliser et transmettre des flux d'électrons, construisent des espèces de barrages, des écluses ou des bassins de stockage qui, combinés judicieusement entre eux, forment des circuits dits logiques parce qu'on les interprète comme des connecteurs logiques élémentaires entre des flux d'électrons. Imaginons qu'un de ces ouvrages d'art admette deux entrées et une sortie, et qu'il n'y ait de flux en sortie que lorsqu'un flux pénètre dans chacune des deux entrées ; on parle alors d'une porte « et », car la sortie ne présente de flux que si la première et la deuxième entrée en présentent toutes deux un. De même, s'il y a un flux de sortie lorsqu'un flux se présente sur l'une ou l'autre des deux entrées, on parle d'une porte « ou ».
En combinant ces portes logiques élémentaires, on construit des mémoires informatiques et surtout des circuits arithmétiques capables d'additionner, de soustraire ou de multiplier des nombres. Les uns et les autres sont au cœur des ordinateurs modernes.
La puissance et la rapidité de ces ordinateurs dépendent du nombre et de la densité de ces portes. Aujourd'hui, une puce ordinaire de quelques millimètres de côté en contient environ quatre millions, soit deux fois le nombre d'habitants dans Paris intra muros.
Une constatation empirique, appelée « loi de Moore » et validée depuis plus de trente ans, dit que la densité de ces composants est multipliée par deux tous les dix-huit mois. S'il en va toujours ainsi, nous aurons environ dix-huit millions de composants sur chaque puce d'ici l'an 2003 ; autrement dit, deux fois plus que le nombre d'habitants de toute l'agglomération parisienne...

Les géomètres raisonnent sur des objets qui appartiennent au domaine de l'idée et non pas sur des objets du monde sensible. Mais ils représentent leurs objets d'étude par des figures.

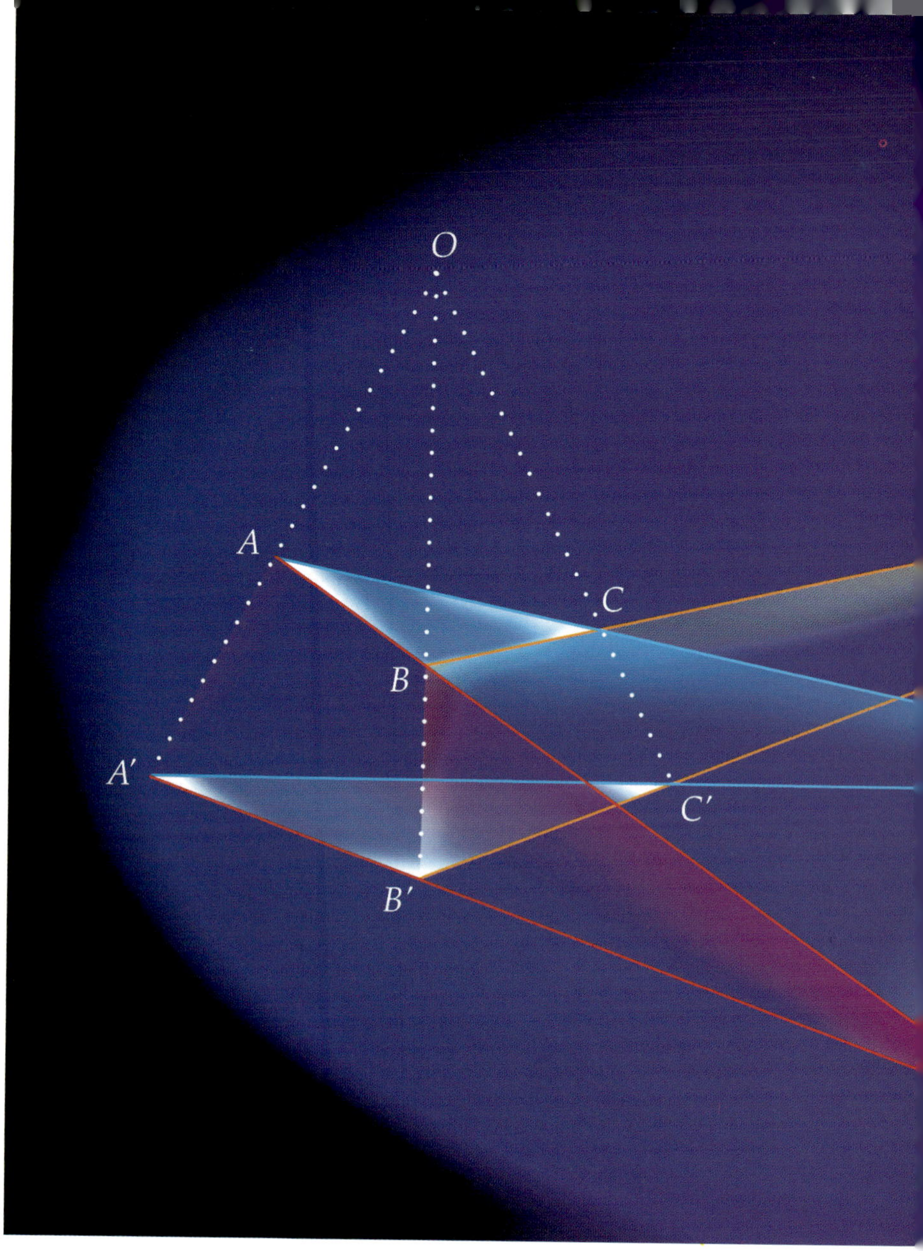

Une figure résume la situation considérée, qu'elle rend lisible d'un seul coup d'œil. Elle sert de moyen mnémonique et de support à l'intuition. La figure ci-contre représente la configuration de Desargues, dans laquelle deux triangles ABC et A'B'C' dans l'espace sont tels que les droites AA', BB' et CC' qui joignent les sommets homologues passent toutes les trois par un point O. Alors B, C, B', C' sont dans le plan des droites OB, OC, donc les droites BC et B'C' se rencontrent en un point M (à moins qu'elles soient parallèles, ce qui rejette M à l'infini). De même, AC et A'C' se rencontrent en un point N et AB et A'B' se rencontrent en un point P. Les points M, N, P appartiennent à la fois au plan du triangle ABC et au plan du triangle A'B'C'; en supposant que ces deux plans sont distincts, on conclut que M, N, P sont alignés sur la droite

intersection des deux plans. On lit presque immédiatement la propriété précédente sur la figure. On voit aussi que la propriété reste vraie lorsque les triangles ABC et A'B'C' sont dans un même plan : si AA', BB' et CC' sont concourantes, les points M, N, P intersections des trois paires de côtés homologues BC, B'C' ; CA, C'A' ; AB, A'B' sont alignés. En effet, la figure plane peut s'interpréter comme la projection d'une figure spatiale pour laquelle la propriété est établie.
Les théorèmes de la géométrie se déduisent, par des démonstrations, à partir de propriétés primitives admises comme axiomes. Ainsi, on admet comme axiomes que deux points distincts sont sur une droite et une seule, que, dans le plan, il existe au moins trois points non alignés et que, sur chaque droite, il y a au moins trois points distincts. Ces axiomes d'incidence de la géométrie plane n'impliquent pas la propriété de Desargues et l'on peut donc définir des plans « non arguesiens » qui ne peuvent pas se plonger dans un espace de dimension 3 (sinon la propriété de Desargues serait vraie).
On peut démontrer que, si l'on impose au plan la propriété de Desargues (comme un axiome), ce plan admet des coordonnées cartésiennes et il peut alors se plonger dans un espace de dimension 3.
En résumé, trois propriétés du plan sont équivalentes : la propriété de Desargues, la possibilité de rapporter le plan à un système de deux coordonnées et l'existence d'une géométrie de dimension 3 contenant ce plan.
Les propriétés géométriques sont conservées lorsqu'on remplace, dans leur énoncé, les points par les droites et les droites par des points (principe de dualité).
Ainsi, la propriété de Desargues est équivalente à la suivante : si a, b, c *et* a', b', c' *sont six droites telles que les points d'intersection* $a \cap a'$, $b \cap b'$ *et* $c \cap c'$ *sont alignés sur une droite o, alors les droites m, n, p qui joignent respectivement les points d'intersection* $b \cap c$ *et* $b' \cap c'$; $c \cap a$ *et* $c' \cap a'$; $a \cap b$ *et* $a' \cap b'$ *sont concourantes.*
Cette propriété duale est donc la réciproque de la propriété de Desargues.

Les quarks étant des particules constitutives de la matière inerte, il serait abusif de prétendre qu'ils sont comme nous, par exemple qu'ils aiment la compagnie. Mais le fait est qu'ils ne sortent qu'en bande.

Selon la physique classique, une force entre deux objets, par exemple entre deux particules chargées électriquement, se transmet dans l'espace par l'entremise de champs : un champ, engendré par une particule, se propage dans l'espace puis agit sur l'autre particule. La physique contemporaine voit les choses d'un autre œil. Elle explique que, pour qu'il y ait interaction, un échange de quelque chose est nécessaire. Ce « quelque chose » est au minimum une particule caractéristique de l'interaction, appelée « quantum ». Une interaction entre deux particules s'exerce donc, en définitive, par l'échange d'une troisième particule qui fait office d'agent de liaison. Dans ce schéma, plus la masse de la particule échangée est élevée, plus la portée de l'interaction est faible. L'interaction électromagnétique ayant une portée infinie (deux particules chargées doivent être infiniment éloignées l'une de l'autre pour cesser de s'attirer ou de se repousser), la particule qui la médiatise a une masse nulle. Il s'agit du photon (le grain de lumière). L'interaction faible, responsable notamment de la radioactivité β, a quant à elle une portée très courte. C'est quasiment une interaction de contact, un peu comme la colle. Elle est transmise par des particules massives, environ cent fois plus lourdes que le proton. Appelées W^+, W^- et Z^0, celles-ci ont été découvertes en 1983, quelques années après que leur existence a été prédite par des théoriciens qui cherchaient à unifier les descriptions de l'électromagnétisme et de l'interaction faible. La durée de vie de ces particules est extrêmement courte (10^{-24} s pour le Z^0). On peut toutefois les « fabriquer » par le biais de collisions entre électrons et positrons. Par exemple, pour faire apparaître un Z^0, il faut fournir à chacun des faisceaux d'électrons et de positrons qui se rencontrent en sens inverse une énergie correspondant à la moitié de sa masse, de sorte que l'énergie totale mise en jeu dans une collision puisse se matérialiser en un Z^0. Dès son apparition au centre du détecteur, schématisé par un cylindre sur la photographie, le Z^0, trop éphémère pour être directement observable, se désintègre, par exemple, en un quark et un antiquark. Ceux-ci ne sont pas non plus directement visibles car ils sont incapables de se propager librement dans le vide ; très vite, ils s'enrobent d'un manteau formé d'autres quarks et antiquarks (voir pp. 12-13) et se constituent en particules composites appelées « hadrons » qui, elles, laissent des traces dans le détecteur. Sur la photographie, celles-ci se répartissent au sein des deux « jets » bien visibles. La compréhension de ces phénomènes minuscules et très brefs demande de grands instruments, une patience tenace et beaucoup de travail. L'étude précise des divers modes de désintégration du Z^0 a occupé pendant une décennie plusieurs centaines de physiciens, autour d'un collisionneur dont la circonférence est à peu près celle du périphérique parisien.

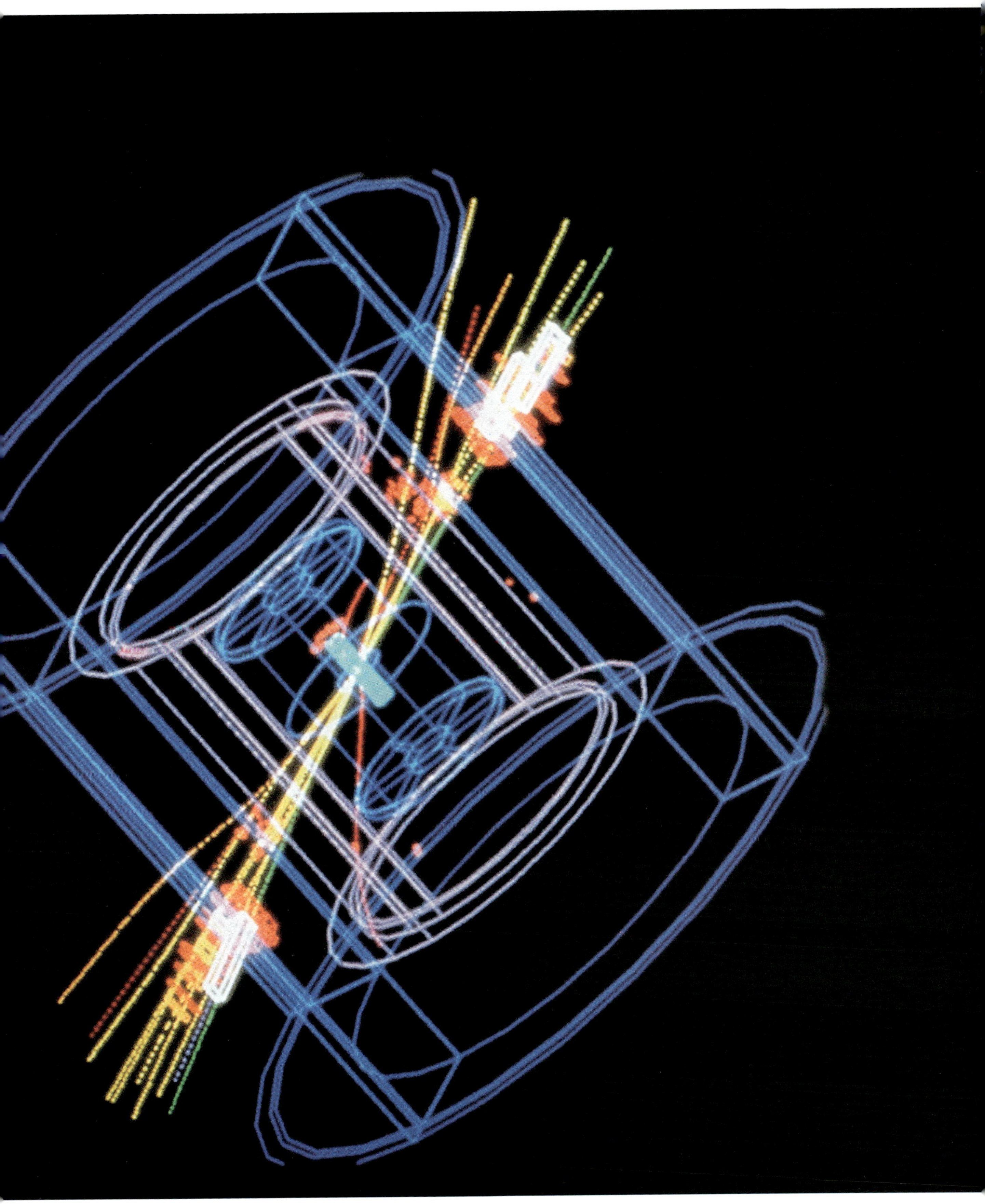

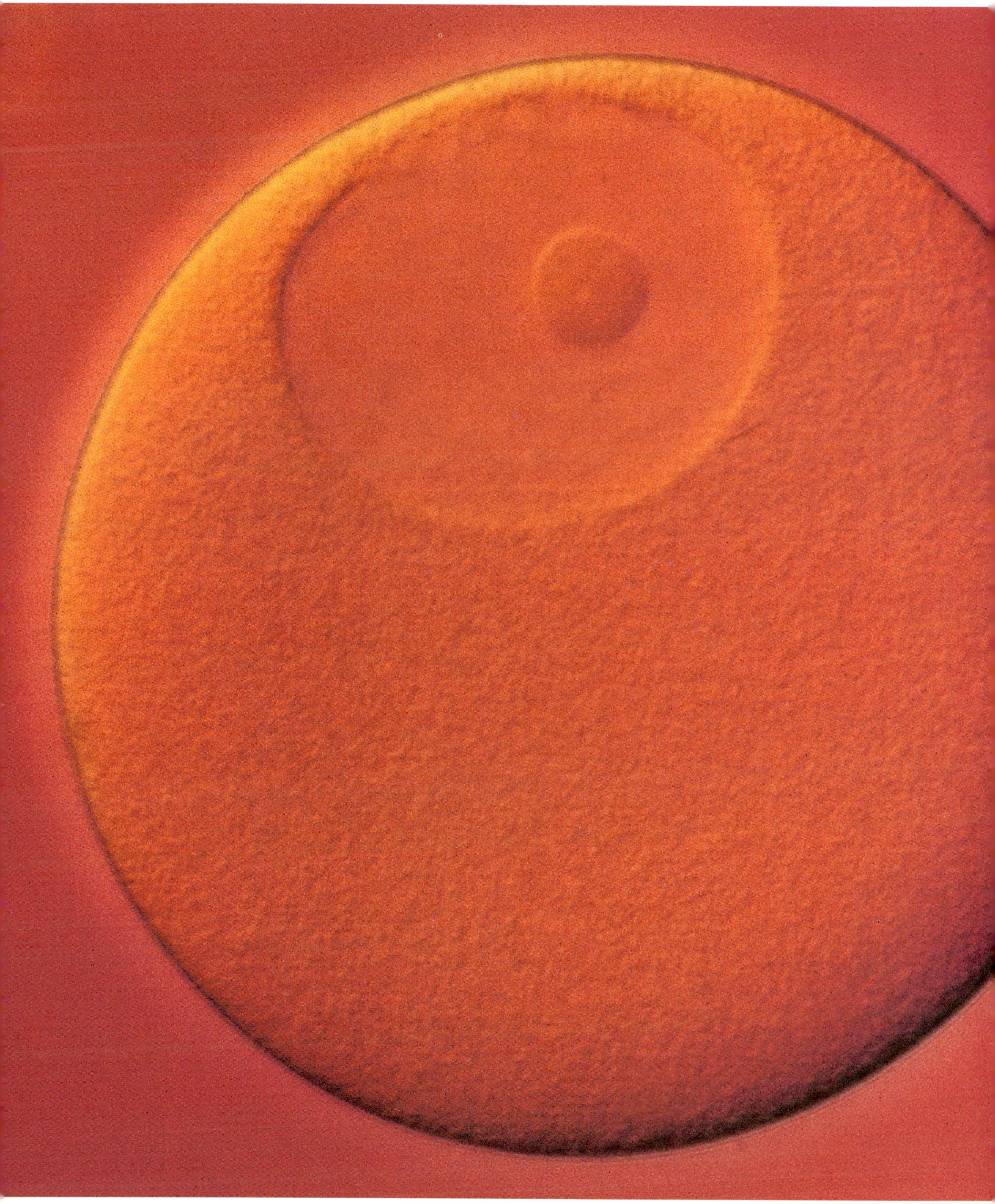

Cet ovule d'étoile de mer, lorsqu'il rencontrera un spermatozoïde, donnera naissance à une nouvelle étoile marine.

Pour perdurer, certains êtres vivants peuvent se reproduire par division cellulaire : c'est la reproduction asexuée, qui a cours chez les bactéries et, dans une certaine mesure, chez les plantes et les animaux. Elle permet de dupliquer quasiment à l'identique des êtres existants, réalisant ainsi un clonage naturel. Les seules différences sont les rares mutations du matériel génétique qui se produisent lors de la duplication de l'ADN. Pour créer de la nouveauté, le monde vivant fait appel à la procréation, processus par lequel deux individus d'une même espèce, mais de sexes opposés, mettent leur matériel génétique en commun pour créer un nouvel individu, différent d'eux et à nul autre pareil. Parce qu'elle augmente la diversité biologique, la procréation permet une meilleure adaptation aux conditions du milieu et l'on considère que c'est l'un des moteurs de l'évolution des espèces. La mise en commun passe par la rencontre des gamètes, ovule et spermatozoïde, lors du processus de la fécondation. L'œuf ainsi formé est à l'origine du développement du nouvel individu, par une série de divisions conduisant progressivement à la production de cellules spécialisées, dont les gamètes qui, à leur tour, serviront à former une nouvelle descendance. Il en va ainsi pour les millions d'espèces qui peuplent la Terre et les océans. C'est le cas de l'étoile de mer que nous trouvons sur nos plages et que l'équipe Cousteau nous a montrée évoluant dans son milieu de prédilection. La voici résumée, suspendue en quelque sorte, dans la cellule représentée sur cette photographie. Cet ovule d'étoile de mer, observé au microscope en lumière rasante, apparaît comme une sphère presque parfaite, délimitée par une membrane. Celle-ci entoure le milieu intérieur de la cellule, le cytoplasme, rempli des réserves nutritives dont l'œuf aura besoin pour les premières étapes de son développement. On distingue en son sein le noyau cellulaire proche de l'un des pôles, qui contient le matériel génétique dans une composition unique, qui assurera la transmission des caractères : c'est la promesse d'une vie nouvelle. Le noyau lui-même contient une sorte de graine, le nucléole, dans lequel est résumée l'autre fonction du noyau : la commande du fonctionnement cellulaire. En effet, c'est dans le nucléole que certains ARN, formés à partir de l'ADN par le processus de transcription, s'assemblent avec des protéines pour former les ribosomes. Ces derniers sont alors transportés dans le cytoplasme pour participer à la traduction de l'information génétique lors de la fabrication des protéines.

Rien ne semble rapprocher cette tasse et cette chambre à air, ni la taille, ni la couleur, ni la forme… En géométrie comme pour le sens commun, il s'agit de deux objets différents. Pourtant, une autre branche des mathématiques, la topologie, considère que ces deux objets sont identiques.

En topologie, deux objets sont dits identiques si l'on peut progressivement – on dit « continûment » – en déformer un pour obtenir l'autre. Ainsi, un cube, une sphère, une pyramide… sont des objets géométriques différents, mais des objets topologiques identiques, car un potier pourrait déformer progressivement un cube d'argile pour le transformer en une sphère. En revanche, un potier ne peut pas déformer progressivement un cube d'argile pour le transformer en une tasse : à un moment, il doit coller l'anse de la tasse ou faire un trou pour réaliser cette anse. Il y a là une rupture dans la transformation, qui n'est donc plus continue. Cette tasse et cette chambre à air sont « topologiquement » identiques, car elles possèdent l'une et l'autre un seul trou. On peut donc déformer l'une pour obtenir l'autre sans discontinuité. Mais il faudrait faire un second trou, donc introduire une seconde rupture, pour obtenir une monture de lunettes, et encore bien d'autres pour obtenir un tamis.

En regardant des images comme celles-ci, on peut donc prendre plusieurs grilles de lecture : une grille géométrique, une grille topologique… Chaque grille se caractérise par un ensemble de transformations des objets. Les propriétés des objets que l'on peut alors exprimer sont celles qui sont invariantes par ces transformations. Par exemple, en géométrie, on peut parler du volume d'un objet, mais pas en topologie puisque le volume peut changer quand on déforme l'objet, même de manière continue. En revanche, en topologie comme en géométrie, on peut parler du nombre de trous d'un objet, puisque cette propriété ne change pas quand on déforme l'objet de manière continue. L'objet topologique appelé « tore à un trou » n'a pas de forme, pas de couleur, pas de volume… On ne dessine donc pas d'objets topologiques, on ne dessine que des incarnations géométriques de ces objets : une tasse, une chambre à air… Du point de vue topologique, une image contient une foule d'informations « en trop », que l'on ne peut pas ne pas dessiner. Il existe, en effet, une différence essentielle entre les mots et les images : on peut parler d'un objet sans dire s'il est rouge ou bleu, mais on ne peut pas le dessiner sans choisir une couleur. Cette information « en trop » doit être éliminée quand on lit l'image, pour appréhender l'objet abstrait qu'elle représente. Pour autant, cet objet abstrait ne peut pas se concevoir sans faire appel aux sens. On n'imagine pas de topologie sans perception de l'espace.

La tomographie sismique est le « scanner » du géophysicien. Elle dévoile ici les structures profondes situées sous l'Antarctique.

Les sismographes enregistrent, dans une large bande de fréquences, les ondes sismiques, ondes sonores provenant d'un grand nombre de séismes, se propageant le long de trajets qui s'entrecroisent. A partir des enregistrements, on peut calculer la vitesse des ondes sismiques en tout point d'une région à trois dimensions. La carte ci-contre a été élaborée à partir de l'enregistrement de séismes en sept stations de l'hémisphère Sud, appartenant au réseau sismologique global français Géoscope. *Cinq cents trajets, correspondant à des séismes de magnitude voisine de 6, localisés à la frontière de la plaque Antarctique, ont été sélectionnés. La carte donne les écarts de vitesse par rapport à un modèle de terre moyen, à la profondeur de quatre-vingt dix kilomètres sous le continent Antarctique. Le code de couleurs est classique : les régions « lentes », dans lesquelles la vitesse des ondes sismiques est plus faible que la moyenne, sont représentées en rouge, et les régions « rapides », dans lesquelles elle est plus élevée, en bleu. La vitesse des ondes sismiques dans les roches dépend des propriétés élastiques de ces dernières et diminue lorsque la température augmente. Les régions « lentes » (rouges) sont donc plus chaudes que la moyenne et les régions « rapides » (bleues) plus froides. On peut ainsi corréler la carte des écarts de vitesse avec la tectonique des plaques : les régions les plus chaudes correspondent aux dorsales océaniques, là où les plaques s'écartent et où la matière chaude du manteau remonte pour former les plaques océaniques. Par contre, les régions situées sous les vieux boucliers continentaux sont plus froides. On voit que le manteau sous le continent antarctique est froid (en particulier au nord, dans la région d'Enderby, et au sud, dans la région de Dumont d'Urville, où l'on a trouvé les roches les plus vieilles du monde, datées respectivement à 3,8 et 2,1 milliards d'années). Tout autour du continent, une bande rouge indique la présence d'une dorsale océanique, le long de laquelle du matériau chaud remonte. A certains endroits, des minima de vitesse plus prononcés (rouge plus intense) correspondent à des « points chauds » : îles océaniques (Crozet, Kerguelen, Macquarie...). Ceux-ci sont les émergences de panaches de matière chaude qui remonte des profondeurs de la Terre et fond par décompression, formant des volcans. Dans une région située à l'ouest des montagnes Transantarctiques qui séparent le continent en deux, des volcans existent sous la glace. Cette zone active pourrait être, dans l'avenir, le lieu de naissance d'une dorsale océanique.*

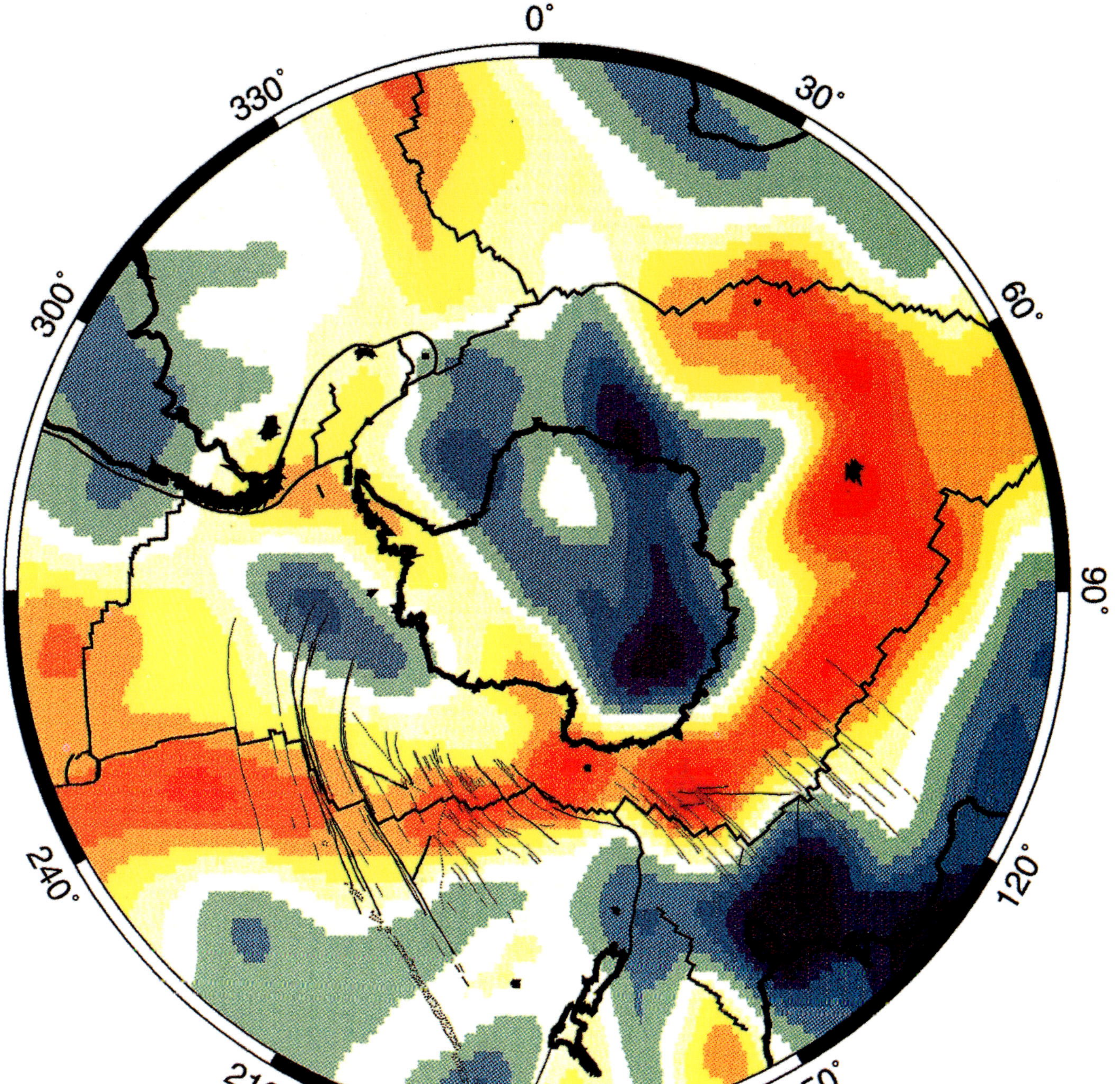

Ecarts relatifs de vitesse

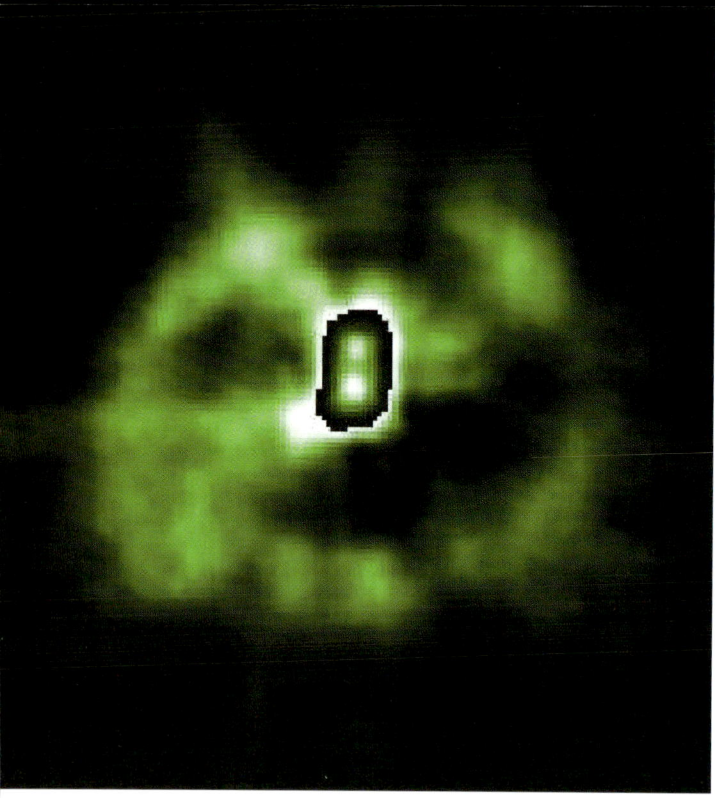

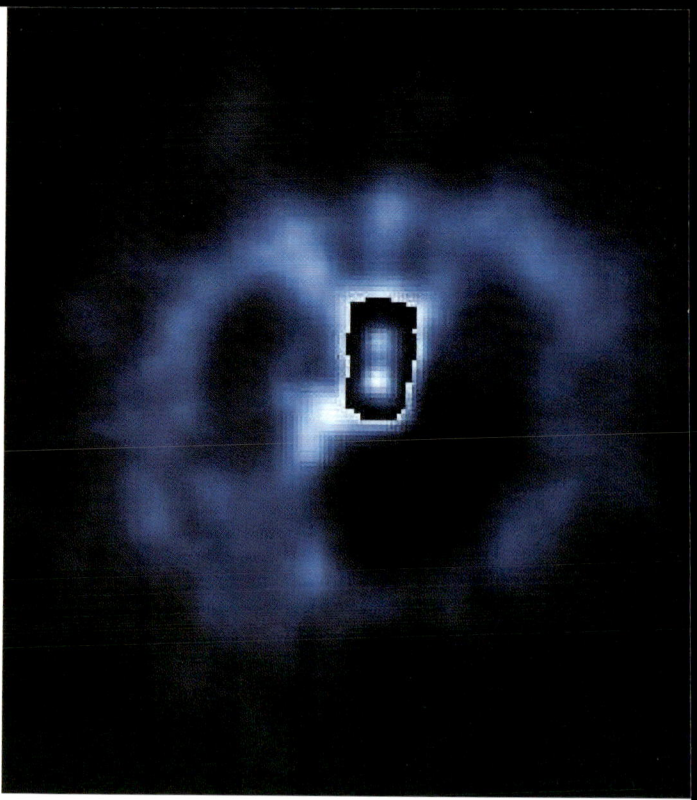

Le disque est l'une des formes les plus répandues dans l'Univers : elle se retrouve à des échelles extraordinairement différentes, depuis celle des anneaux de Saturne jusqu'à celle des galaxies spirales, en passant, comme ici, par celle des systèmes planétaires en formation.

Prises à trois longueurs d'onde différentes, toutes trois proches de l'infrarouge, les trois images du haut sont des vues de l'environnement du système stellaire double GG du Taureau, situé dans cette même constellation à quatre cent cinquante années-lumière de la Terre. Les couleurs sont donc arbitraires, puisque l'infrarouge n'est pas perçu par l'œil. Les deux étoiles de ce système double sont liées gravitationnellement et chacune est en orbite autour de leur centre de gravité commun. Un disque de gaz et de poussière les entoure, si ténu que, pour le mettre en évidence sans éblouissement, il a fallu fortement atténuer par un masque (contour central) le rayonnement des deux étoiles, cent mille fois plus intense. A cette distance, la taille de notre système solaire est un peu inférieure à celle du masque central. Ces images sont prises avec le télescope Canada-France-Hawaii *situé à Hawaii. Pour former ces images, ce télescope est équipé d'une correction des effets de l'atmosphère terrestre (optique adaptative, voir pp. 130-131) qui donne aux images une qualité comparable à celle obtenue dans les observations faites depuis l'espace. La lumière des étoiles éclaire la poussière présente autour d'elles, laquelle renvoie cette lumière vers l'observateur, à la manière de poussières brillantes lorsqu'elles dansent dans un rayon de soleil. Cette lumière diffusée dessine un vaste anneau, quasiment circulaire, s'estompant sur ses bords extérieurs mais aussi intérieurs, tandis qu'autour des étoiles se dessine une nouvelle accumulation de matière. Disque ou coquille ? Le simple examen de l'image ne permet pas de trancher, mais l'observation d'autres objets semblables (image en bas à droite),*

tantôt vus par la tranche
tantôt en oblique, convainc
qu'ici il s'agit bien
d'un disque plat, vu de face.
Ici, les deux étoiles,
assez semblables au Soleil
par leur masse et leur éclat,
vieilles d'un million d'années
pour l'une, de dix fois moins
pour l'autre, donc jeunes,
ont émergé d'un cocon natal
dont le disque est le résidu.
Elles en ont « soufflé »
la partie évidée, mais
pas encore la partie centrale,
dont la dimension s'approche
de celle du système solaire.

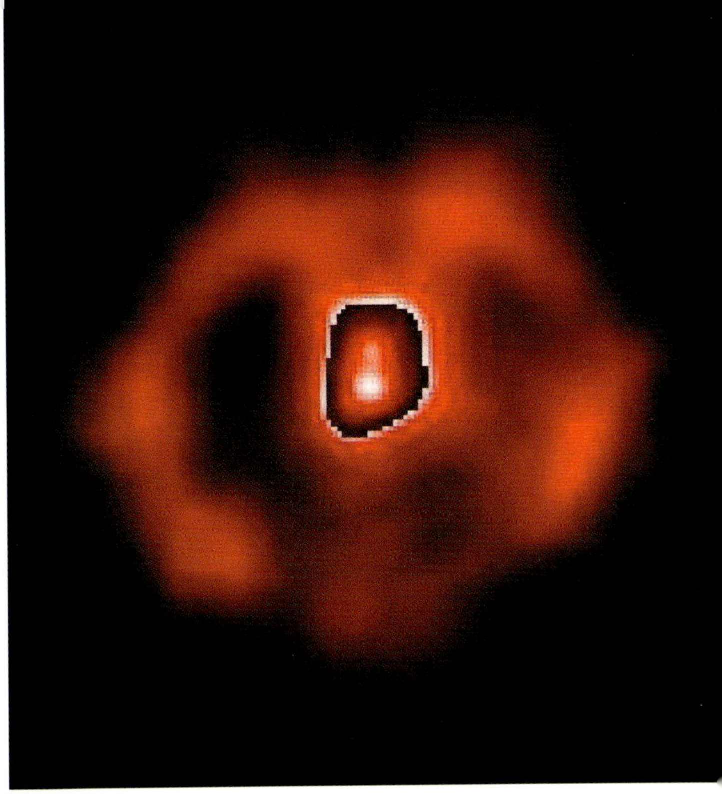

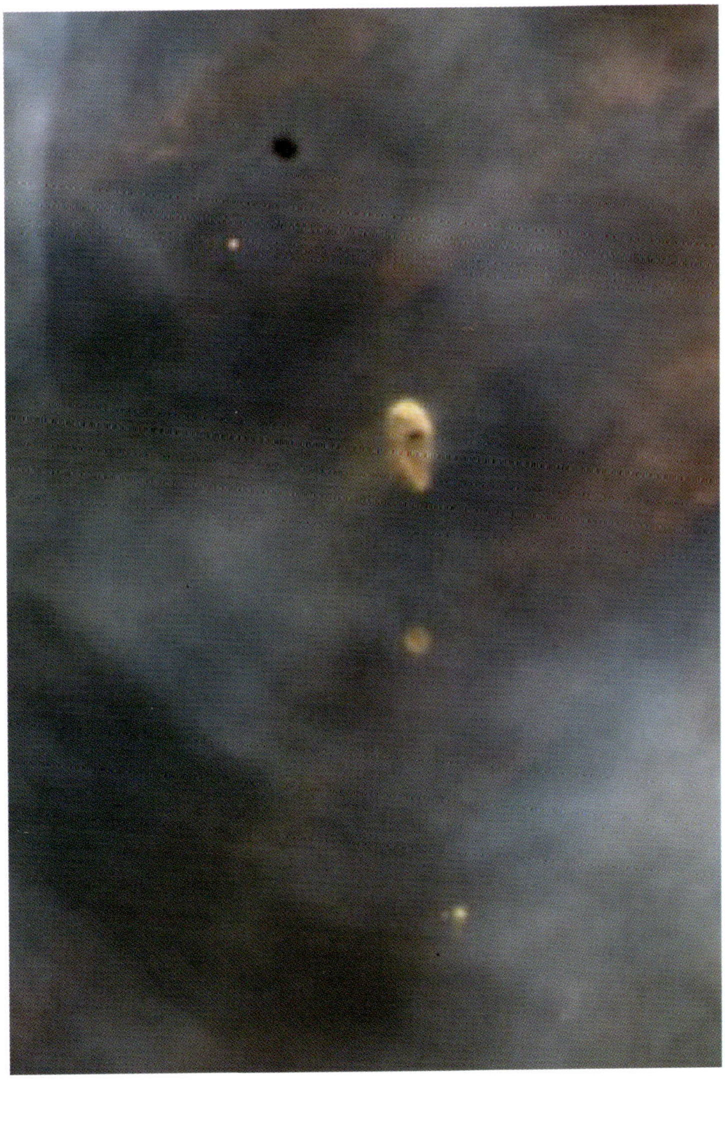

C'est dans cette partie centrale, trop petite ici pour que le télescope puisse en distinguer les détails, que pourraient se former des planètes.
L'image ci-contre est obtenue par le télescope Hubble *dans une autre région, celle d'Orion, connue pour être le siège d'une abondante formation d'étoiles.*
Sur un fond de nuage interstellaire ténu se détachent plusieurs disques, tantôt sombres et vus de face, tantôt lumineux et vus en oblique : on les appelle proplyds *(de l'anglais* protoplanetary young disc, *disque protoplanétaire), terme qui qualifie bien leur nature. Ils pullulent dans la région d'où est extraite cette image, montrant bien l'universalité de l'existence de disques autour d'étoiles jeunes.*

Cette image n'est pas une photographie mais le résultat d'un calcul simulant la formation d'un disque autour d'une étoile et, au sein de ce disque, la formation d'une planète.

Dans une galaxie, un nuage moléculaire qui, par hasard, tournait lentement sur lui-même, s'est effondré sous l'effet de sa propre gravitation, formant une étoile encore entourée d'un nuage de gaz. C'est une scène classique que révèle l'observation (voir pp. 92-93). Mais que se passe-t-il par la suite ? Les conditions initiales fixant le début du scénario étant ainsi posées, le physicien prend le relais pour construire et dérouler en laboratoire la suite du film. C'est ce que l'on nomme une « simulation numérique » : elle permet de « jouer à la nature », pour vérifier ensuite l'adéquation du film avec la réalité. L'image ci-dessus

est un instantané du film, quelques dizaines de milliers d'années après son début. Les ingrédients qui ont permis de le construire sont tout simplement les lois de la physique : celles de la gravitation, qui maintient la matière liée à l'étoile occupant le centre de l'image ; celles de la mécanique, qui accélèrent la rotation initiale du nuage de gaz au gré de son effondrement, comme la rotation de la ballerine s'accélère lorsqu'elle rapproche ses bras de son corps ; celles qui décrivent la viscosité d'un gaz, et celles qui prévoient l'agglutination des poussières (voir pp. 150-151) en petits rochers appelés « planétésimaux ». Chacune de ces lois – effondrement, collisions, agglutination – met en jeu le temps, que l'ordinateur, qui calcule vite, peut accélérer, condensant quelques millions d'années en quelques heures ou, au plus, quelques jours. Une planète massive, comparable à Jupiter, s'est formée au détriment des planétésimaux du disque ; celui-ci est vidé de matière autour de l'orbite de cette jeune planète. D'autres sillons se dessinent, pas encore vidés, qui marquent peut-être l'orbite de futures planètes. L'image ci-dessous est un gros plan sur la planète en formation. Elle montre la façon dont la matière est « aspirée » par celle-ci. Dans peu d'années, la puissance de nos instruments sera suffisante pour que l'on puisse rechercher, guidé par ces simulations, de semblables sillons autour des étoiles qui possèdent des disques (voir pp. 150-151), ou de celles qui sont accompagnées de planètes (voir pp. 186-187). D'ici là, ces calculs éclairent la genèse de notre système solaire, dans lequel le mouvement des planètes, en orbite autour du Soleil dans un même plan (le plan de l'écliptique), garde encore la trace de ce disque primordial et où errent encore quelques planétésimaux : les astéroïdes.

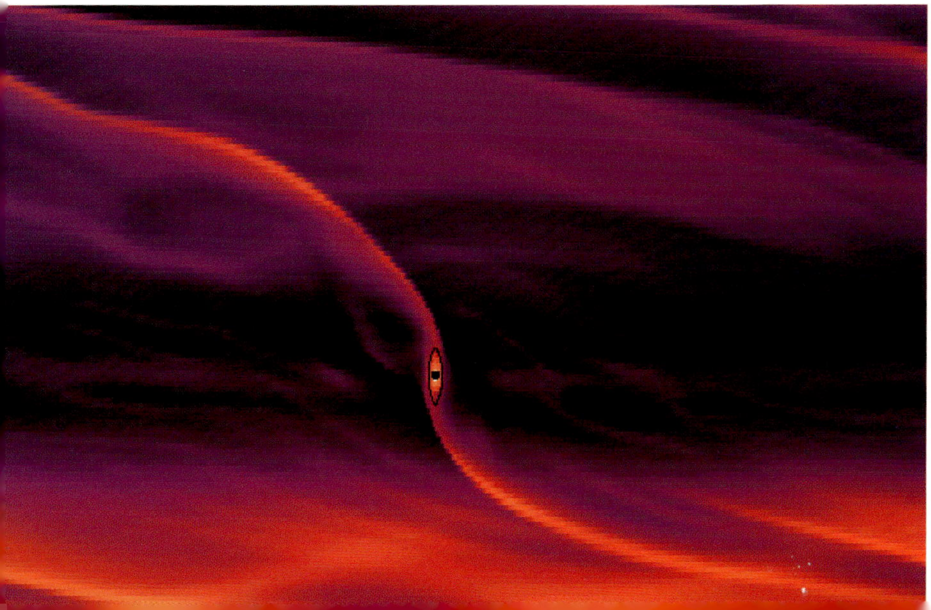

Très tôt au cours du développement embryonnaire des insectes, le plan du corps se met en place.

Après la fécondation d'un ovule par un spermatozoïde, l'œuf commence à se diviser pour donner naissance aux cellules du corps du nouvel organisme. Les individus de chaque espèce acquièrent progressivement, au cours de leur développement embryonnaire, une morphologie caractéristique qui correspond à un « plan » de leur corps. La manière dont ce plan est défini et le moment où il se met en place sont longtemps restés des énigmes. La mouche du vinaigre, ou drosophile, constitue un excellent modèle d'étude en raison de sa reproduction rapide.

Grâce aux nombreux outils génétiques développés depuis le début du XXe siècle, son étude a permis d'élucider les principaux mécanismes de la formation du corps segmenté des insectes et d'identifier des gènes qui président à sa mise en place. Ceci a permis l'identification des homologues de ces gènes chez les vertébrés chez qui ils paraissent jouer un rôle équivalent. Comme la plupart des animaux, la mouche est formée de différents segments ou métamères : les segments de tête qui portent antennes et autres structures sensorielles, trois segments thoraciques sur lesquels sont fixées les ailes et les pattes, huit segments abdominaux et un segment génital. Cette organisation résulte de l'activité coordonnée dans l'espace et dans le temps de plusieurs familles de gènes. Lorsque l'un d'entre eux est muté, le nombre des segments et les appendices qu'ils portent peuvent être sérieusement modifiés : pattes à la place des antennes, duplication des ailes, etc. Après les premières divisions cellulaires, l'embryon de drosophile contient six mille noyaux répartis à la périphérie d'une cellule géante unique ou syncytium.

On voit noyaux et cellule sur les deux photographies. A ce stade, l'embryon semble symétrique et l'on serait bien en peine de prédire ce qui deviendra la tête et l'abdomen de la mouche. Pourtant, les parties antérieures et postérieures sont déjà déterminées par l'activité de certains gènes comme le gène bicoid. Celui-ci tire son nom du fait que, lorsqu'il est muté, des mouches se développent avec deux parties postérieures et pas de tête et, ce de fait,

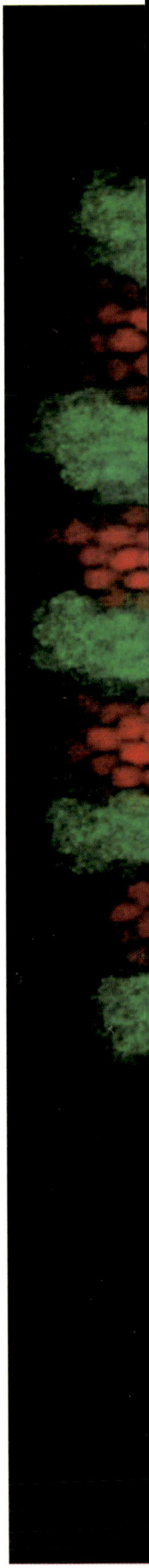

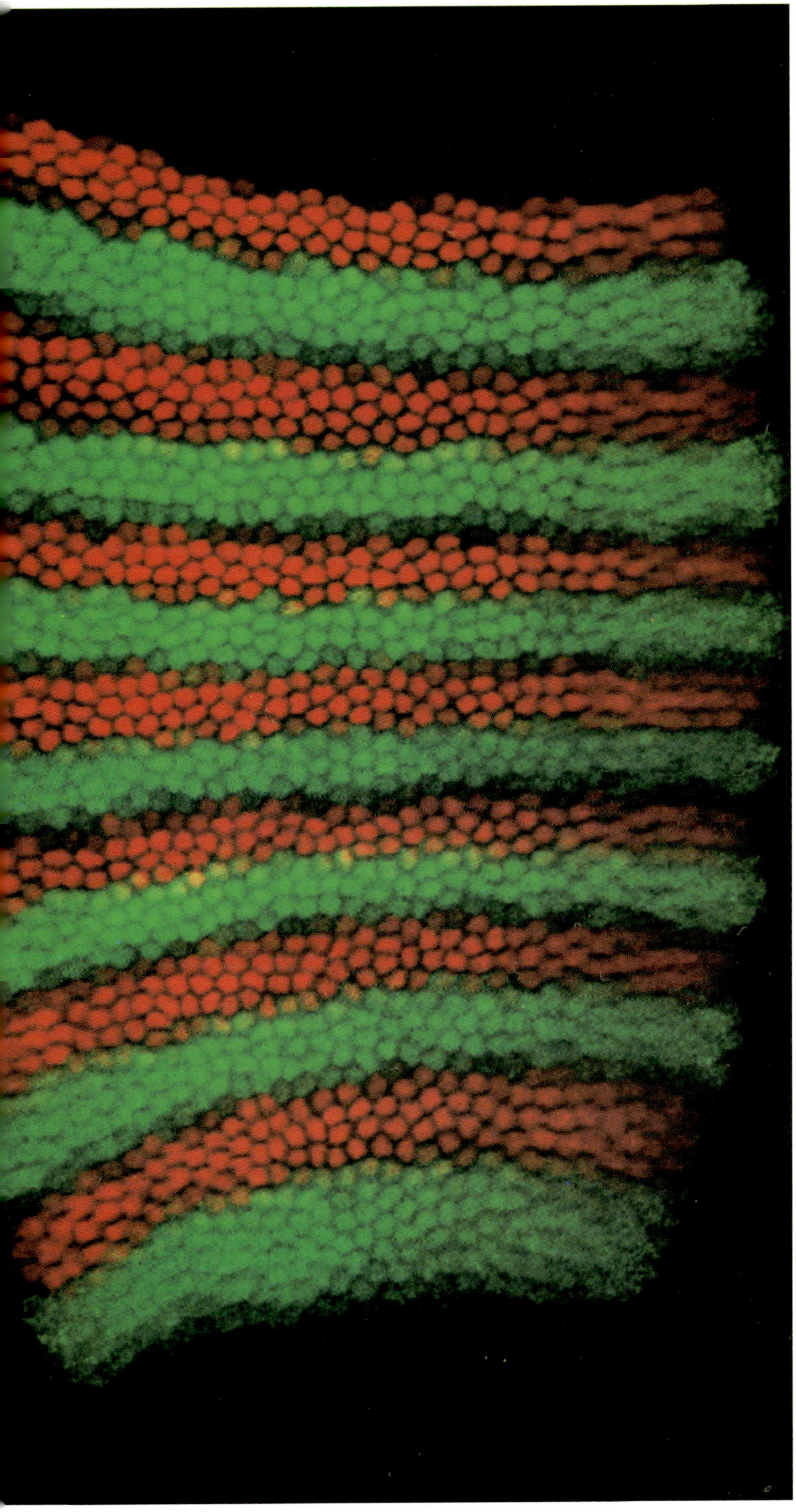

ne sont pas viables.
On voit, sur la photographie de gauche, la répartition de la protéine encodée par ce gène, représentée en brun. Elle se trouve en forte concentration du côté de ce qui deviendra la tête, et quasiment absente du côté destiné à former l'abdomen, ce qui permet déjà de déterminer, à ce stade précoce, de quel côté se trouvera la tête.
Sur la photographie de droite, on voit en rouge une protéine encodée par un gène dit de segmentation, appelé fushi tarazu, *ce qui signifie « peu de segments » en japonais : en effet, lorsque ce gène est muté, un segment sur deux est « oublié ». La protéine encodée par un autre gène de segmentation,* even skipped *apparaît en vert : lorsque ce gène est muté, certains segments sont absents. Les bandes sont formées de points de couleurs : il s'agit en fait des noyaux. Elles sont déjà définies avec précision, préfigurant la segmentation qui n'apparaîtra que bien plus tard dans le développement de la mouche.*

Ces images qui représentent une fusée, un avion, une voiture ou, ici, un volcan réduit à une enveloppe grillagée, appelée « maillage de l'objet », sont très répandues. Elles évoquent à la fois la maîtrise de l'ingénieur et l'abstraction du regard scientifique.

Cette manière de dessiner un objet dans l'espace en le réduisant à un ensemble de mailles est la plus facile à réaliser avec un ordinateur. Cette méthode permet de s'affranchir des principales difficultés de la synthèse d'image : le calcul de la lumière, des textures, etc. Mais ce n'est pas uniquement pour cela que les images de maillages sont célèbres. Découper ainsi un volcan en morceaux est la manière la plus usitée pour calculer, par exemple, la déformation que subit la montagne lors d'une montée de lave. Cette grandeur est régie par des équations différentielles que l'on ne sait pas bien résoudre sur un domaine aussi irrégulier que la forme d'une montagne. On utilise alors la « méthode des éléments finis », qui permet de trouver des solutions approchées de ces équations. Cette méthode consiste à découper le domaine en petites mailles, à supposer la déformation uniforme sur chacune d'elles et à transformer les équations qui régissent la déformation du volcan en un ensemble d'équations qui régissent les rapports entre la déformation d'une maille et celle des mailles voisines. On utilise alors un ordinateur pour résoudre ces équations et calculer la déformation globale. Plus les mailles sont petites, plus la solution calculée est proche de la solution réelle, mais plus la quantité de calculs à effectuer est importante. Ces maillages sont donc essentiellement des outils de calcul. Pour calculer la déformation du volcan, il n'est pas nécessaire

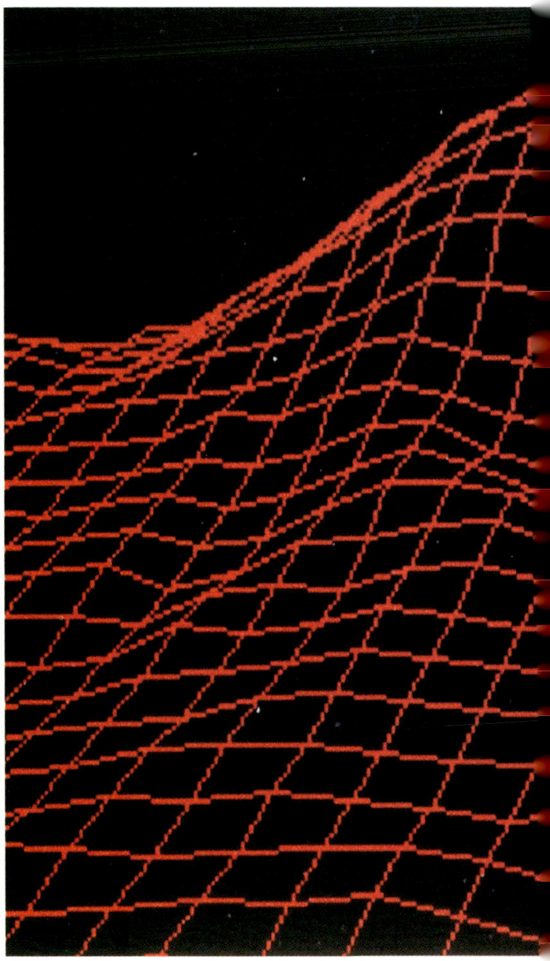

de visualiser ce maillage sur un écran ni de l'imprimer. On préfère souvent afficher une autre image : le résultat du calcul qui montre, en fausses couleurs, les zones les plus déformées et les zones les moins déformées, ou les zones les plus froides et les zones les plus chaudes... Ces maillages sont donc, dans une certaine mesure, comparables à nos images mentales : ce sont des constructions dans l'espace, qui n'ont besoin ni d'être montrées ni d'être vues.

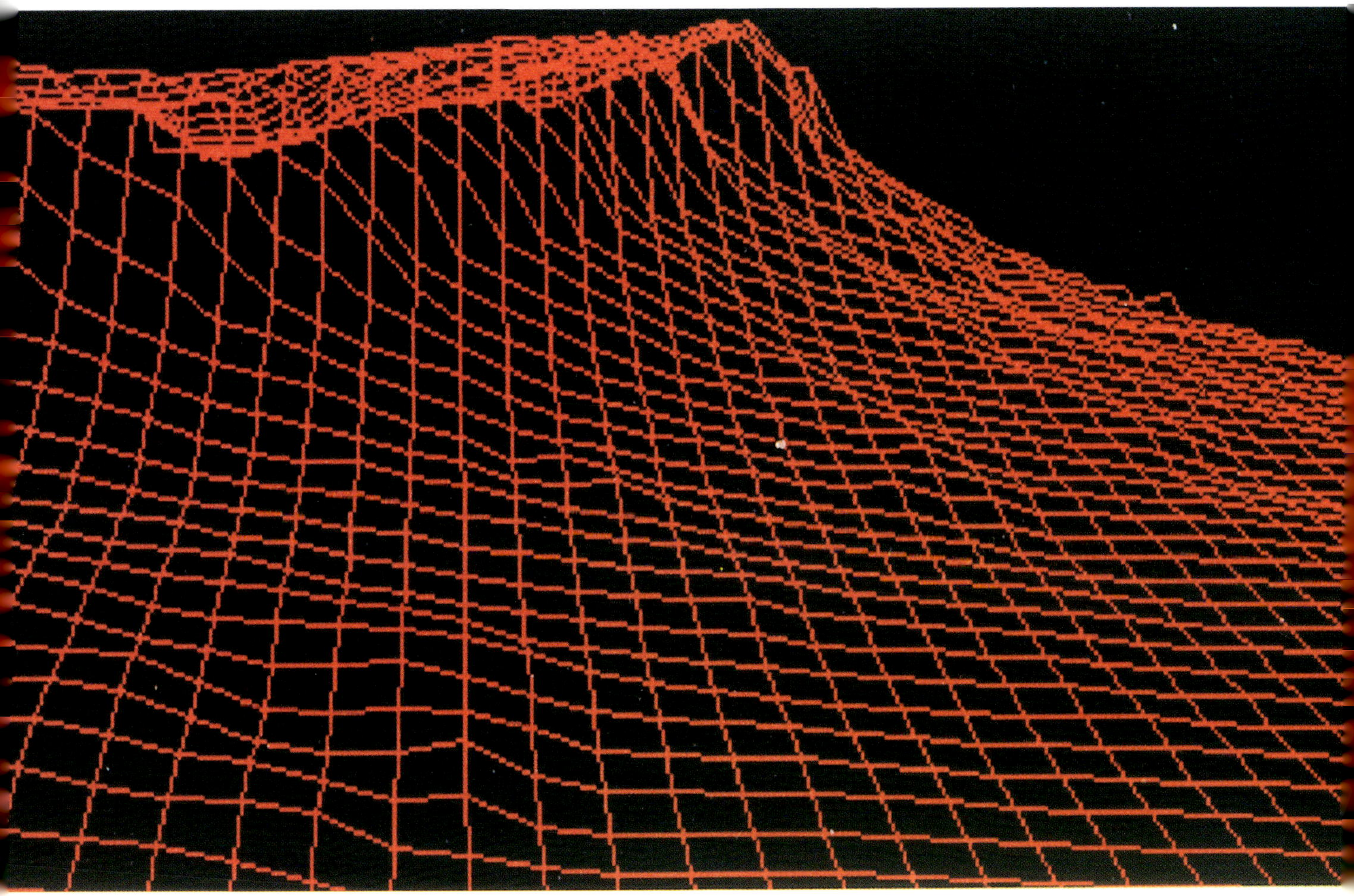

Un petit atome ayant maille à partir avec un gros ion a des chances de partir de sa maille. Telle est la règle du tricot cristallin.

Un cristal est un empilement périodique d'atomes ou de groupes d'atomes aux nœuds d'un réseau à trois dimensions. Cet arrangement ordonné des atomes dans un cristal correspond à des propriétés de symétrie qui se reflètent dans la forme extérieure du cristal isolé et se manifestent à l'échelle macroscopique dans certaines propriétés physiques, comme la rigidité. Celle-ci s'explique par l'ordre répétitif de la disposition spatiale des atomes, qui empêche ces derniers de bouger n'importe comment au sein du cristal. La structure d'un cristal ressemblant à celle d'un tricot, on appelle « maille cristalline » le plus petit parallélépipède de matière qui, par simple répétition périodique de lui-même, permet de reconstituer tout le cristal. Différentes techniques donnent accès à l'arrangement précis des atomes à l'intérieur de la maille. En fait, dans un cristal, la périodicité n'est jamais parfaite, ne serait-ce que parce qu'un cristal parfaitement périodique aurait nécessairement une extension infinie. L'arrangement périodique comporte le plus souvent des défauts, notamment des défauts ponctuels, qui sont soit des lacunes (un atome manque sur un site qui devrait normalement être occupé), soit des défauts interstitiels (un atome se trouve entre des sites du réseau), soit des impuretés (un atome étranger occupe un site du réseau). L'irradiation d'un cristal par des particules ou par des ions peut créer des défauts ponctuels supplémentaires au sein du réseau d'atomes. Lors du choc entre le projectile et le noyau d'un atome du cristal, de l'énergie est transférée à ce dernier. Si cette énergie est supérieure au minimum nécessaire pour déplacer un atome du solide, l'atome est éjecté de son site, de la même façon qu'une quille est expulsée par une boule de bowling. Une lacune se forme à l'endroit où se trouvait initialement l'atome déplacé qui, lui, rejoint en général une position interstitielle. La photographie montre une lacune isolée à la surface d'un échantillon de graphite (formé d'atomes de carbone) après son irradiation par des ions uranium. L'apparition de tels défauts finit par faire évoluer les propriétés du solide irradié, ne serait-ce que parce que chaque défaut ponctuel supplémentaire vient modifier l'énergie globale du matériau. Si la mobilité des défauts ponctuels engendrés par l'irradiation du cristal est brusquement favorisée, par exemple, par une élévation de température, certains défauts se recombinent. L'énergie peu à peu emmagasinée sous l'effet de l'irradiation est alors brutalement libérée, ce qui conduit à l'élévation de la température du matériau. D'une façon générale, les particules produites par la radioactivité peuvent causer des dommages qu'il importe de bien connaître, notamment pour les matériaux voisins du cœur des centrales nucléaires qui sont soumis à de fortes irradiations.

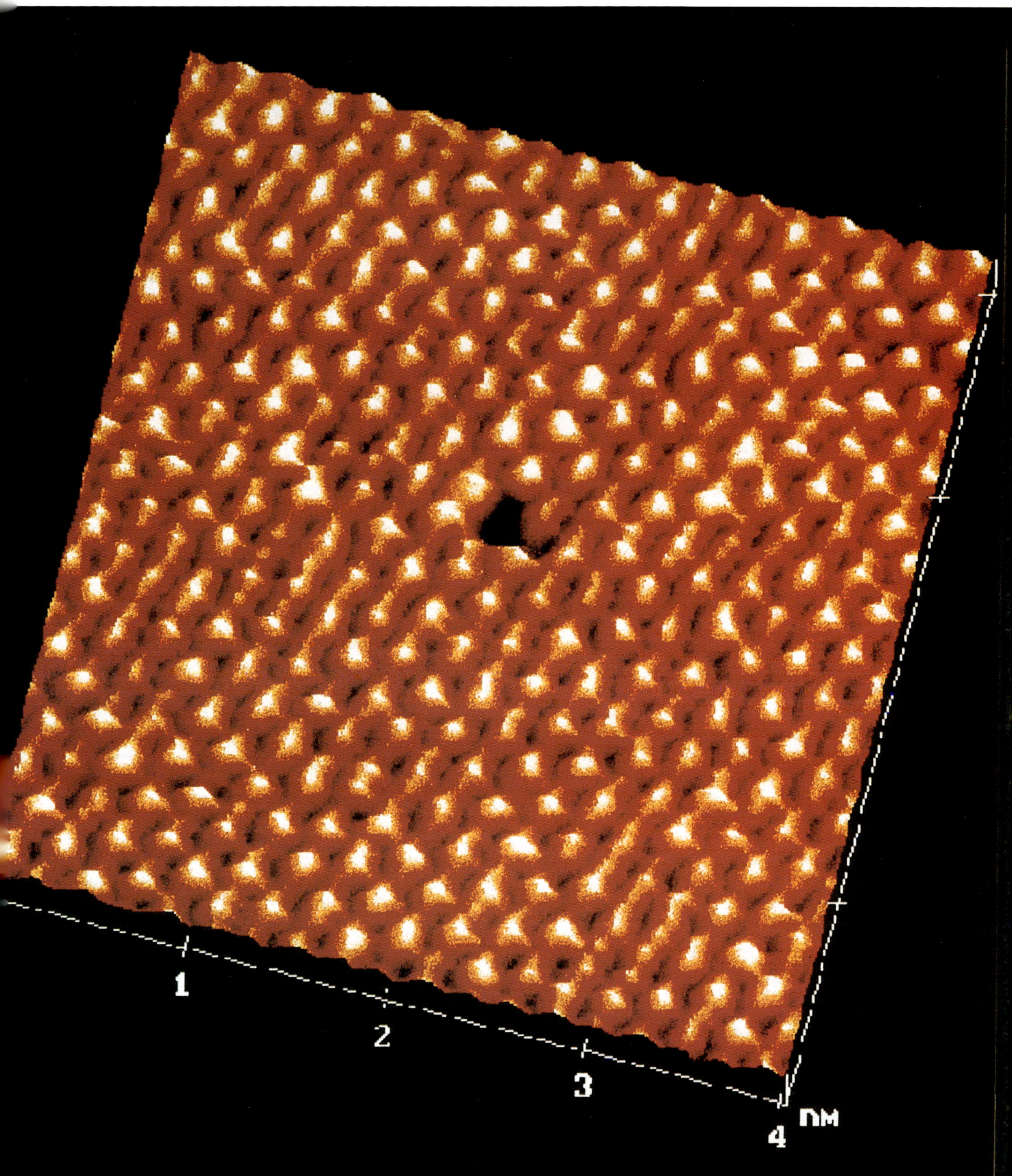
1
2
3
4
nm

« Miroir, miroir, dis-nous si tu es beau », dit l'opticien polisseur de verre en paraphrasant Blanche-Neige.

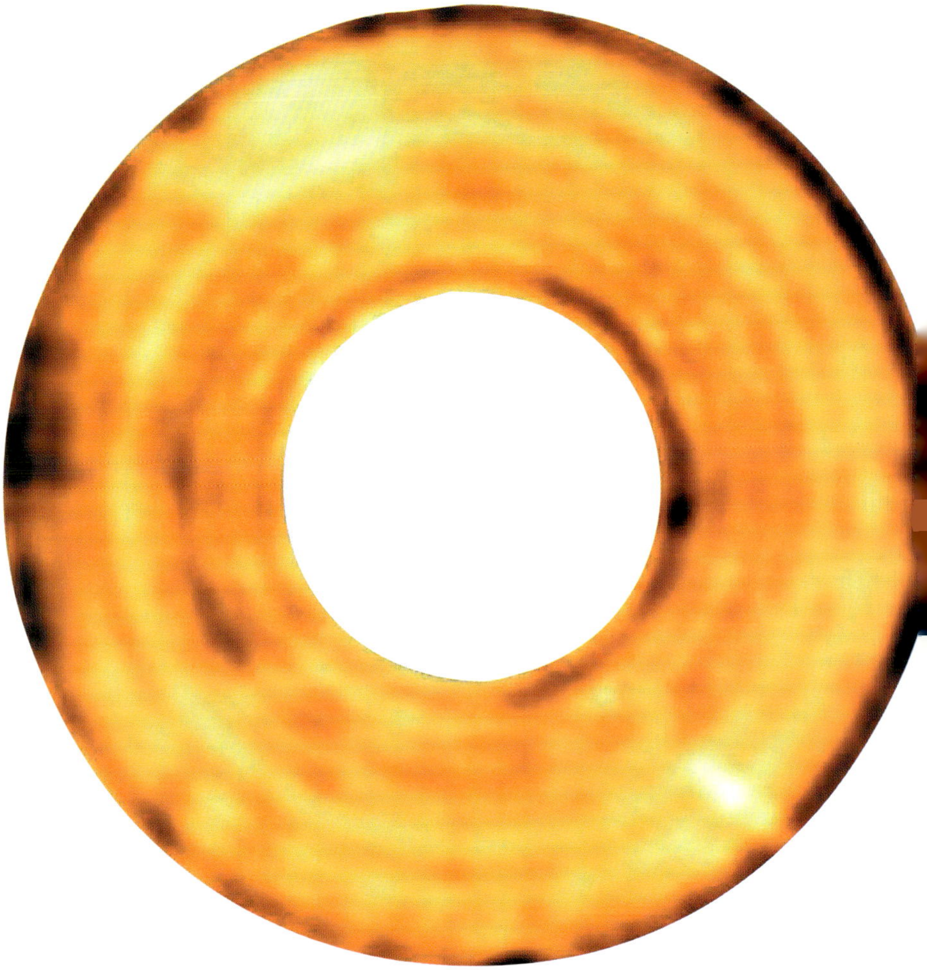

Comment, après des jours de polissage, connaître le relief de la surface d'un miroir alors que ses défauts résiduels, bosses ou creux, peuvent ne pas dépasser quelques millionièmes de millimètre ? L'image de gauche possède des zones claires et sombres qui traduisent la présence d'un relief à la surface polie du miroir de quatre-vingt-dix centimètres de diamètre, percé d'un trou central, à la fin de son polissage avant qu'il équipe le télescope franco italien Themis, *installé en 1998 sur le pic de Teide (Canaries). L'intensité de ce relief est plus précisément mesurable à partir de l'intensité de ces niveaux de gris : ils traduisent des écarts minuscules allant de +52,8 nm à –68,3 nm (un nanomètre est un millionième de millimètre) en valeurs extrêmes (on pourrait imaginer le miroir éclairé par*

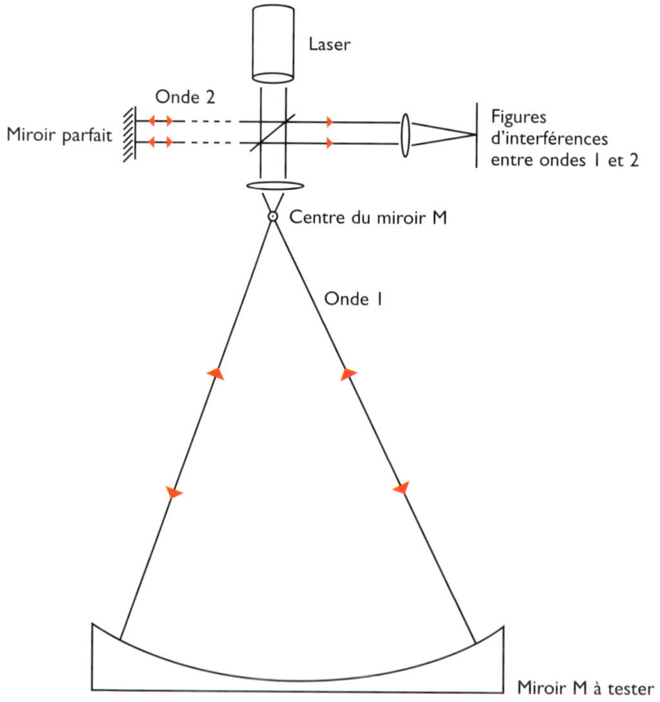

une lumière rasante qui fasse saillir son relief). Ainsi renseigné, le polisseur ajuste son outil pour enlever exactement la quantité de matière requise ou bien, satisfait, arrête son travail et fournit cette carte comme bulletin signalétique du miroir.
Comment une telle image et la précision qu'elle fournit sont-elles obtenues ?
Grâce à la lumière, et plus précisément grâce à un phénomène d'interférence.
Ici (voir schéma), le miroir est presque sphérique et une source de lumière très pure (un laser émettant dans l'infrarouge) est placée en son centre de courbure : cette lumière a été divisée en deux ondes. L'une chemine jusqu'au miroir, s'y réfléchit et converge à nouveau vers son centre : puis elle est recombinée à l'autre onde qui a cheminé indépendamment et n'a pas été affectée d'une réflexion semblable.
Les deux ondes interfèrent alors (voir pp. 88-89) : cette interférence produit une intensité lumineuse résultante qui dépend de leur phase relative, autrement dit de la différence des chemins parcourus par l'une et l'autre.
Tout écart relatif de chemin se traduit par un écart de phase (avance ou retard), donc, dans la figure d'interférence qu'est cette image, par un grisé virant au clair ou au noir selon le cas (la coloration orange des images présentées ici a été ajoutée a posteriori*).*
Un écart de chemin d'environ dix nanomètres, soit un millième de la longueur d'onde du laser utilisé, est encore perceptible et définit la sensibilité de la mesure.
L'image de droite est obtenue de façon quasi identique, à ceci près qu'avant interférence la première onde est légèrement inclinée par rapport à la seconde.
Le résultat est une figure de franges d'interférence très caractéristique dans laquelle les écarts de phase de l'onde réfléchie sur le miroir par rapport à la seconde se traduisent par la très légère et irrégulière sinuosité des franges.
Ces phénomènes d'interférence utilisent la longueur d'onde de la lumière comme un « mètre naturel » et sont à la base de beaucoup de méthodes de métrologie optique, dans laquelle l'image « dit » les distances avec d'autant plus de sensibilité que la longueur d'onde est plus courte.

Les lames minces de péridotite apportent des informations sur les mécanismes de déformation du manteau terrestre.

La péridotite est une roche formée en majorité de cristaux d'un beau minéral vert olive, l'olivine, qui, en joaillerie, porte aussi le nom de « péridot ». Le manteau supérieur de la Terre, jusqu'à la profondeur de quatre cents kilomètres, est essentiellement constitué de cette roche dont la très lente déformation à chaud, mais à l'état solide, permet la dérive des continents. La fusion partielle locale de la péridotite donne les laves basaltiques émises par les volcans des îles océaniques. Des fragments de roche non fondue sont entraînés par la lave et sont retrouvés en enclaves dans le basalte. L'examen de ces échantillons permet d'obtenir des informations sur les mécanismes de déformation du manteau.

Les photographies ci-contre montrent des structures de déformation et de recristallisation de la péridotite. Dans des enclaves de péridotite, on a scié et poli des tranches épaisses de trois centièmes de millimètres.

A cette épaisseur, les « lames minces » de roche sont transparentes et peuvent être examinées à l'aide d'un microscope, en lumière transmise à travers l'échantillon. On voit les cristaux polygonaux d'olivine, qui semblent

de couleurs différentes. En réalité, à cette épaisseur, les cristaux sont incolores et les belles couleurs que l'on voit ici sont dues au fait que les lames minces ont été observées en lumière polarisée, entre polariseurs croisés.

La lumière est une onde électromagnétique qui vibre dans tous les plans contenant le rayon lumineux, mais lorsqu'elle a traversé une lame de «polaroïd», elle est polarisée, c'est-à-dire qu'elle ne vibre plus que dans un seul plan.

Si on interpose sur le trajet du rayon lumineux un autre polaroïd, orienté à 90° du précédent, et que l'on introduit une lame de cristal entre les polariseurs «croisés», des phénomènes d'interférence produisent des couleurs qui dépendent de l'orientation du cristal par rapport aux polariseurs. En faisant tourner la lame mince sur la platine du microscope, on fait donc changer les couleurs. Ainsi, on peut dire que des grains de couleurs différentes sont des cristaux d'orientations différentes. Lorsque la couleur est la même et que seule varie l'intensité (comme dans les nuances de brun de la figure), on peut en conclure que la désorientation entre les grains est faible. Les structures que l'on voit ci-contre sont typiques d'une déformation plastique à chaud, suivie d'une recristallisation. Des petits grains de cristal non déformé germent et grossissent en «mangeant» les grains les plus déformés, ce qui abaisse l'énergie du système (figure de gauche). Puis, si le minéral reste longtemps à haute température, sans déformation, l'énergie baisse encore par élimination des joints de grain, pour arriver à une texture d'équilibre avec de gros grains polygonaux (figure de droite).

A l'heure actuelle, les mathématiciens travaillent sur des géométries diverses et non plus sur la seule géométrie euclidienne que l'on apprend au lycée.

A côté de cette géométrie euclidienne, dans laquelle, par un point A *hors d'une droite d il passe une parallèle unique à* d, *on a inventé, au début du siècle dernier, une géométrie hyperbolique.*

En géométrie hyperbolique, les droites passant par un point A *hors d'une droite* d *se classent en trois catégories : celles qui rencontrent* d, *celles qui ne rencontrent pas* d *et deux droites particulières, les «parallèles» à* d, *qui séparent les droites des deux catégories précédentes. Il y a ainsi une infinité de droites passant par* A *et ne rencontrant pas* d, *comprise dans l'angle des deux parallèles.*

On peut représenter le plan hyperbolique au sein de la géométrie euclidienne par le modèle de Poincaré ; les points du plan hyperbolique sont représentés par les points intérieurs à un cercle «fondamental», tandis que les droites du plan hyperbolique sont représentées par des arcs de cercles coupant le cercle fondamental à angle droit. C'est ce que l'on voit sur la figure ci-contre.

Les points du cercle fondamental peuvent s'interpréter comme des «points à l'infini» et chaque droite a deux points à l'infini où la rencontrent ses parallèles dans chacune des deux directions.

Dans notre modèle, les distances de deux points du plan hyperbolique sont comptées avec un étalon de plus en plus petit au fur et à mesure que l'on s'approche du cercle fondamental. L'angle que font deux droites est l'angle des arcs de cercles représentant ces droites dans le modèle. La somme des angles d'un triangle est toujours plus petite que deux angles droits ; plus précisément, la différence entre cette somme et 2π *est proportionnelle à l'aire du triangle, avec un coefficient de proportionnalité* $k < 0$ *appelé la «courbure» du plan. L'existence de cette courbure (constante et négative) interdit de construire des figures semblables de tailles différentes.*

La figure représente un pavage du plan hyperbolique par des heptagones réguliers tous égaux entre eux ; chacun est divisé en quatorze triangles rectangles. L'auteur, Christian Léger, l'a appelée Les Parapluies de Vérone.

Il existe beaucoup d'autres types de pavages possibles. Par exemple, g *étant un nombre entier au moins égal à 2, on peut prendre comme pavé n'importe quel polygone régulier à 4*g *côtés dont la somme des angles est* 2π *; si on recolle chaque côté d'un tel polygone avec le côté opposé, on obtient une surface fermée qui a la forme d'une sphère munie de* g *anses.*

Cette souplesse dans la construction des pavages est inconnue de la géométrie euclidienne dans laquelle les seuls pavés réguliers ont 3, 4 ou 6 côtés.

Cette souplesse rend la géométrie hyperbolique bien adaptée à la représentation des arbres. Dans le modèle de Poincaré, on peut d'ailleurs fixer son attention sur un des nœuds de l'arbre en l'amenant, par un déplacement hyperbolique, au centre du cercle fondamental. Les parties de l'arbre sont alors représentées à une échelle d'autant plus petite qu'elles sont éloignées du sommet considéré.

Voici un minéral... vivant. Y aurait-il un os ?

Chez les animaux, les muscles exercent leur action en prenant appui sur un squelette rigide auquel ils sont reliés par des tendons. Les mollusques et les insectes ont un squelette externe constitué de sucres complexes, comme la chitine, et de protéines, parfois rigidifié par des cristaux calciques, comme chez les bivalves. Les vertébrés ont un squelette interne, constitué uniquement de cartilage chez les requins et les raies, et ossifié plus ou moins complètement chez les autres. Cette image prise au microscope en lumière polarisée (voir pp. 162-163) révèle des structures cristallines dans la coupe transversale d'un os long, comme ceux des membres.

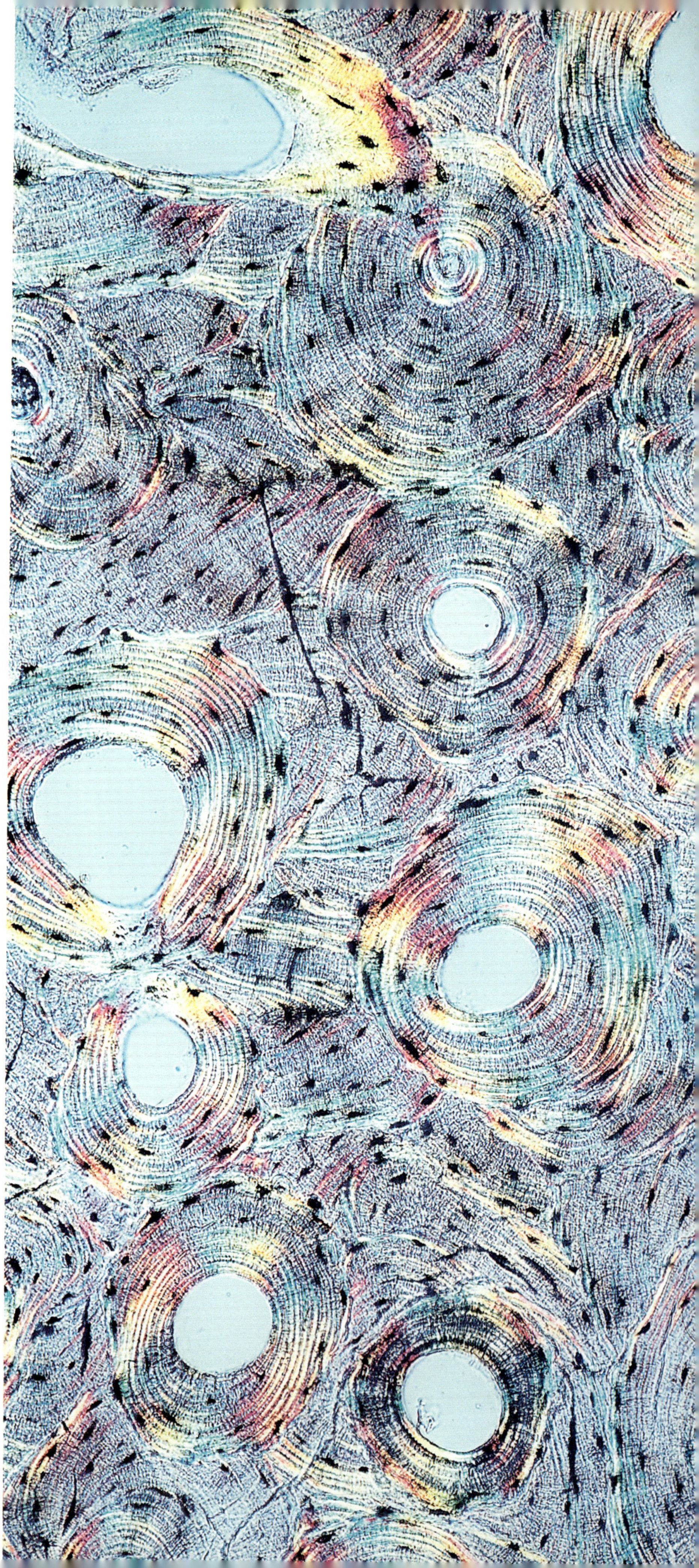

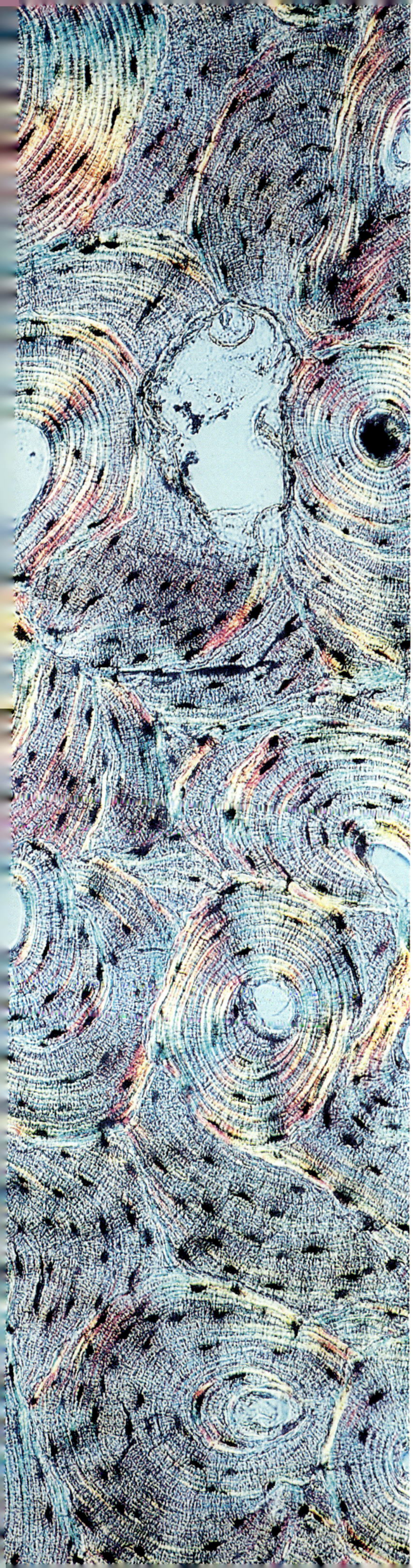

Des formes concentriques apparaissent de différentes couleurs. Les variations de couleurs sont dues à des variations de la déviation de la lumière polarisée. Chaque zone colorée se comporte à la manière d'un microcristal, comme on en observe dans les roches. L'os compact doit sa rigidité à l'accumulation de cristaux de phosphate de calcium produits par des cellules de l'os, les ostéoblastes, qui les déposent dans la matrice externe des cellules. Cette matrice extracellulaire est composée de fibres de collagène entrelacées avec des sucres complexes. Les os longs du squelette sont constitués de cylindres formés de couches concentriques entourant un canal central (ovale bleu ciel). Les cellules qui sont à l'origine de chaque couche subsistent dans des lacunes qui apparaissent comme des points noirs. Le canal central est formé par réabsorption osseuse, grâce à l'intervention des ostéoclastes, des cellules de la lignée des globules blancs. Ce canal sert de passage aux vaisseaux sanguins et lymphatiques et aux nerfs qui assurent l'alimentation des cellules et la perception sensorielle des contraintes auxquelles l'os est soumis. Comme on le voit, l'os est constitué de la juxtaposition de nombreux cylindres creux aux limites nettes, ce qui renforce sa rigidité et sa résistance à la fracture, pour un poids réduit. Ces cylindres sont reliés entre eux par des petits canaux qui apparaissent comme de fins traits noirs par lesquels circulent les fluides et les éléments nutritifs dont les cellules de l'os ont besoin. Cristallin, donc, comme le montre la lumière polarisée, mais bien vivant, l'os se renouvelle en permanence grâce à l'activité de ses cellules et assure ainsi un rôle de soutien pour l'activité musculaire, la rendant plus efficace.

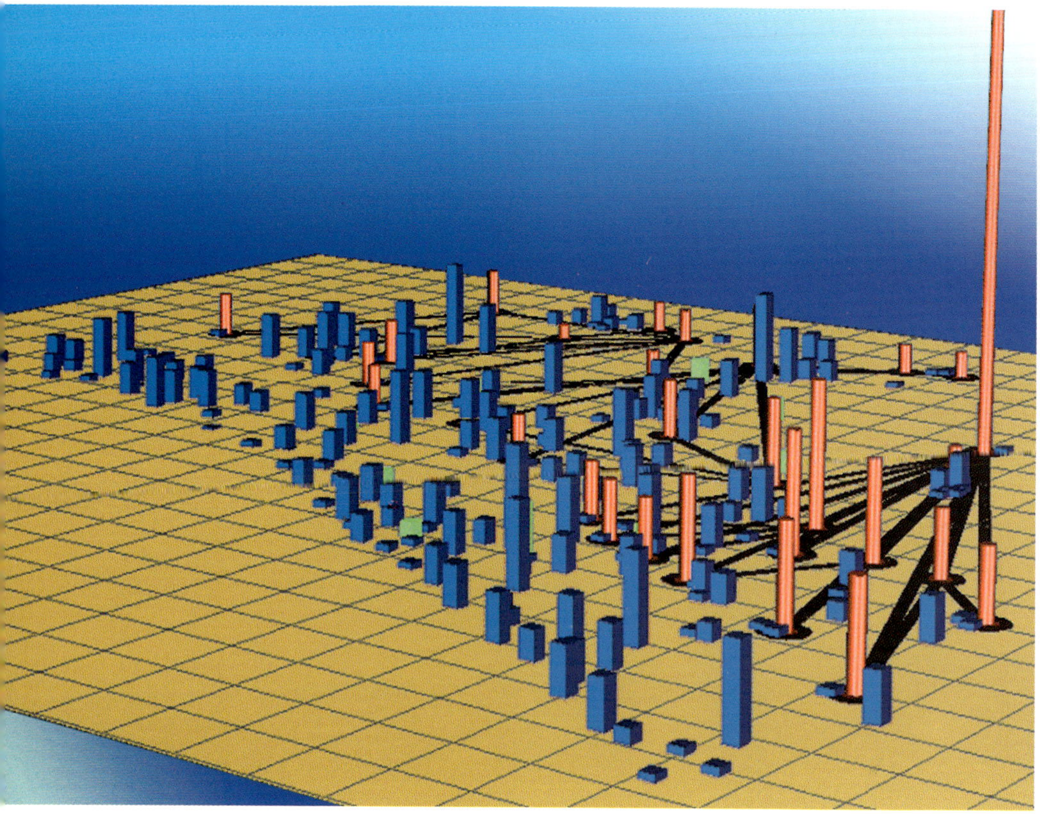

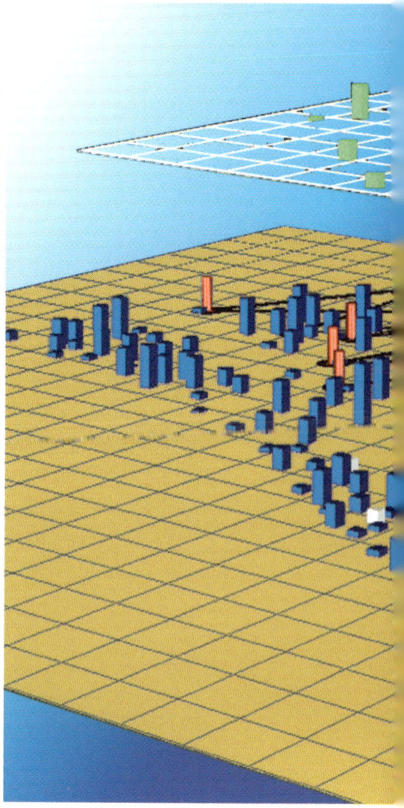

Quels étranges habitants peuplent donc les immeubles de ces villes silencieuses que nous survolons des yeux ? Ce sont des chiffres et des lettres, résultats d'enquêtes minutieuses, exhumés d'armoires métalliques et d'épais dossiers.

Les paysages qui se forment ainsi ne relèvent d'aucun pays, ni au sens étymologique latin – pays vient de pagus *qui signifie « bourg » ou « canton » –, ni au sens courant de « région du globe » ou de « nation ». C'est métaphoriquement que l'on parle ici de la vue d'un site. Le tableau que l'on peint ne représente rien de concret. Le dessin n'évoque aucun lieu, même imaginaire. Sa seule fonction : matérialiser des ensembles de données abstraites pour donner prise à notre intuition et nous les rendre intelligibles.*

Prenons un cas concret : la base de données formée des résultats du dernier recensement. Avec environ soixante millions d'enregistrements, elle tient sur l'équivalent d'un CD-ROM ; rien donc que de très ordinaire aujourd'hui. Cependant, une telle masse d'information reste difficile à exploiter. Différentes techniques de visualisation aident à appréhender l'ensemble des données d'un seul coup d'œil pour en saisir les tendances générales. On peut, par exemple, choisir d'associer un axe à l'âge

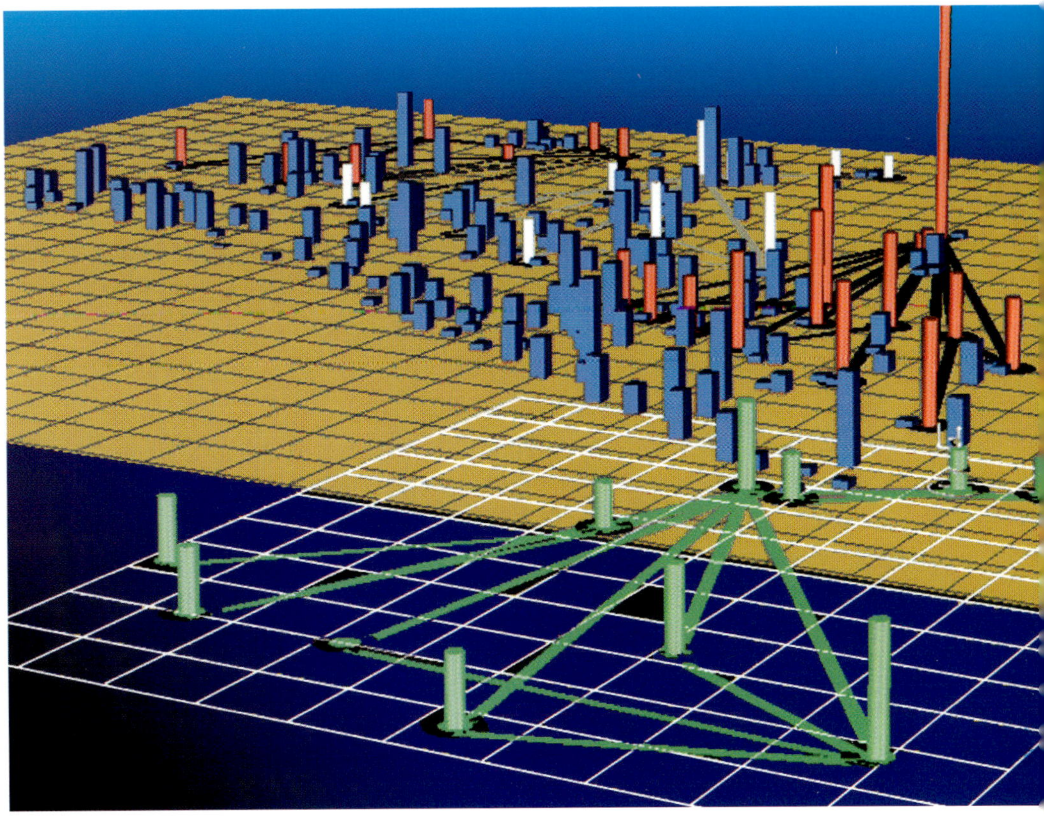

et un autre au revenu, ou un axe à la surface du logement et un autre au nombre d'enfants… On regroupe alors sur des plots ressemblant à des immeubles tous les individus dont l'âge et le revenu ou la surface du logement et le nombre d'enfants correspondent approximativement aux coordonnées du plot. La taille rend compte du nombre d'individus couverts tandis que la couleur traduit visuellement la valeur d'un autre attribut, par exemple du sexe. Il est alors loisible de se promener dans cet univers artificiel à l'aide de la souris et du clavier, de grossir tel détail, de se concentrer sur telle partie de l'espace, de conserver uniquement une classe d'individus, par exemple les femmes, de faire appel à d'autres paramètres, etc. Ces opérations exécutées graphiquement, à l'aide des techniques modernes d'interaction homme-machine, rendent visible l'invisible et autorisent toutes sortes de manipulations. Ce faisant, le recours à l'image participe d'un étrange mouvement qui semble aller comme à rebours du mouvement traditionnel observé dans les sciences de la nature. Au lieu de partir d'une image étonnante pour expliquer ensuite sa bizarrerie et en tirer parti afin d'accroître notre compréhension du monde, on construit désormais, à partir de données, une image artificielle qui nous aide, par sa force suggestive, à mieux comprendre ces données et à les expliquer.

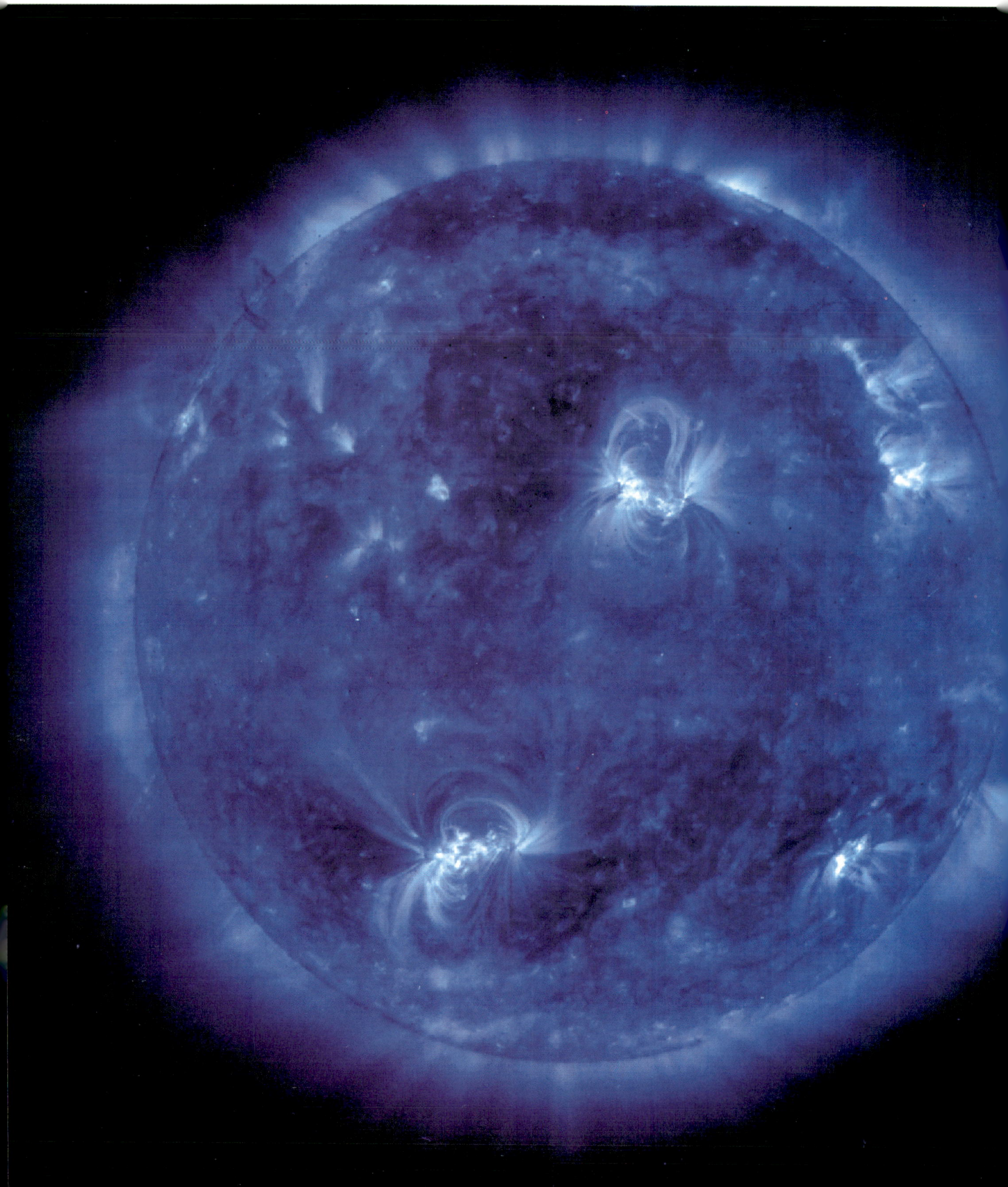

Notre vision du monde est fortement biaisée par les propriétés de notre œil.

*Celui-ci n'est sensible qu'à certaines longueurs d'onde de la lumière, du violet au rouge : d'autres lumières telles que l'ultraviolet, l'infrarouge, les rayons X peuvent altérer les cellules de la peau ou du corps mais n'excitent pas la rétine. Lorsqu'un objet, par exemple un corps froid, n'émet que de l'infrarouge, il nous est invisible si nous ne l'éclairons pas. En revanche, le Soleil émet pratiquement tous les rayonnements possibles. Nous le voyons de nos yeux, mais il est possible d'en faire une image à d'autres longueurs d'onde que celles du rayonnement visible, pour peu que l'on dispose d'un récepteur de lumière qui y soit sensible : plaque photographique, ou encore détecteur appelé CCD, lequel est une mosaïque de microcellules photoélectriques juxtaposées, transformant le rayonnement lumineux en charges électriques (et utilisé dans toutes les caméras vidéo). Cette image du Soleil a été obtenue par une caméra placée au foyer d'un télescope, qui fonctionne ici comme un simple objectif d'un diamètre de douze centimètres, équipé d'un filtre sélectionnant une seule longueur d'onde, celle d'un rayonnement situé dans le domaine des rayons X. Celui-ci est émis par les atomes de fer lorsqu'ils sont portés à très haute température, autour d'un million de degrés, température à laquelle le fer est sous forme de vapeur. L'émission est donc caractéristique à la fois de la présence de fer et de la température élevée à laquelle il se trouve. La couleur bleue est un coloriage arbitraire, puisque ce rayonnement est invisible à l'œil : les points de l'image sont simplement d'autant plus clairs que l'intensité reçue de ces points par la caméra est plus importante. L'image a été prise depuis l'espace, à partir d'un satellite (*SOHO, Solar and Heliospheric Observatory*) visant le Soleil. Elle n'aurait pu être prise depuis la Terre car les rayons X sont entièrement absorbés par son atmosphère. Ce Soleil X apparaît différent de celui qui nous est familier. Sa surface est presque entièrement sombre, à l'exception de régions bien délimitées dans lesquelles l'aspect de l'émission lumineuse rappelle fortement les figures formées par la limaille de fer au voisinage des pôles d'un aimant : ici, la forme visuelle suggère précisément le phénomène physique mis en jeu. Une image simultanée de la photosphère solaire (voir pp. 14-15) nous montrerait aussi que ces régions correspondent exactement à la position de taches sombres sur le disque (cette mise en correspondance s'appelle la « corrélation d'images »). En outre, de fines aigrettes, parfois configurées en boucles, s'élèvent au-dessus du bord solaire. L'image traduit-elle des variations de la température, ou bien de la quantité de fer dans le Soleil, ou bien de l'une et de l'autre ? Si nous ne disposons que de sa seule information, impossible de trancher ! Mais si d'autres observations montrent – c'est le cas – que le fer est uniformément réparti, alors cette image donne une carte de la température, et nous constatons que les températures élevées sont systématiquement associées à la présence de champs magnétiques intenses. Ces champs canalisent également la matière chaude le long d'aigrettes qui se tiennent ainsi verticales.*

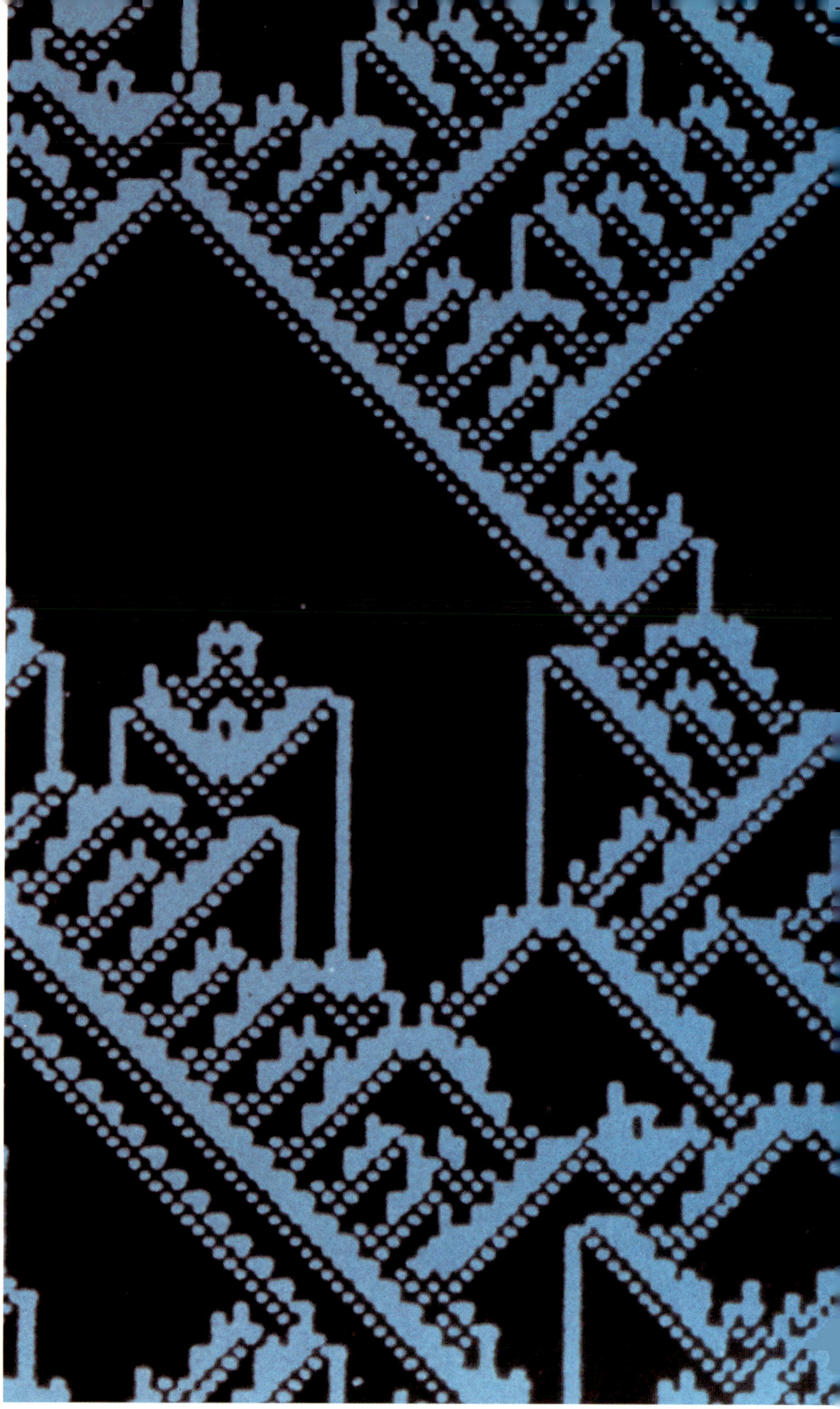

Dans certaines conditions, ordre et chaos ne cessent de se faire concurrence. Mais il n'y a ni vainqueur ni vaincu, même par KO.

Un enfant turbulent s'agite en tous sens. Un fluide turbulent aussi, dont le comportement apparent est désordonné et chaotique. Parfois, la physique ne fait que préciser le sens des mots courants. Pensons à la fumée d'une cigarette. Ses filets bleutés montent verticalement, portés par l'air chaud plus léger qu'emporte vers le haut et de plus en plus vite la poussée d'Archimède. Ils s'élèvent de façon parfaitement rectiligne. Un tel écoulement est dit « laminaire ». Mais, une dizaine de centimètres plus haut, ce bel ordre se brise brusquement, l'écoulement s'agite de façon désordonnée, les volutes se morcellent en tourbillons de plus en plus petits. L'écoulement est entré dans un régime turbulent, dont le caractère éminemment changeant rend impossible toute prédiction détaillée du champ de vitesse. Il s'agit d'un phénomène aléatoire et désordonné. La turbulence peut se produire en d'innombrables circonstances : dans le sillage d'un bateau sur l'eau ou d'un avion dans l'air, en aval de la pile d'un pont ou d'une montagne exposée au vent, à la sortie d'un jet de robinet ou dans les tuyaux d'une conduite d'eau, dans l'atmosphère de la Terre ou dans celle de la planète Jupiter. On peut distinguer deux types de transitions vers la turbulence. Dans le premier scénario, le désordre apparaît progressivement en fonction de la modification

continue d'un certain paramètre, comme la vitesse d'un écoulement. Dans le second scénario, le désordre apparaît brutalement mais coexiste de façon stable avec l'état ordonné. Autrement dit, on passe brusquement d'un état régulier à un désordre qui peut être élevé mais jamais complet : le désordre cohabite au sein même du fluide avec la zone laminaire ordonnée. On appelle « intermittence spatio-temporelle » cet échange incessant, dans le temps aussi bien que dans l'espace, de zones d'ordre et de zones de chaos. De tels phénomènes ont été observés dans différentes expériences (notamment dans la convection thermique) et ont pu être interprétés grâce à des simulations numériques analogues à celle dont le résultat est présenté ici. Le cas dont il s'agit met en présence un régime laminaire et un régime turbulent. Un des deux axes représente l'espace, l'autre le temps. Ce diagramme montre bien la coexistence des deux régimes, l'un régulier correspond au fond très sombre, l'autre désordonné est en bleu. En un point défini de l'espace, on observe, au fur et à mesure que le temps passe, une alternance irrégulière de périodes durant lesquelles le système est dans l'un ou l'autre des deux régimes possibles, ce qui explique le choix du mot « intermittence ». A un instant donné, on constate que le système s'agence dans l'espace comme une juxtaposition fluctuante de domaines qui sont soit laminaires, soit turbulents. De la même façon que, dans une forêt, un arbre en flammes aidé par le vent peut mettre le feu à un autre arbre, le chaos « contamine » l'ordre. Mais dans ce cas, il ne peut jamais le vaincre complètement car lui-même est susceptible de s'ordonner.

Il n'est pas difficile de faire l'image d'un son : que l'on observe le fuseau d'une corde de guitare en vibration ou la danse de grains de sable sur la membrane d'un tambour, des figures se révèlent.

Elles sont formées de points immobiles (nœuds) et de lieux d'agitation maximale de l'objet vibrant (ventres). La disposition de ces figures (ondes stationnaires), leur nombre, leur relation avec la fréquence de la vibration contiennent d'importantes informations sur la matière et sur les forces qui tendent la corde ou la membrane. L'image que l'on voit ci-dessus est celle de la surface du Soleil. Elle apparaît étrangement bosselée : ce qui y figure est une information codée, représentant la vitesse du gaz atmosphérique solaire en chaque point, variant de moins deux (–2) kilomètres par seconde (plus sombre) à plus deux (+2) kilomètres par seconde (plus clair). Cette vitesse est mesurée par spectroscopie (voir pp. 14-15), méthode qui ne mesure que des vitesses d'approche (négative) ou d'éloignement (positive) de l'observateur. Le dégradé général de la gauche vers la droite de l'image traduit la rotation d'ensemble sur Soleil, telle qu'elle est perçue depuis la Terre. Lorsqu'on analyse les détails de la structure de vitesse qui s'y ajoute, on constate qu'elle résulte de la superposition d'ondes acoustiques, semblables à celles qui se produisent dans un tuyau d'orgue ou sur la corde d'une guitare. De tels systèmes vibrent autour d'une position de repos, par excitation

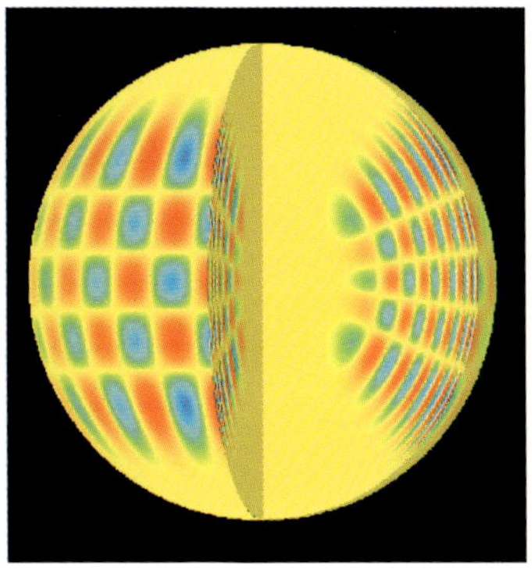

de la vibration à l'aide d'une injection d'air (pour l'orgue) ou du pincement de la corde pour la guitare. L'équilibre du Soleil tout entier résulte du jeu antagoniste de deux forces : les forces de pression du gaz chaud qui conduiraient à en augmenter le volume, et les forces de gravité qui conduiraient à le contracter. Cet équilibre conduit la sphère gazeuse au diamètre que nous lui connaissons.
Que le repos soit perturbé, par exemple par les violents mouvements de convection (voir pp. 148-149) qui brassent le fluide entre l'intérieur chaud et la surface moins chaude, et de petites oscillations sont créées : on les appelle modes vibratoires de gravité (par opposition aux modes acoustiques cités précédemment).
L'image ci-dessus montre la répartition calculée, et non plus observée, des nœuds et des ventres, cette fois dans tout le volume du Soleil.
La « musique » du Soleil peut se traduire par un graphique très explicite (image ci-dessous), qui lui aussi est le résultat d'un calcul. En ordonnée figure la fréquence (nombre d'oscillations par seconde) donnée en milliHertz (un milliHertz indique une période d'oscillation de mille secondes, soit seize minutes environ), en abscisse le nombre de nœuds sur la circonférence d'un parallèle, et les courbes indiquent toutes les possibilités d'oscillation calculées. L'intéressant est que ces courbes, auxquelles vont être confrontées les observations, dépendent de paramètres caractéristiques de l'état interne du Soleil – sa température ou sa densité, par exemple. Ainsi, bien qu'il soit impossible d'observer directement ces couches internes, la répartition en surface des nœuds et des ventres ainsi que les fréquences associées vont fournir de précieux renseignements sur l'intérieur de l'astre : on ne s'étonnera pas que cette technique « d'imagerie acoustique » ait été appelée « héliosismologie », par analogie avec la même méthode utilisée par les géophysiciens pour sonder l'intérieur de la Terre à partir d'ébranlements naturels (les tremblements de Terre) ou artificiels (explosions nucléaires).

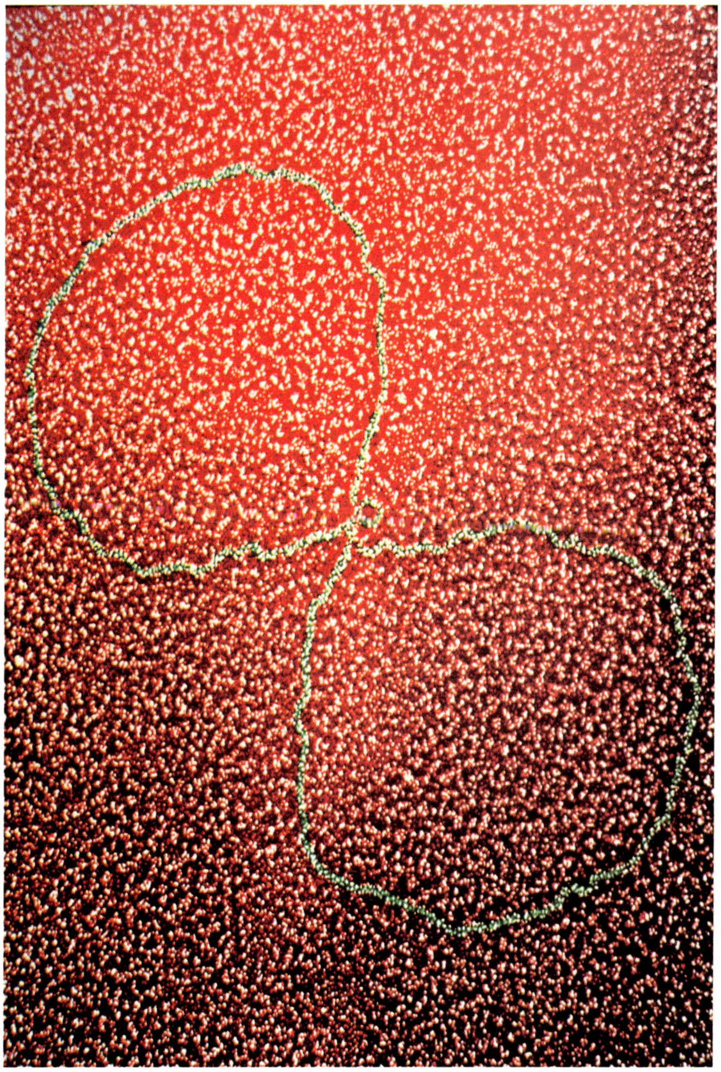

La bactérie Escherichia coli *étale son matériel génétique et fait de la résistance… aux antibiotiques.*

Les bactéries sont les premiers êtres vivants à s'être développés sur la Terre : elles ont trois milliards d'années ! Depuis, elles ont colonisé tous les milieux grâce à leur grand pouvoir d'adaptation. En raison de leur taille minuscule, qui se mesure en microns (ou millièmes de millimètre), il a fallu attendre le XVII*e* *siècle et l'invention du microscope pour les observer. Certaines sont nocives pour l'homme et provoquent des maladies infectieuses ; on les combat avec des antibiotiques. Mais la plupart cohabitent avec les plantes et les animaux de manière pacifique et souvent mutuellement bénéfique. C'est le cas de la bactérie* Escherichia coli *que l'on voit sur cette image prise au microscope électronique. Elle colonise notre intestin dans lequel elle se nourrit des déchets que nous ne pouvons entièrement digérer. En contrepartie, elle produit certains nutriments essentiels, acides aminés ou vitamines, que nous ne sommes pas en mesure de fabriquer. La bactérie comporte une simple cellule, entourée d'une enveloppe constituée d'une membrane et d'une paroi qui délimitent le milieu intérieur (le cytoplasme) au sein duquel ont lieu les réactions biochimiques. Ces réactions sont facilitées par des enzymes, protéines elles-mêmes produites par lecture de l'information génétique de la bactérie. Cette information est portée par l'ADN qui constitue le chromosome bactérien. Il contient un millier de gènes qui se succèdent le long d'une molécule où s'enchaînent quatre millions d'unités élémentaires constitutives de l'ADN, les nucléotides, selon un ordre entièrement déterminé. Cette image montre le corps bactérien, colorisé en rouge, dont l'enveloppe a été*

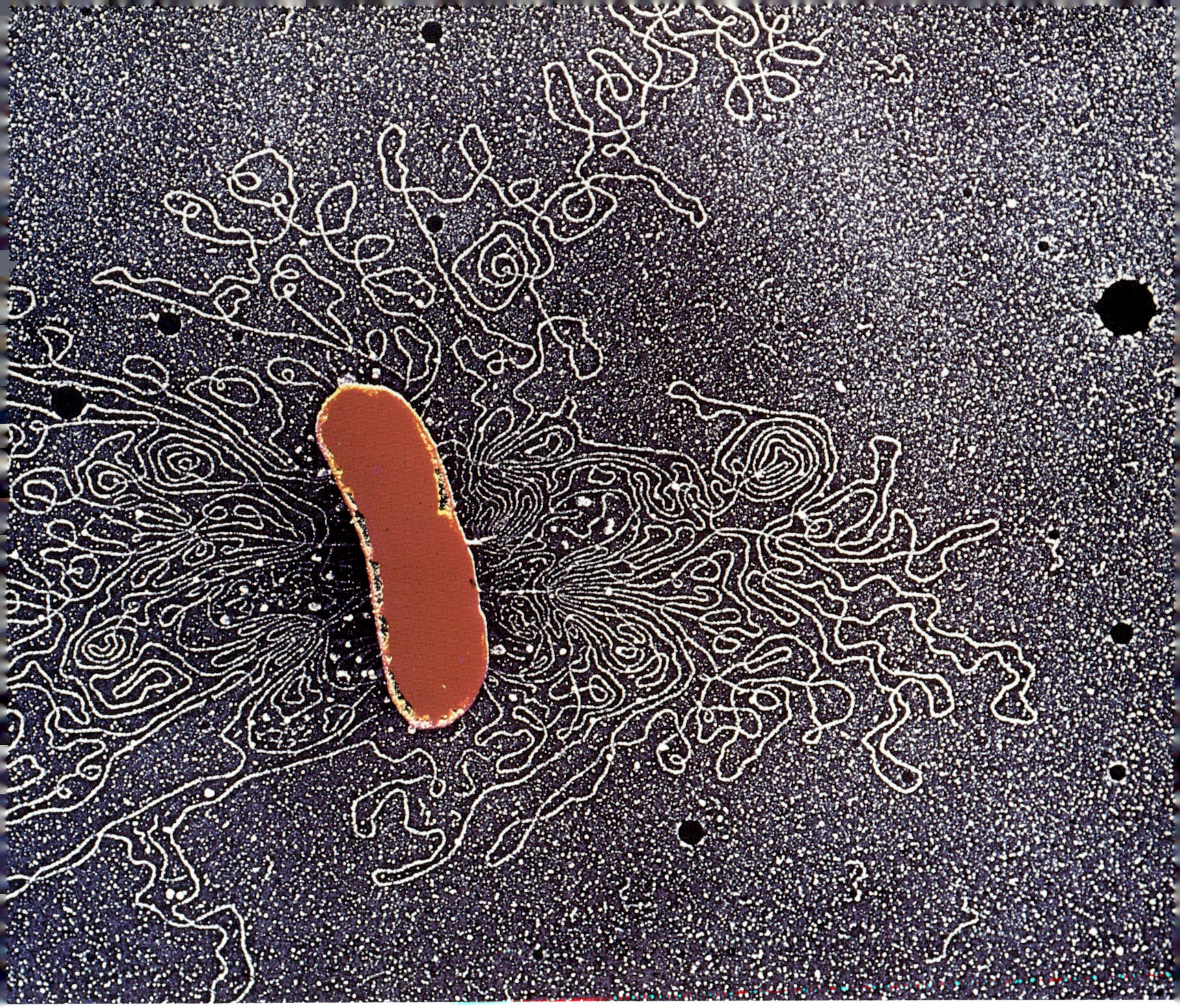

fragilisée, ce qui conduit à la libération de l'ADN dans le milieu extérieur. Le filament d'ADN, dont le diamètre réel est de l'ordre du nanomètre ou millième de micron, apparaît en clair comme une pelote enchevêtrée qui se débobine. Il a été rendu « visible » par un procédé de coloration utilisant des sels d'uranium, ce qui exagère son épaisseur. Sa longueur totale est de l'ordre du millimètre, soit mille fois plus que la dimension de la bactérie. Son maintien à l'intérieur de la cellule implique un mécanisme qui assure sa compaction, tout en permettant sa duplication nécessaire à la transmission de l'information génétique aux cellules-filles lors de la division cellulaire. La bactérie est confrontée à un autre problème : résister aux antibiotiques produits par d'autres micro-organismes ou administrés lors d'un traitement médical. Elle dispose pour ce faire de plasmides, petites molécules circulaires d'ADN, constituées de quelques milliers de nucléotides, comme celui que l'on voit à gauche. Ils portent des gènes de résistance et peuvent se transmettre d'une bactérie à l'autre. On les utilise pour véhiculer dans des bactéries des gènes d'origine animale ou végétale. Ils sont ainsi devenus des outils indispensables du génie génétique.

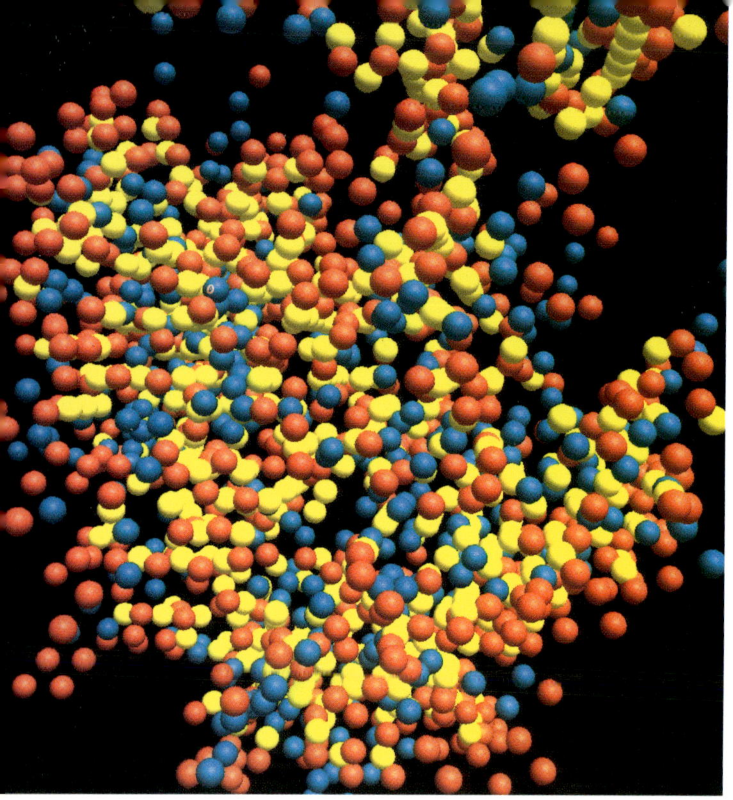 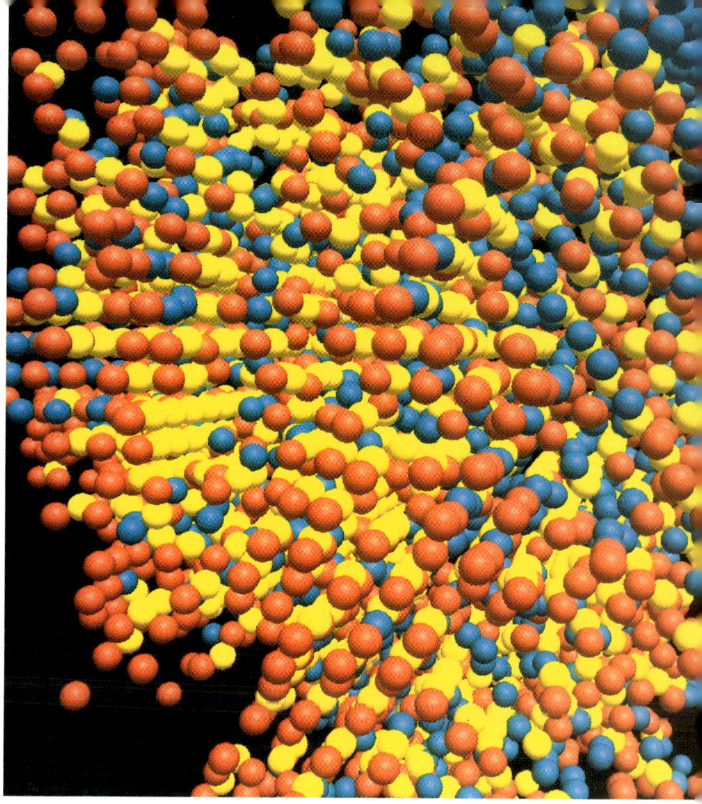

Lorsqu'un cristal est bombardé par des particules énergétiques (ions lourds ou neutrons, par exemple), l'arrangement régulier des atomes dans le réseau cristallin est perturbé par l'irradiation.

Une particule, en pénétrant dans un cristal (métal ou minéral) rencontre un atome, le heurte violemment et l'éjecte hors de son site. L'atome éjecté dans le réseau emporte une partie de l'énergie de la particule et vient frapper un autre atome, qui, éjecté à son tour, va en frapper un autre, cependant que le premier atome frappé continue sa route en éjectant d'autres atomes, qui vont eux-mêmes en éjecter d'autres et ainsi de suite. Tous ces atomes éjectés laissent vacant leur site initial dans le réseau (on appelle ces sites vacants des « lacunes »). Ils se retrouvent en position interstitielle, c'est-à-dire à mi-chemin entre deux sites normaux. Au bout d'un temps très court, une grande partie des atomes interstitiels retombe dans un site vacant (en général pas celui qu'ils avaient au départ, mais cela ne fait pas de différence) et quelques lacunes et atomes en position interstitielle subsistent : c'est ce qui constitue le « dégât d'irradiation » provoqué par la particule (l'unité élémentaire de « dégât d'irradiation » est appelée « cascade »). On apprend beaucoup sur le mécanisme des cascades d'irradiation dans les matériaux par des simulations à l'ordinateur en dynamique moléculaire. On attribue au premier atome frappé une énergie et une vitesse et l'on résout les équations de Newton de la dynamique pour tous les atomes frappés, pour des intervalles de temps successifs. On voit ici les étapes successives d'une cascade d'irradiation par des neutrons dans le nickel. Le premier atome frappé par un neutron part avec une énergie de 6 keV (kiloélectron-volt ; un électron-volt est l'énergie d'un électron accéléré sous une différence de potentiel d'un volt). La première image correspond à un temps de 0,3 ps (picoseconde ou milliardième de seconde).

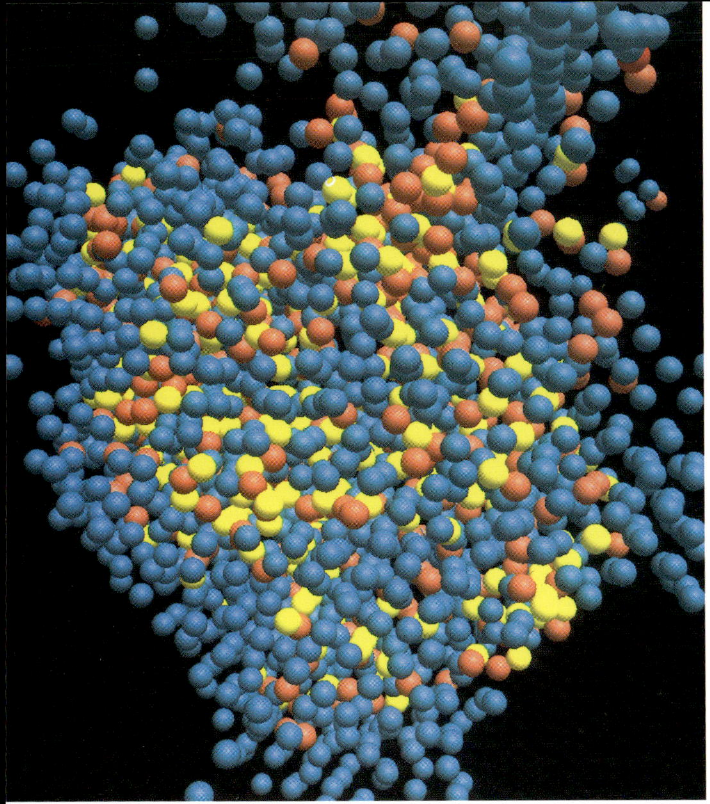

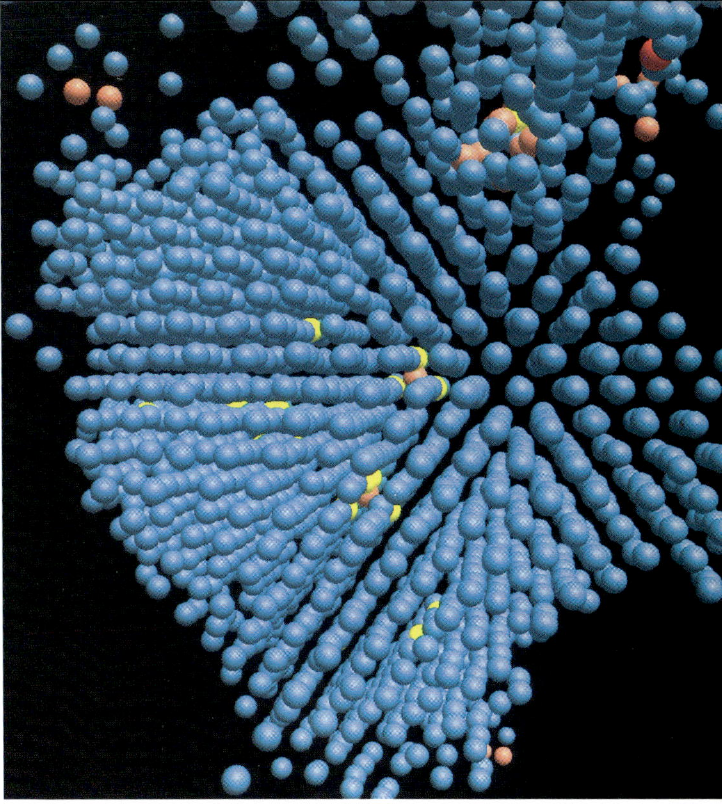

Les boules jaunes représentent les lacunes, les boules rouges les atomes interstitiels, et les boules bleues les atomes sur des sites différents de leur site d'origine. Au bout de 0,7 ps, on a le désordre maximum. On voit ensuite la configuration au bout de 2,5 ps, puis en fin de cascade, après 10,3 ps, quand les atomes n'ont plus assez d'énergie pour aller en frapper d'autres. La dernière image représente la même situation que la précédente, mais seuls les lacunes et interstitiels survivants sont représentés (les atomes remplacés font maintenant partie du réseau et ne contribuent pas au dégât).

Il existe des phénomènes dont l'évolution, bien que déterministe, est complètement imprévisible à long terme.

Elle possède ainsi tous les caractères du hasard. On trouve ce comportement en météorologie, en mécanique céleste, dans la turbulence (voir pp. 172-173) et dans la réaction de Belousov-Zhabotinskii pour une valeur suffisamment élevée du paramètre (voir pp. 122-123). Un phénomène évoluant d'une manière déterministe en fonction du temps peut être représenté par la succession de ses états dans un espace adapté, appelé « espace de phases ». On obtient en général, pour chaque état initial, une courbe : la trajectoire. Une trajectoire fermée ou « cycle » correspond à une évolution périodique, qui se reproduit identique à elle-même au bout d'un certain temps. Certains états particuliers peuvent ne pas changer : ce sont les points fixes, qui correspondent à des états d'équilibre du phénomène. Un point fixe est attractif si toute trajectoire issue d'un état initial suffisamment voisin s'en rapproche indéfiniment avec l'écoulement du temps : c'est un état de repos. De même, un cycle est attractif si toute trajectoire issue d'un état initial assez voisin s'enroule autour de lui en s'en rapprochant indéfiniment : c'est un régime périodique stationnaire. Un attracteur est une région bornée de l'espace vers laquelle tendent toutes les trajectoires partant d'états initiaux assez proches. Un théorème de Poincaré et Bendixson montre que, si l'espace de phases est de dimension 2, il n'existe pas d'autre attracteur possible que les points fixes et les cycles. Mais D. Ruelle et F. Takens ont démontré, en 1971, que dès que la dimension de l'espace de phases est au moins 3, il existe d'autres types d'attracteurs, dont la géométrie est beaucoup plus compliquée. Or le météorologiste E. Lorenz avait découvert un tel attracteur en 1963. Il étudiait la convection d'un fluide entre deux plans à des températures différentes et il avait simplifié les équations du phénomène pour arriver à un système d'équations différentielles non linéaire du type le plus simple possible dans un espace de phases de dimension 3. Pour une différence de température suffisamment grande, les trajectoires, calculées par ordinateur, se rapprochent de l'objet à deux lobes représenté sur la figure : c'est l'attracteur de Lorenz. Chacun des deux lobes est formé d'une infinité de feuillets séparés par des espaces vides. La géométrie de cette figure est donc très compliquée. Ce n'est pas une surface mais on peut lui attribuer une dimension non entière, comprise entre 2 et 3, c'est pourquoi on la qualifie de « fractale ». Sur un attracteur étrange de ce type, le phénomène a un comportement chaotique, c'est-à-dire qu'une très petite variation de l'état initial conduit, en un temps fini, à des trajectoires très différentes. Le chaos ainsi engendré peut s'illustrer en associant une suite de 0 et de 1 à chaque trajectoire : en suivant la trajectoire, à un tour sur l'un des lobes, on associe un 0, et à un tour sur l'autre lobe, on associe un 1. On peut démontrer que, pour toute suite infinie de 0 et de 1 (qui représente un nombre réel de l'intervalle]0, 1[en numération de base 2), il existe une trajectoire donnant cette suite.

Le support matériel de notre hérédité est contenu dans des chromosomes comme celui-ci, vu au microscope électronique à balayage.

Les bactéries maintiennent leur unique chromosome en forme de cercle à l'intérieur de leur cellule en le compactant (voir pp. 176-177). Le compactage est encore plus important pour les organismes très complexes comme les animaux et les plantes. En effet, si les dimensions de leurs cellules sont environ dix fois plus grandes que celles des bactéries, leur matériel génétique, l'ADN, est constitué de mille fois plus de nucléotides que ceux présents dans l'ADN des bactéries (les nucléotides sont les unités élémentaires qui, enchaînées les unes aux autres, constituent l'ADN). De plus, il se trouve à l'intérieur d'un noyau délimité par une membrane. Le noyau cellulaire n'occupe qu'une partie du volume de la cellule, et c'est dans cet espace que l'ensemble de l'ADN, le génome, doit être compacté. Le génome de l'espèce humaine comprend environ trois milliards de paires de nucléotides formant la double hélice de l'ADN. En pratique, le génome humain est réparti dans vingt-trois paires de chromosomes. L'image de celui que l'on voit ici est obtenue à l'aide d'un microscope électronique à balayage. Il se trouve dans une cellule humaine en train de se diviser. A un certain stade de la division cellulaire que l'on appelle la « métaphase », chaque chromosome, qui s'est préalablement dédoublé, se trouve sous une forme très compactée, visible même avec un microscope optique. Ici, on peut même voir certains détails de sa structure. La molécule d'ADN du chromosome, constituée de quelques dizaines de millions de paires de nucléotides, mesurerait de deux à dix centimètres si elle était étirée. Son diamètre est de moins d'un dix millionième de sa longueur. Elle est enroulée sur elle-même et maintenue dans une configuration pelotonnée par des protéines. On aperçoit à peine, à l'échelle de cette photographie, des petites protubérances à la surface du chromosome, ici agrandi environ vingt mille fois. Les deux parties du chromosome dédoublé, appelées « chromatides », sont maintenues ensemble au niveau d'une zone plus étroite appelée « centromère ». Celui-ci sépare les bras du chromosome, l'un étant plus court que l'autre, chacun se terminant par une extrémité appelée « télomère » qui joue un rôle important dans la stabilité des chromosomes et leur transmission au cours des divisions successives. Chaque type de chromosomes a ses caractéristiques morphologiques propres qui permettent de le reconnaître et de lui attribuer un numéro, et contient quelques milliers de gènes. On en voit quelques exemples dans le cliché en médaillon. Les couleurs sous lesquelles ils apparaissent ici sont artificielles ; elles permettent de souligner leur forme particulière.

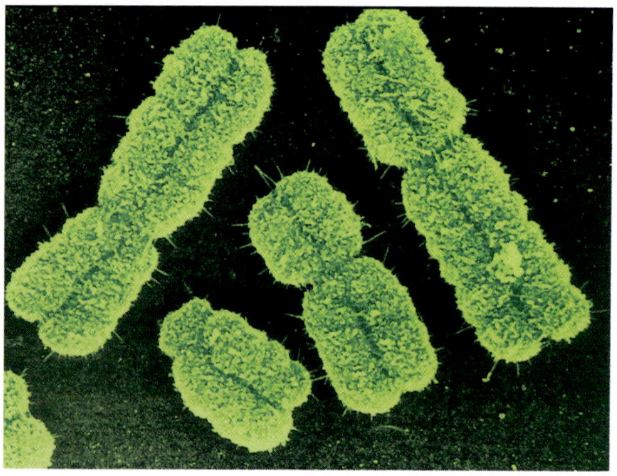

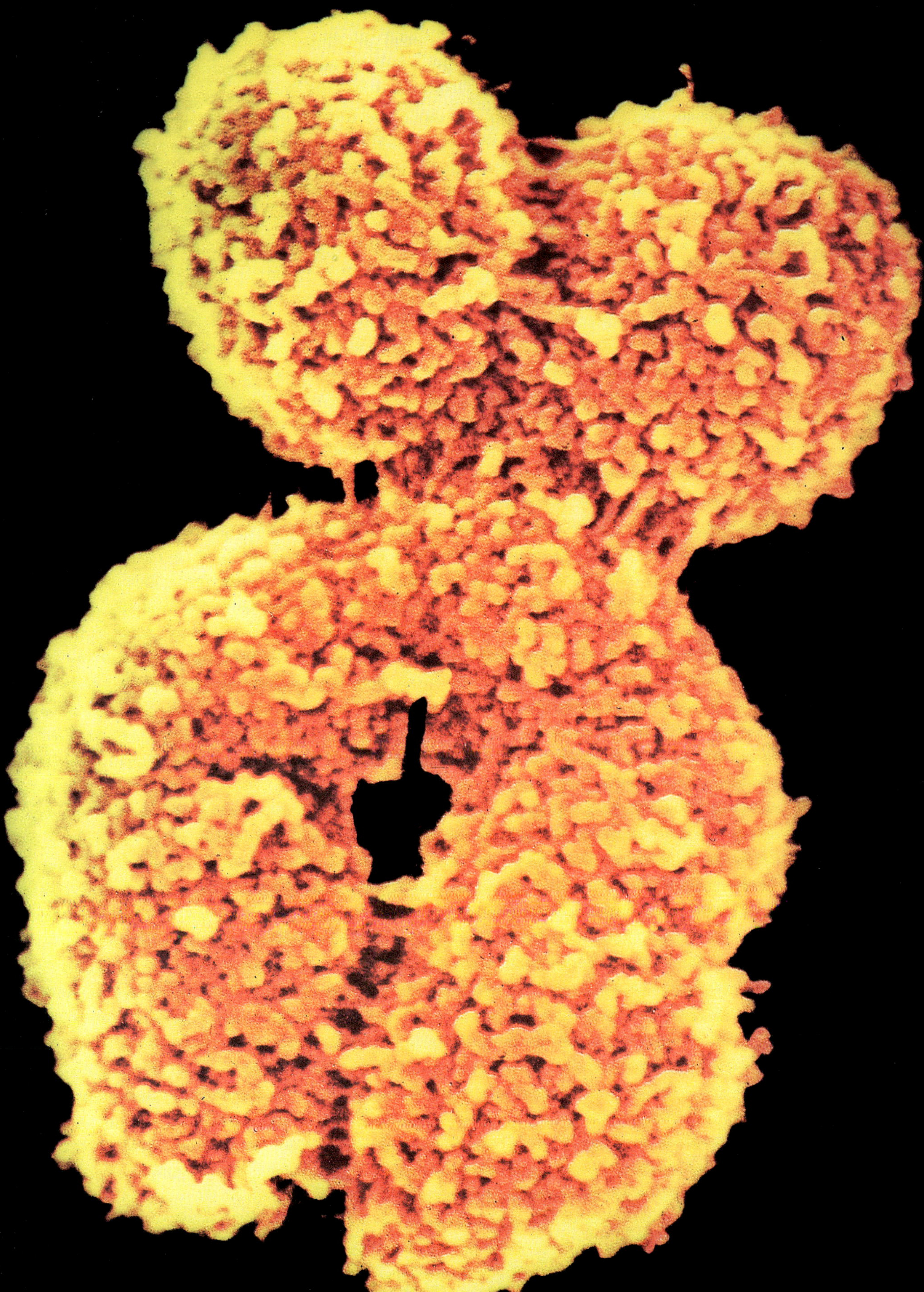

En 1964, des physiciens découvrent une nouvelle particule, baptisée Ω^-, dont l'existence vient d'être prédite par des théoriciens. C'est l'amorce d'une percée conceptuelle.

On désigne du nom de « hadron » toute particule sensible à ce que les physiciens des particules appellent l'« interaction forte », responsable notamment de la très forte cohésion des noyaux atomiques. Les hadrons les plus célèbres sont le proton et le neutron, mais on en connaît aujourd'hui beaucoup d'autres (plus de trois cent cinquante), qui ont été détectés soit dans le rayonnement cosmique, soit par des expériences à haute énergie menées auprès des grands accélérateurs de particules. Les hadrons sont tous instables, à l'exception du proton, c'est-à-dire qu'ils finissent toujours par se désintégrer au bout d'une durée qui peut être extrêmement courte. A la fin des années cinquante, la physique des particules se mit à ressembler à une assez jolie pagaille : grâce à la mise en service d'accélérateurs toujours plus puissants,

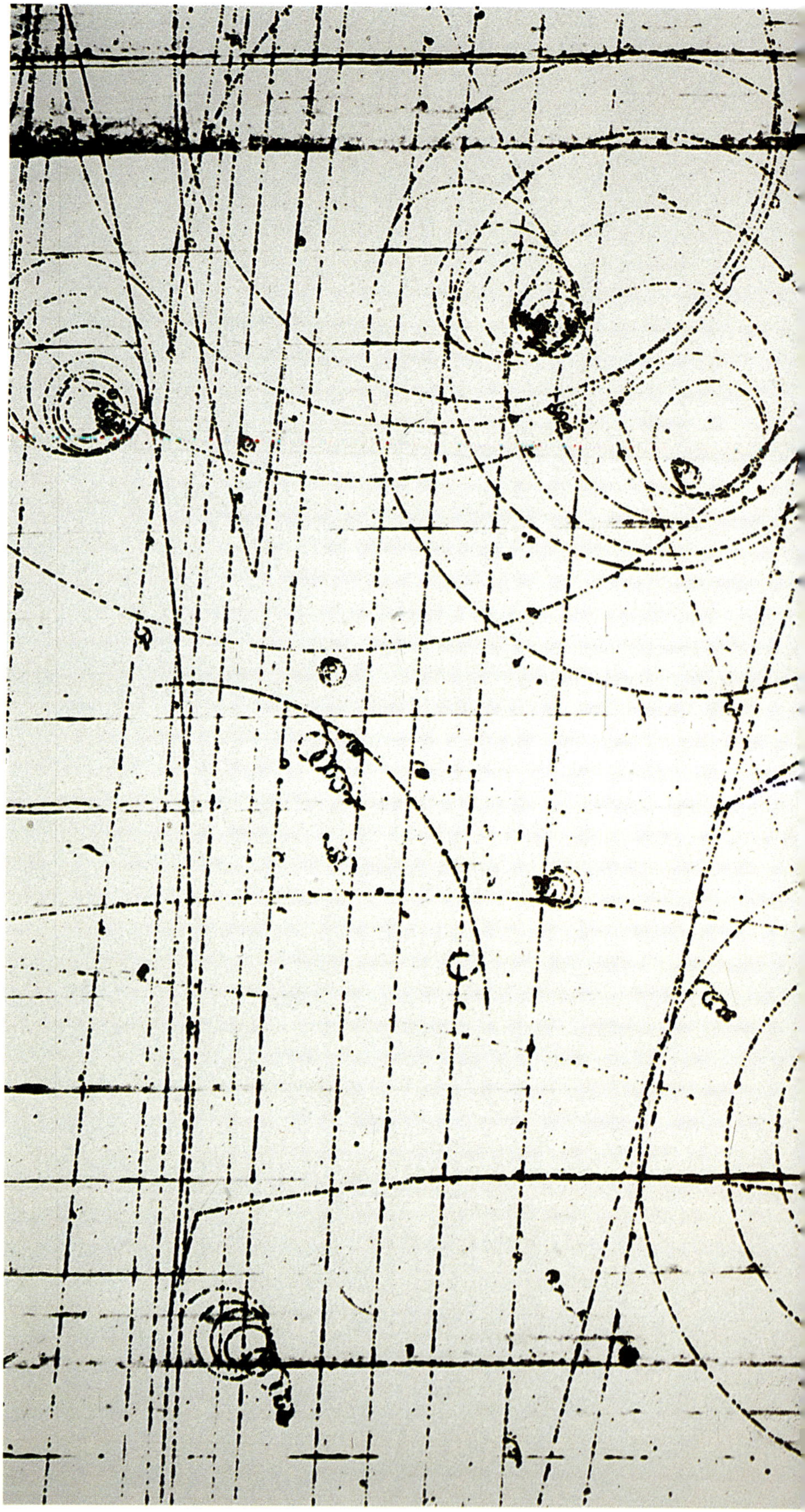

les expérimentateurs ne cessaient de découvrir de nouveaux hadrons, mais les théoriciens ne savaient pas comment les ordonner de façon cohérente. En 1961, Murray Gell-Mann proposa un modèle, la « voie octupole », fondé sur la division des hadrons en familles (ou « supermultiplets ») et sur la découverte de connexions entre les différents membres de chaque famille à partir de la notion mathématique de groupe (en l'occurrence le groupe appelé SU(3)). Tous les hadrons connus alors pouvaient être répartis en supermultiplets correspondant à des motifs parfaitement symétriques. Restait néanmoins une case vide. Gell-Mann se persuada qu'elle correspondait à une particule encore inconnue qu'il baptisa Ω⁻ et dont il prédit les caractéristiques, notamment la masse. Il engagea les expérimentateurs à la découvrir. Plusieurs dizaines de milliers de clichés furent pris dans une chambre à bulles remplie d'hydrogène liquide et traversée par un faisceau de particules appelées « kaons ». En février 1964, on annonça que l'un de ces clichés contenait la trace de la particule recherchée. Toutes ses propriétés étaient conformes aux prédictions théoriques. Ce cliché historique est présenté ci-contre. Les lignes presque droites qui le traversent sont les traces des kaons projetés dans la chambre à bulles. La trajectoire du Ω⁻ produit par la collision d'un kaon avec un proton est indiquée par une petite flèche en bas à gauche du schéma. Elle fut identifiée grâce à l'analyse des particules en lesquelles le Ω⁻ se désintègre rapidement et qui sont indiquées sur le schéma annexe. Les particules chargées peuvent être identifiées par la courbure de leur trajectoire (causée par le champ magnétique qui règne dans la chambre à bulles). Les trajectoires des particules neutres, invisibles dans les chambres à bulles, sont indiquées en pointillés sur le schéma. Ce succès spectaculaire de la voie octupole eut pour effet indirect d'intéresser les physiciens des particules à la théorie des groupes. A sa suite, le groupe SU(3) devint un élément essentiel de la théorie des interactions fortes. Il permit de prédire l'existence des quarks, dont on sait aujourd'hui qu'ils sont les constituants des hadrons.

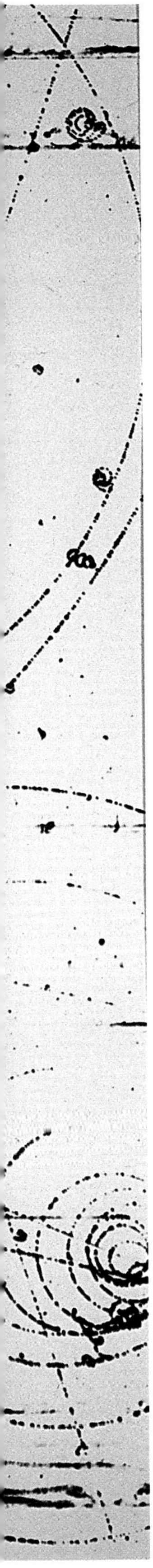

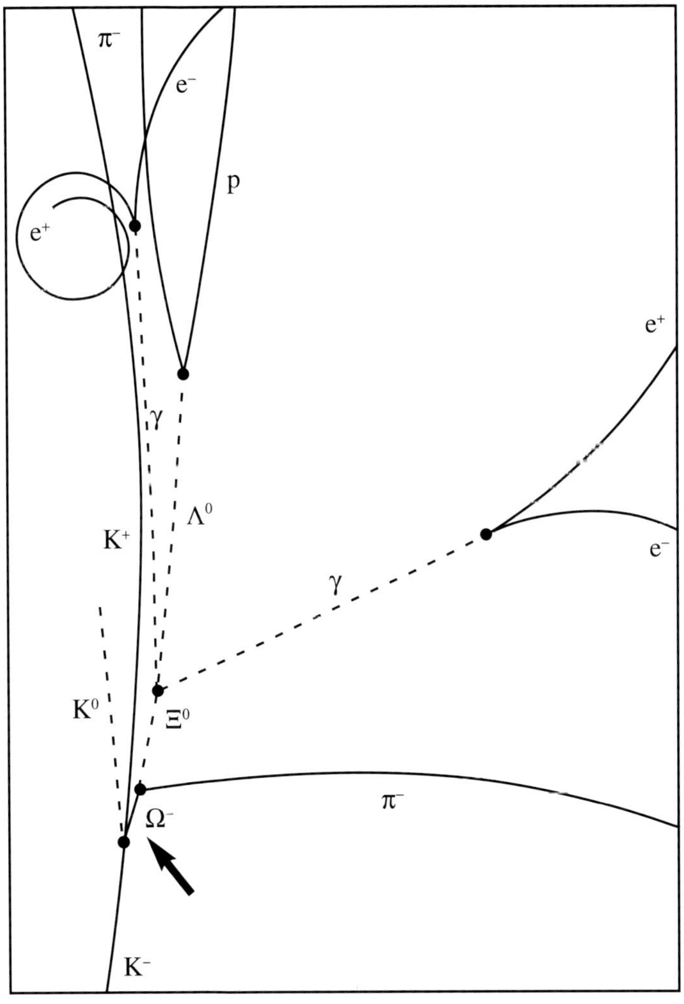

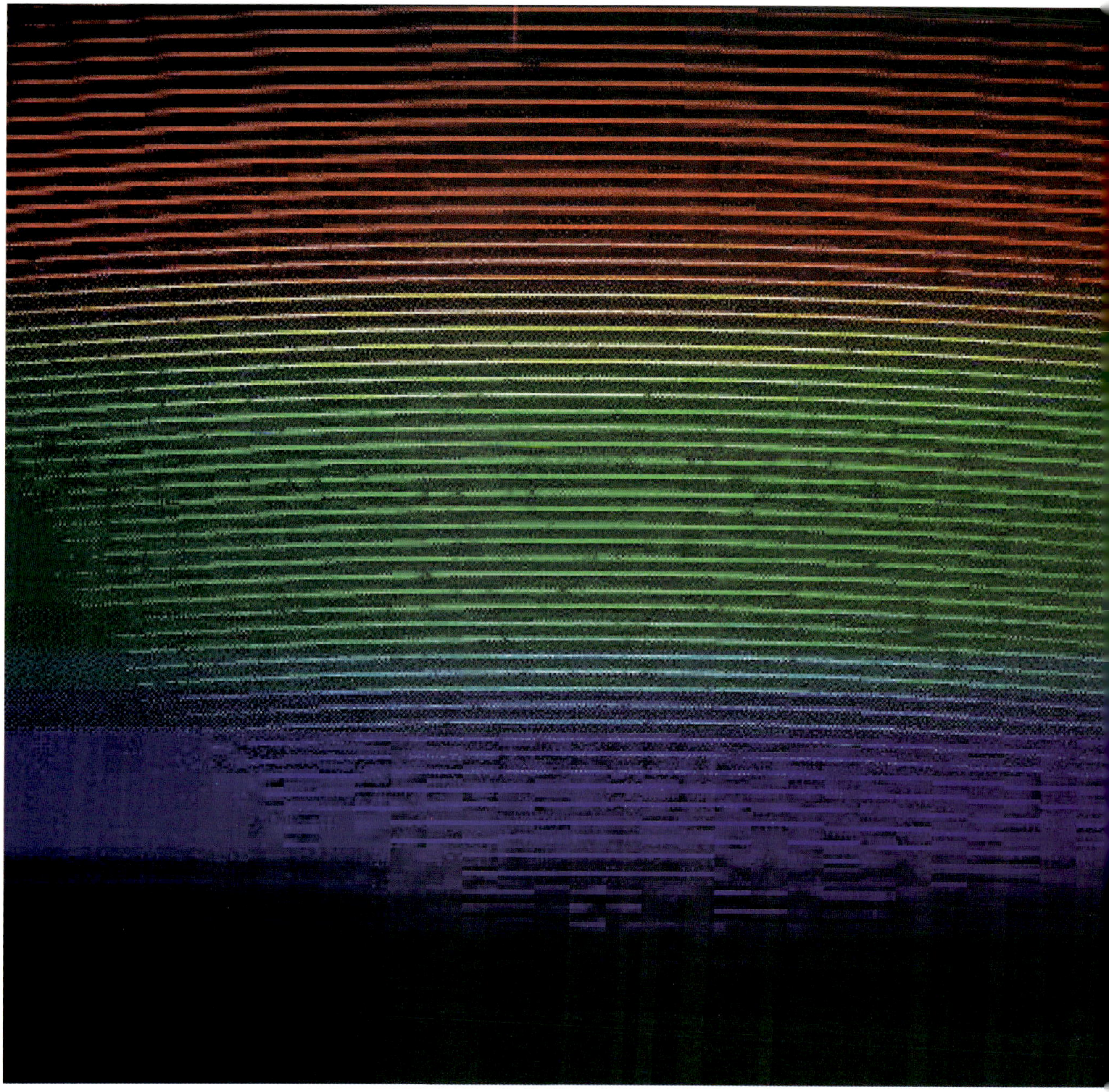

Depuis vingt-cinq siècles, les hommes s'interrogent sur l'existence d'autres systèmes solaires, d'autres planètes.

En octobre 1995, M. Mayor et D. Queloz annoncent la découverte d'une planète autour de l'étoile 51 Pégase située à cinquante années-lumière : c'est la première planète découverte autour d'une étoile semblable au Soleil. Depuis, les découvertes de ce type se succèdent, mais aucune image directe *de ces planètes n'a pu être obtenue. Où est donc la preuve de leur existence ? L'image ci-contre présente l'outil utilisé pour établir cette preuve : la lumière blanche d'une étoile y est dispersée en un arc-en-ciel très étalé : son spectre. Cet arc, trop long, est découpé en soixante-sept fragments, placés les uns au-dessous des autres sur l'image (voir pp. 170-171). Les couleurs ont été ajoutées pour faciliter la perception de ce spectre. On y distingue de nombreuses raies sombres, verticales, caractéristiques des éléments chimiques de l'étoile. Si l'étoile etait immobile par rapport à la Terre, ces raies occuperaient une position de référence correspondant à une couleur parfaitement définie, mais dès que la vitesse relative étoile-Terre n'est pas nulle, cette position se modifie d'une quantité proportionnelle à cette vitesse pour chacune des raies : si l'étoile alternativement se rapproche et s'éloigne de la Terre, chaque raie au cours du temps oscille légèrement autour de la position de référence. Pour résumer, cette image traduit la répartition en énergie de la lumière de l'étoile, les raies y signent ses éléments, leur position traduit la vitesse relative étoile-Terre. En suivant dans le temps la position d'une raie ou, mieux, celle d'un grand nombre de raies (pour accroître la précision par effet de moyenne), on détermine l'évolution de cette vitesse relative avec une sensibilité extraordinaire : une valeur de cinq mètres par seconde est décelable. Le graphique résulte des observations d'une autre étoile : Gliese 86. Sa vitesse par rapport au Soleil (en kilomètre par seconde) est portée en ordonnée. Chaque carré correspond à une mesure, la courbe étant calculée pour s'ajuster au mieux à ces points. La vitesse fluctue périodiquement au cours du temps, se retrouvant identique à elle-même au bout d'une période constante (durée notée 0 à 1 en abscisse, valant ici 15,83 jours) : cette variation périodique de vitesse est importante, atteignant ici huit cents mètres par seconde entre le minimum et le maximum. Cette image contient donc une information quantitative à la fois précise et parlante : c'est la force des représentations graphiques. Il faut enfin interpréter ce résultat, en s'interrogeant sur la cause de cette variation : la réponse n'est pas contenue dans l'image, mais les lois de la mécanique celeste nous disent que seul un corps en orbite autour de l'étoile Gliese 86 peut produire une telle variation régulière ; elles permettent même de dire que la masse de ce corps ne peut être inférieure à 3,6 M_J, où M_J est la masse de la planète Jupiter (unité commode, voir pp. 116-117). Il s'agit donc d'une grosse planète.*

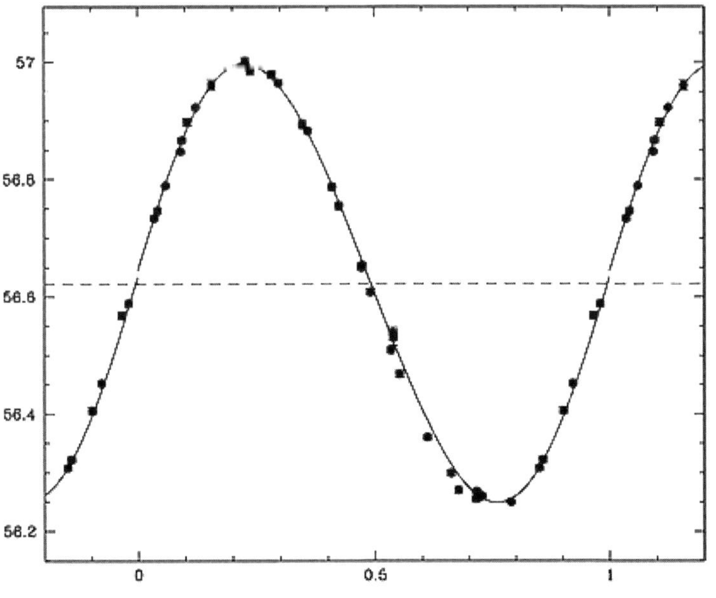

La radioactivité du granite est mise en évidence par les zones de dégât d'irradiation qui entourent les minéraux hôtes des atomes radioactifs.

Le granite est une roche ignée caractéristique de la croûte continentale terrestre. On le trouve, en particulier, dans les vieux socles. Il est essentiellement composé de trois minéraux : le quartz (silice cristalline), le feldspath (silicate d'aluminium et de potassium, sodium et calcium) et le mica (silicate de magnésium, de potassium et de fer, en feuillets). On voit ici la photographie d'une lame mince (épaisse de trois centièmes de millimètre) d'un granite du socle cristallin de Bretagne, vieux de cinq cent quarante millions d'années, observée en microscopie optique. Deux lamelles de mica apparaissent en brun clair ; on y remarque, en inclusion, des petits cristaux incolores entourés d'une auréole sombre, dite « halo ». Ce sont des cristaux de zircon (silicate de zirconium) (l'un d'eux est grossi sur la photographie de droite), dans lequel sont concentrés des éléments radioactifs (uranium 238 et thorium 232). La désintégration spontanée de ces éléments produit des particules α *(noyaux d'hélium)*

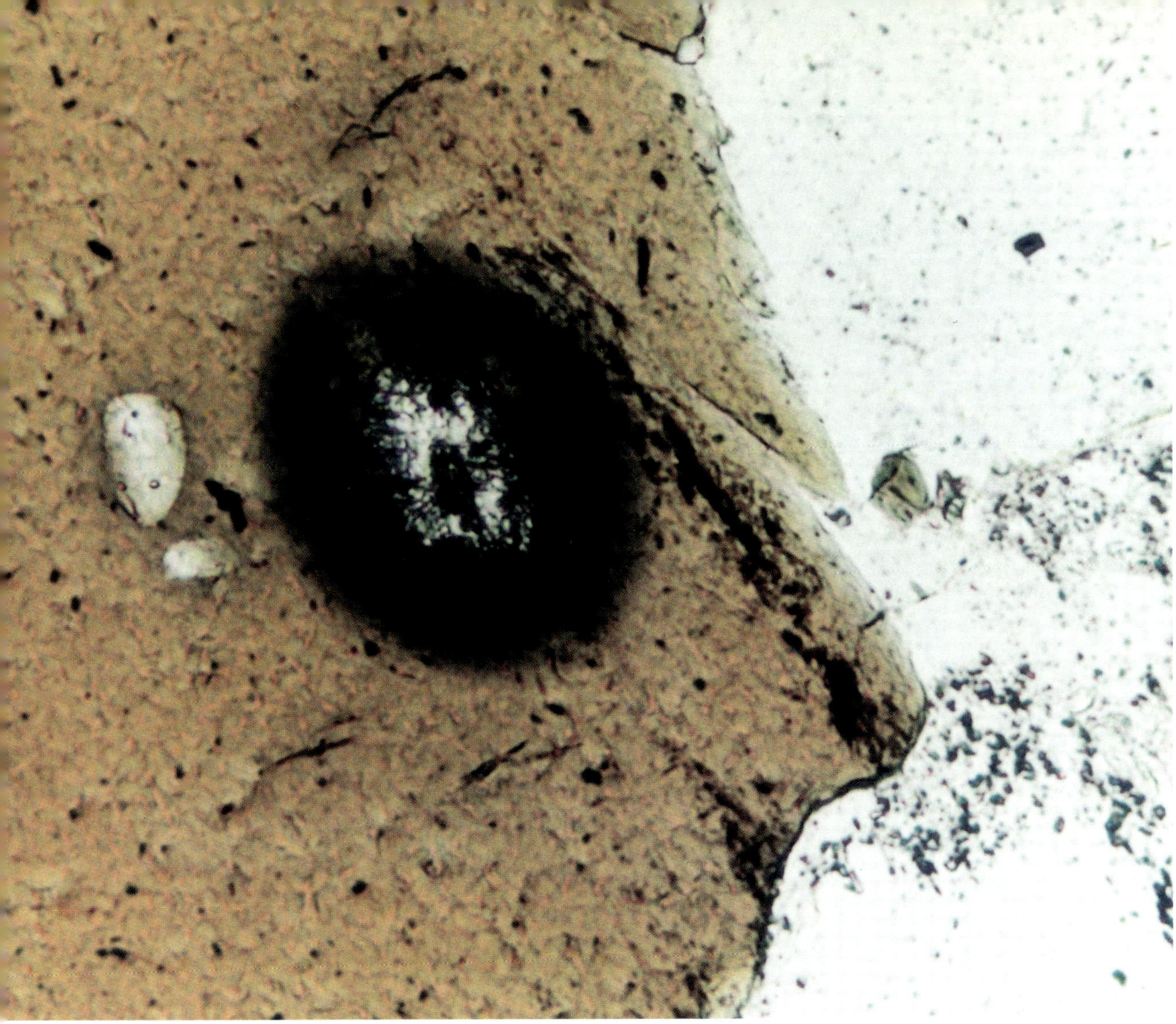

qui viennent bombarder le mica. Les atomes qui constituent le cristal de mica sont normalement arrangés régulièrement en trois dimensions sur un réseau ; le choc des particules α bouscule les atomes et crée du « dégât d'irradiation » dans le mica. Ce processus produit une zone désordonnée qui apparaît comme un halo sombre, dont le rayon correspond à la distance maximale, de l'ordre du dixième de millimètre, parcourue par les particules α dans le mica avant qu'elles perdent toute leur énergie dans les chocs et s'arrêtent. On le voit, les particules α ne vont pas bien loin et ne risquent pas de faire grand mal aux habitants des régions granitiques. La photographie montre en quelque sorte l'« unité élémentaire » de radioactivité du granite. Les éléments radioactifs sont concentrés de préférence dans la croûte terrestre, en particulier dans le granite, mais on en trouve aussi dans le manteau. Or la désintégration radioactive et l'absorption des particules émises dans la matière dégagent de la chaleur. Les éléments radioactifs sont donc à la source de la majeure partie du flux de chaleur qui vient de l'intérieur de la Terre (environ quatre-vingt milliwatts par mètre carré à la surface, soit un peu plus de quarante milliards de kilowatts pour toute la surface de la Terre). C'est également la chaleur dégagée par la désintégration des éléments radioactifs qui est à l'origine des mouvements de matière (convection) dans le manteau et, par conséquent, de la dérive des continents.

Les évolutions non linéaires peuvent engendrer des structures d'une complexité insoupçonnable.

La transformation non linéaire la plus simple est celle qui transforme un nombre z *en* $z^2 + c$, *où* c *est une constante (le « paramètre »). Nous allons cependant en tirer des figures très compliquées. Les mêmes structures se retrouvent d'ailleurs à partir de beaucoup d'autres transformations et l'on peut dire qu'elles ont un caractère « universel ». Pour découvrir cette richesse géométrique, on donne à* z *des valeurs « complexes », représentées par des points du plan. En passant de* z *à* z^2, *la distance à l'origine est élevée au carré et l'angle polaire (avec l'axe réel) est doublé ; l'addition de* c *correspond à une translation. Partant d'une valeur initiale* z_0, *on applique la transformation* $z \mapsto z^2 + c$ *et l'on recommence indéfiniment, ce qui donne une suite de points* $z_0, z_1, \ldots, z_n, \ldots$; *on se demande comment se comporte cette suite pour* n *grand. Si, par exemple,* $z_1 = z_0$, *on a encore* $z_n = z_0$ *pour tout* n *et l'on dit que* z_0 *est un « point fixe ». Il existe deux points fixes à distance finie (les racines de l'équation* $z^2 - z + c = 0$ *), auxquels il faut ajouter le point à l'infini* ∞. *On voit facilement que, si la distance de* z_0 *à l'origine est assez grande, la suite* z_n

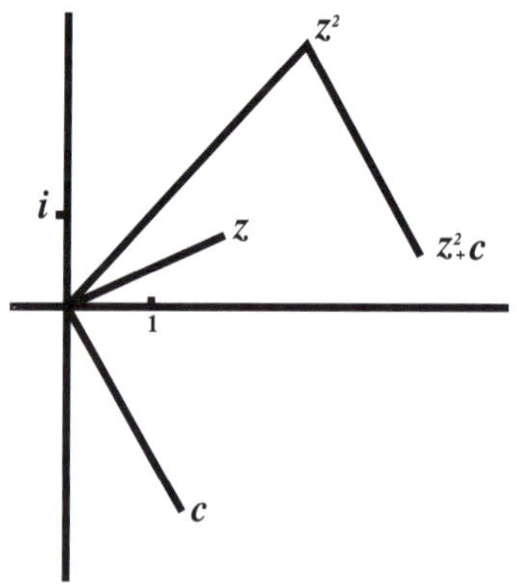

s'éloigne constamment et va vers l'infini ; on dit que ∞ *est un point fixe « attractif » et l'on appelle « bassin d'attraction de* ∞ *» l'ensemble des points* z_0 *qui donnent naissance à une suite tendant vers* ∞. *On appelle « ensemble de Julia » correspondant à* c *la frontière de ce bassin d'attraction. Par exemple, pour* $c = 0$, *le bassin d'attraction de* ∞ *est défini par l'inégalité* $|z| > 1$ *et sa frontière est le cercle centré à l'origine*

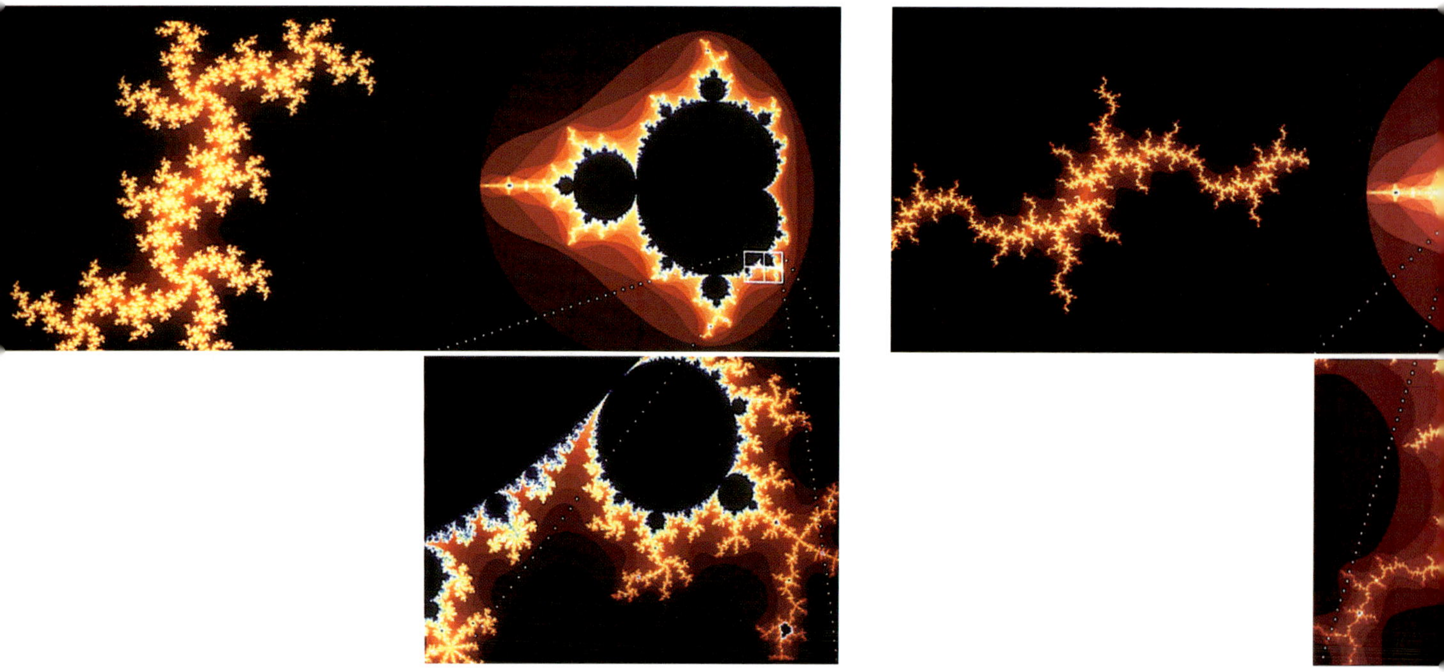

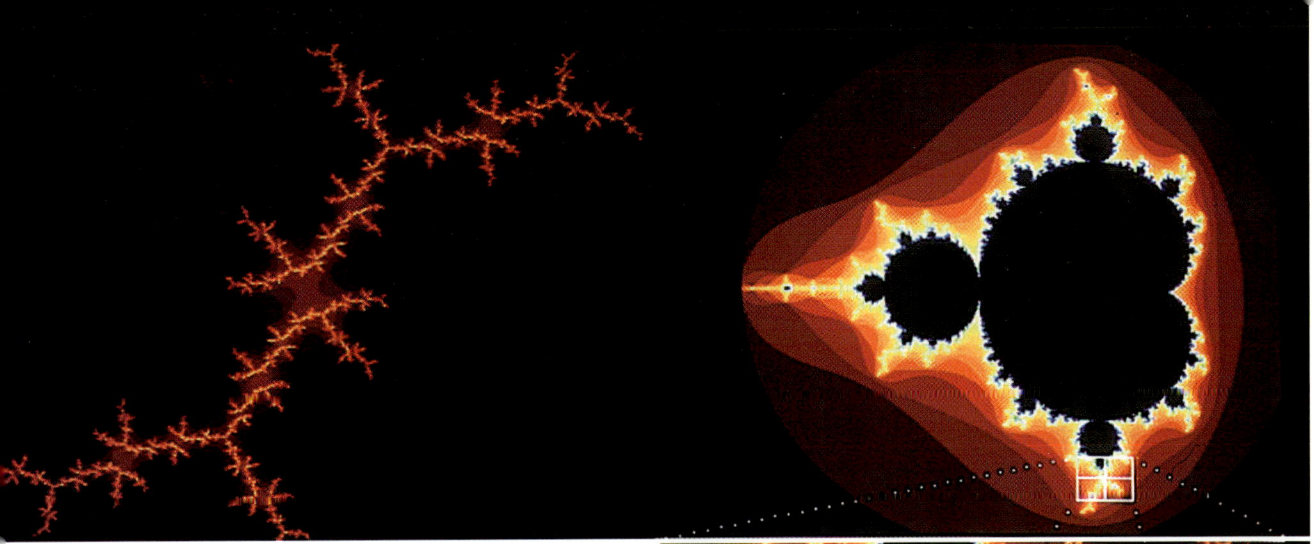

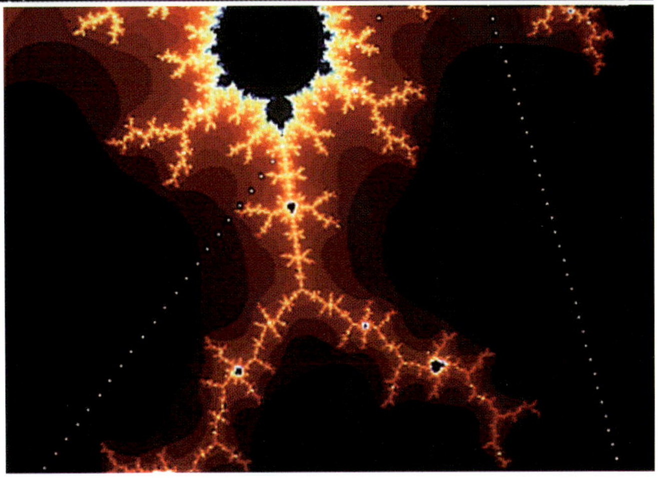

et de rayon 1, défini par $|z| = 1$. *En général, l'ensemble de Julia est beaucoup plus compliqué et il a une dimension « fractale », c'est-à-dire non entière (voir pp. 180-181). Il peut arriver que* $z_k = z_0$ *pour une valeur* $k \geq 2$, *les points* $z_0, z_1, \ldots, z_{k-1}$ *étant distincts. On aura alors* $z_{k+1} = z_1, z_{k+2} = z_2, \ldots$ *et, d'une manière générale,* $z_{n+k} = z_n$ *pour tout n. On dit que (points* $z_0, z_1, \ldots, z_{k-1}$*) est un cycle de longueur* k *et que* z_0 *est un point « périodique ». Un point fixe est donc un cycle de longueur 1. Un cycle est attractif si les valeurs initiales* z_0' *assez voisines de* z_0 *donnent naissance à des suites qui se rapprochent indéfiniment du cycle et il est répulsif si, au contraire, les suites engendrées s'éloignent indéfiniment du cycle. Les cycles répulsifs sont contenus dans l'ensemble de Julia et celui-ci est la frontière commune de tous les bassins d'attraction de cycles attractifs. L'ensemble de Julia est connexe, c'est-à-dire d'un seul tenant, lorsque l'origine 0 n'est pas dans le bassin d'attraction de ∞. Les valeurs correspondantes de c forment l'ensemble de Mandelbrot, dont la géométrie est très intéressante. Si c n'appartient pas à l'ensemble de Mandelbrot, l'ensemble de Julia associé se décompose en une poussière de points. Pour c intérieur au corps principal de l'ensemble de Mandelbrot, il existe un point fixe attractif à distance finie. Si c est intérieur à l'un des bourgeons, il existe un cycle attractif dont la longueur dépend du bourgeon. L'ensemble de Mandelbrot comporte en outre des filaments plus ou moins ramifiés (dendrites), dont les points donnent des ensembles de Julia de forme aussi dendritique ; il est connexe. Sur chaque figure, l'ensemble de Mandelbrot est représenté en haut à droite et les ensembles de Julia associés à quelques points de sa frontière sont représentés en haut à gauche ; on a représenté (en dessous) à une échelle plus grande un petit rectangle centré autour de chacun des points choisis sur la frontière.*

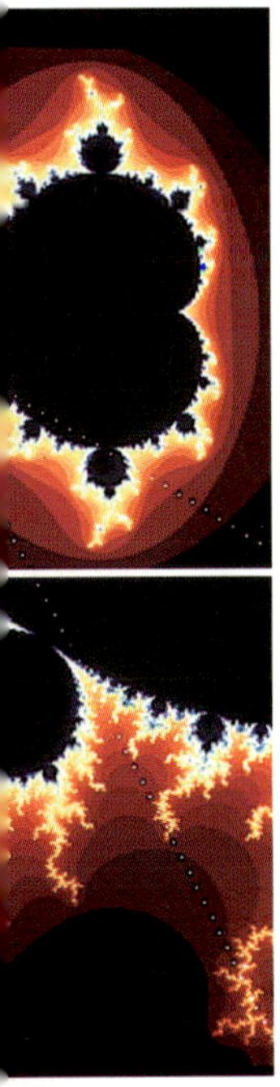

Pour communiquer avec les ordinateurs, les images, que l'on appelle des « icônes », sont parfois plus pratiques que les mots.

Les langages destinés à la communication avec les ordinateurs présentent parfois l'inconvénient de posséder un vocabulaire trop riche. Pour les utiliser, il faut se souvenir de dizaines de mots : le nom des fichiers, des programmes, des dossiers, des instructions, des options… qui encombrent la mémoire des utilisateurs et surtout que les utilisateurs occasionnels oublient. La solution traditionnelle à ce problème consiste à concevoir des langages de plus haut niveau, c'est-à-dire qui possèdent peu de mots mais une grammaire riche qui permet de combiner ces mots pour former des phrases. Ainsi, au lieu d'avoir une instruction pour dessiner un triangle, une autre instruction pour dessiner un carré, une troisième pour dessiner un pentagone… les langages graphiques ont souvent une instruction unique pour dessiner un polygone régulier, paramétrée par le nombre de côtés. Pour les langages interactifs – pour lesquels chaque instruction appelle une réponse immédiate de l'ordinateur –, une autre direction a été prise : celle de l'utilisation d'images. Dans un tel langage, l'utilisateur n'a pas besoin de se souvenir du nom de l'instruction qui permet, par exemple, de détruire un fichier ; les différentes actions à exécuter lui sont présentées dans un menu dans lequel il n'a qu'à choisir. Ces différentes actions sont symbolisées non par des mots mais par des « icônes ». Ce terme, qui signifie « petite image », désigne à l'origine une image du Christ ou des saints, en Orient. Le sémiologue Charles Sanders Peirce (1839-1914) l'utilise pour désigner un signe en rapport de similarité avec la chose qu'il désigne. Les icônes se placent donc entre ce que Peirce appelle des « symboles », qui ont un lien purement arbitraire avec la chose qu'ils désignent, et ce qu'il appelle des « indices », qui ont un lien physique avec elle. L'utilisation d'icônes permet de soulager notre mémoire symbolique en sollicitant notre mémoire visuelle, un peu comme les images scientifiques sollicitent notre faculté de perception visuelle, complémentaire de notre faculté de raisonnement. Peut-être parce que notre mémoire symbolique est davantage encombrée que notre mémoire visuelle, nous retenons plus facilement les images que les mots. Ces interfaces visuelles, conçues au début des années quatre-vingt dans les laboratoires de la société Xerox, puis commercialisées peu après avec l'ancêtre du Macintosh, la machine Lisa, ont depuis lors envahi les écrans. Leur

*développement participe
à une ouverture sensorielle
de la communication
avec les ordinateurs.*

*Si cette ouverture se poursuit,
il deviendra peut-être possible
de solliciter d'autres sens
et d'imaginer des interfaces*

*qui feraient appel
à de nouvelles facultés
mentales, comme
notre mémoire auditive...*

Index général

Index des noms propres

Crédits photographiques

Préface
p. VIII-IX : © Centre Georges Pompidou/ Musée national d'Art moderne, Paris (photo Jean-Claude Planchet)
p. XXXIX : Paysage réalisé en image de synthèse à l'aide du logiciel AMAP. © CIRAD/ Programme modélisation des plantes

p. 2-3 : © Didier Cot/CNRS
p. 5 : © Jean-François Colonna/CNRS-LACTAMME-CNET
p. 6-7 : © Charles Dauguet/CNRS-Pasteur
p. 8-9 : © Document G. Peltzer, JPL, Pasadena, CA & P. Tapponnier, IPG Paris
p. 10-11 : illustrations Fernando da Cunha
p. 12-13 : © CEA/DSM
p. 14-15 : National Optical Astronomy Observatories, Tucson, Arizona
p. 17 : © CEA
p. 18-19 : © J.-Cl. Révy/CNRI
p. 20-21 : © Laurence Médard/CNRS-Photothèque
p. 22 : © BSIP/CMSP/DCRT/NIH
p. 23 : © Biozentrum, University of Basel/Science Photo Library/Cosmos
p. 24 à gauche et p. 25 : © Laurent Breton, Équipe Acquisition de Connaissances et Apprentissage symbolique automatique, Laboratoire d'Informatique de Paris-VI, CNRS
p. 24 à droite : © Groupe Matière condensée et Matériaux (UMR CNRS 6626), Université de Rennes I
p. 26-27 : © NASA Goddard Space Flight Center, COBE Science Working Group
Les données fournies par COBE ont été mises au point par le NASA Goddard Space Flight Center sous la direction du COBE Science Working Group, et ont été fournies par le NSSDC.
p. 28-29 : © Communiqué par C. G. Farnetani (IPG Paris)
p. 30-31 : © CEA
p. 32-33 en haut : © Institut national de Recherche en Informatique et en Automatique (INRIA)
p. 33 en bas : illustration Fernando da Cunha
p. 34-35 : © Avec l'aimable autorisation de Malin Space Science Systems/JPL/Caltech/NASA (pour les trois photos)
p. 36-37 : © D. Cot/G. Nabias/CNRS
p. 38-39 : © F. Moulin/CNRS-GPEC
p. 40-41 : © Document A. Cazenave, GRGS/CNES
p. 42-43 : © AURA/STScI-PRC9601-a, R. Williams (STSci) et NASA/ESA
p. 44 en bas à gauche : Canada-France Hawaï Telescope/Ciel et Espace
p. 44-45 : © © Prof. George Efstathiou/Science Photo Library/Cosmos
p. 46-47 : © CERN
p. 47 à droite : © Images réalisées par Joerg Colberg à partir de simulations fournies par le Virgo Consortium, Garching Computer Center, Max-Planck Society
p. 48-49 : © CNRS (pour les deux photos)
p. 50-51 : © illustrations Fernando da Cunha
p. 52-53 : © Sismotectonique. IPGP
p. 54-55 : © Anne Fleury/CNRS
p. 56-57 : © Dominique Mailly/CNRS
p. 59 : © Davis Scharf/Science Photo Library/ Cosmos
p. 60-61 : © CERN
p. 62-63 (grande photo) : © A. B. Dowsett/ Science Photo Library/Cosmos
p. 63 en bas : © A. B. Dowsett/ Science Photo Library/Cosmos
p. 66-67 : © CEA
p. 68-69 : © B. Whitmore (AURA/STScI) et NASA/Hubble Space Telescope (21/19/1997)
p. 70-71 : illustrations Fernando da Cunha d'après Pour la Science, HS n° 15, 1997
p. 72-73 : © Marcel Lesieur/CNRS-IMG
p. 74-75 : © Document NASA- JPL, Photothèque planétaire d'Orsay
p. 76-77 : © CNRS UMR 9921 Immunoanalyse et Innovation en Biologie clinique, Faculté de Pharmacie, Montpellier
p. 78-79 : © CEA/DTA
p. 80-81 : © Jackie Lewin, EM Unit, Royal Free Hospital School of Medecine/ Wellcome Trust Photo Library
p. 82 : Schémas Fernando da Cunha
p. 83 en haut : © Institut national de Recherche en Informatique et en Automatique (INRIA)/ CNRS
p. 83 en bas : © R. Hadany et D. Harel, « A Multi-Scale Method for Drawing Graphs Nicely », *Proc. 25th Inter. Workshop on Graph-Theoretic Concepts in Computer Science* (WG'99), Lecture Notes in Computer Science, Springer-Verlag, 1999.

p. 84 : © ESO/Observatoire européen austral
p. 86 : Schéma Fernando da Cunha d'après W. Fitch et E. Margoliash, dans *Science*, vol. 155, fig. 2, p. 282, © 1967 by the AAAS.
p. 87 : Illustration Fernando da Cunha, d'après Ernst Haeckel.
p. 88-89 : © R. Jouanisson/Palais de la découverte
p. 90-91 : © National Geographic Society, Palomar Observatory Sky Survey
p. 93 : © J. Hester et P. Scowen, Arizona State University/NASA-AURA/STScI
p. 94-95 : © Photo Paul Raterron
p. 96 : © Science Source/Science Photo Library/ Cosmos
p. 97 : © F. Livolant/CNRS
p. 98 : © Ph. Plailly/CNRS-LMC
p. 99 : © CNRS-IBMC
p. 100-101 : © CEA
p. 102-103 : © Andrew Syred/Science Photo Library/Cosmos
p. 105 : © Document C. Jaupart (IPG Paris)
p. 106-107 : © Laurence Médard/CNRS-Photothèque
p. 108-109 : à gauche © G. Chastagner/CNRS-LIMSI
au centre © V. Hodapp/CNRS-LMA
à droite © CNRS-LMA
p. 110 : © Launey/Guéritaud/CNRS
p. 112-113 : illustrations Fernando da Cunha
p. 114-115 : © J. Devaud/Rzepski/CNRS/CECM
p. 116 : © H.A. Weaver et T.E. Smith, STSci-NASA/ESA, et J.T. Trauger et R.W. Evans, Jet Propulsion Laboratory et AURA/STScI, NASA/ESA
p. 117 : © Hubble Space Telescope Comet Team and NASA
p. 118 en bas : © ONERA
p. 118-119 : © Institut national de Recherche en Informatique et en Automatique (INRIA)
p. 121 : © Document Jean-Claude Doukhan, UST Lille
p. 122-123 : © Photos Pierre Jamart (Liège)
p. 124 en bas : © A. Fernandez/N. Lamb/ CNRS-CRBM
p. 124-125 : © A. Fernandez/N. Lamb/CNRS
p. 126-127 : © James T. Hoffman et pour la découverte de la surface : David Hoffman, Fusheng Wei et Harmann Karcher
p. 128 : © CEA/GONIN
p. 130 : © G. Weigelt, Max Planck Institut fuer Radioastronomie, Bonn
p. 131 : © O. Lai et F. Rigaud, PUEO/télescope Canada-France-Hawaï (pour les deux images)
p. 132-133 : © Professor Oscar Miller/ Science Photo Library/Cosmos
p. 134-135 : © J.-Cl. Wittmann/CNRS-ICS
p. 136-137 : © Photo Claire Meyer, LMCP, Université Pierre et Marie Curie
p. 138-139 : © Serge Equilbey/CNRS/IOTA
p. 140-141 : © illustration Fernando da Cunha
p. 143 : © CERN
p. 144 : © Laurent Meijer/CNRS
p. 146 : © David Denby, *Still Life with Cup and Silver Plate*, 1996, Offer Waterman Fine Art, Londres.
© The Bridgeman Art Library
p. 147 : © Magnum, photo Eugene Smith
p. 149 : © G. Roult, IPG Paris
p. 150-151 : © F. Roddier, University of Hawaii & CFHT pour les trois photos du haut
p. 151 en bas : © AURA/STScI/NASA
p. 152-153 : © Pawel Artymowicz pour les deux images
p. 154 : © Valérie Schaeffer/HHMI, the Rockefeller University, New York
p. 155 : © Davis Kosman et John Reinitz, Mt. Sinai Medical School
p. 156-157 : © Jean-Marc Chassery/CNRS-TIM 3 pour les deux photos
p. 159 : © CEA/CNRS/CIRIL
p. 160-161 : © Société REOSC pour les deux photos, schéma Fernando da Cunha
p. 162-163 : © J.P. Poirier, IPGP pour les deux photos
p. 165 : © Christian Léger, *Les Parapluies de Vérone*
p. 166-167 : © Manfred Kage/Science Photo Library/Cosmos
p. 168-169 : © SAGE Visualisation and Intelligent Interfaces Lab, CMU.
p. 170 : © Image SOHO/Consortium EIT/ J.-P. Delaboudinière (mission commune Agence spatiale européenne-NASA)
p. 172-173 : © CEA
p. 174 : © Courtesy of SOHO/MDI consortium. SOHO is a project of international cooperation between ESA and NASA
p. 175 en haut : © SOHO (ESA & NASA, MDI/SOI and VIRGO data imaged by A. Kosovichev, Stanford University
p. 175 en bas : © Courtesy of SOHO/MDI consortium. SOHO is a project of international cooperation between ESA and NASA
p. 176 : © Phototake-CNRI
p. 177 : © Dr G. Murti/CNRI
p. 178-179 : © D'après N.V. Doan, CEA Saclay
p. 181 : © © Jean-François Colonna/CMAP-École Polytechnique et CNET-France Telecom
p. 182 : © Biophoto Associates/ Science Photo Library/Cosmos
p. 183 : © Biophoto Associates/ Science Photo Library/Cosmos
p. 184 : © BNL/SPL/Cosmos
p. 185 : Schéma Fernando da Cunha
p. 186-187 : © Michel Mayor, Observatoire de Genève
p. 188-189 : © Photos J.R. Kiénast, Université Paris 7
p. 190-191 : © Jean-François Colonna/CMAP-École Polytechnique et CNET-France Telecom
Schéma Fernando da Cunha
p. 193 : © Apple

Cet ouvrage a été imprimé sur les presses
de l' Imprimerie Moderne de l' Est
25110 Baume-les-Dames
pour le compte
des éditions Le Pommier
23, rue du Sommerard
75005 Paris

Dépôt légal : Octobre 1999
41 - 79 - 2050 - 01 /7
ISBN : 2 - 746 - 50050 - 7
N° Imprimeur : 13706